Herwig Pommeresche

Humussphäre

Humus – Ein Stoff oder ein System?

Fachverlag für Garten und Ökologie

OLV ORGANISCHER LANDBAUVERLAG KURT WALTER LAU

Bibliografische Information der Deutschen Nationalbibliothek:
Die Deutsche Nationalbibliothek verzeichnet diese Publikation in der Deutschen Nationalbibliografie; detaillierte bibliografische Angaben sind im Internet unter **http://dnb.d-nb.de** abrufbar.

OLV Organischer Landbau Verlag Kurt Walter Lau,
Im Kuckucksfeld 1, 47624 Kevelaer
info@olv-verlad.de | www.olv-verlag.eu

Titelillustration: „Die zersetzende Gesellschaft“ © Carl-W. Röhrig, Hamburg

Lektorat: Eva Wagner
Redaktion: Kurt Walter Lau
Satz: Marianne Feldbusch
Druck und Bindung: Interpress, Budapest

Klimaneutral Druckprodukt
ClimatePartner.com/12667-2304-1004

ISBN: 978-3-922201-50-2

FSC www.fsc.org MIX Papier aus verantwortungsvollen Quellen FSC® C114504

Die Natur verändert ihr naturliches Sein
so gut wie gar nicht …
Wir verändern lediglich unser Verständnis
von ihr fortlaufend.

Masanobu Fukuoka

Der Autor

Herwig Pommeresche, Jahrgang 1938, wurde in Hamburg geboren und lebt seit 1974 in Norwegen. Er absolvierte ein Studium der Architektur an der Universität Hannover, das er mit dem Diplom abschloss. Heute blickt er auf eine langjährige Erwerbstätigkeit als Architekt und Siedlungsplaner in Norwegen zurück. Nach seinem Architekturstudium ließ er sich zum Diplom-Permakulturdesigner und -lehrer bei Professor Dipl.-Ing. Declan Kennedy ausbilden.

Als Permakultur-Fachmann wurde er unter anderem 1993 als Mitorganisator des 3. Welttreffens der Permakultur (IPC) in Skandinavien bekannt. Später folgte eine Tätigkeit als Gastdozent an der Universität Oslo. Heute gilt Herwig Pommeresche in Norwegen als Permakultur-Urgestein. Er betätigt sich außerdem als Autor und Vortragsredner.

Er lebt auf seinem permakulturellen Wohnplatz als Teilselbstversorger und beschäftigte sich im Laufe der Jahrzehnte mit traditionellem bäuerlichem Handwerk, Gartenbau und Kleinviehhaltung.

Herwig Pommeresche ist Träger der renommierten Francé-Medaille 2010 der „Gesellschaft für Boden, Technik, Qualität (BTQ) e.V." (gegr. 1993) für seine Verdienste um die biologische Denk- und Vorgehensweise und den Erhalt und den Aufbau der Humussphäre.

Inhaltsverzeichnis

I. Einleitung

Im Anhang auf Seite 180 findet sich ein ausführliches Glossar mit den Begriffserklärungen für sämtliche Fachbegriffe, die in diesem Buch verwendet werden.

„Der größte Feind des Wissens ist nicht das Unwissen, sondern die Illusion von Wissen"

(Daniel J. Boorstin, Historiker, Jurist und Autor)

Die intensivlandwirtschaftlichen Methoden der Neuzeit haben nur vorübergehend und nur auf den ersten Blick zu einer Verbesserung unserer Nahrungsmittelversorgung geführt. Denn nicht nur das Welthungerproblem ist nach wie vor nicht gelöst. Sondern wir schlagen uns darüber hinaus mit den „Nebenwirkungen" der industriellen Landwirtschaft herum: Längst sind Agrargifte nicht nur im Grundwasser angekommen und im Boden nachzuweisen, sondern auch in unserem Urin und unserer Muttermilch; wir haben Nährstoffverluste des Erdbodens sowie weltweit großflächige Verluste der Humusdecken zu beklagen; und auch am sich verändernden globalen Klima hat die industrielle Landwirtschaft unbestritten ihren Anteil. Wie ernsthaft ihre negativen Auswirkungen unsere Lebensgrundlagen bedrohen, ist einer breiten Öffentlichkeit noch kaum bewusst.
Herwig Pommeresche beschäftigt sich seit vielen Jahrzehnten mit Garten- und Ackerbau und hat dabei eine Reihe wenig bekannter Forschungsarbeiten in Theorie und Praxis gründlich untersucht und mit den konventionellen Methoden verglichen. Er ist zu dem Schluss gekommen: Die Ursache der genannten Probleme ist ein unzureichendes Verständnis von den physiologischen und biochemischen Mechanismen, mit denen Pflanzen ihre Nährstoffe aufnehmen und verarbeiten. Unsere bisherige Vorstellung ist, kurz gesagt, dass Pflanzen ihre Nährstoffe ausschließlich aus dem Wasser beziehen, das sie aus dem Boden aufsaugen, und zwar in Form von darin gelösten Salzen. Auf diesem Modell, das der Autor „Mineralmodell" nennt, bauen seit Mitte des neunzehnten Jahrhunderts die Düngemethoden in Landwirtschaft und Gartenbau auf. Nun gibt es aber bereits seit Beginn des letzten Jahrhunderts eine Reihe von Forschungsarbeiten von Biologen und anderen Naturwissenschaftlern, die noch eine ganz andere Form der Pflanzenernährung erforscht und beschrieben haben: Pflanzen können, vereinfacht gesagt, ihre Wurzelzellen um Nahrungspartikel stülpen und diese so nach innen in die Zelle befördern. Damit kann nicht nur kleinste Materie wie die im Wasser gelösten Salze bzw. Ionen aufgenommen werden, sondern auch größere Moleküle und sogar ganze Zellen, z.B. Mikroorganismen, und zwar – und das ist das Interessante daran – auch in lebender Form. Diesen Vorgang nennt man Endozytose, und grundsätzlich ist er in der Zoologie und der Mikrobiologie schon lange bekannt. Nicht bekannt war lange Zeit, dass auch höhere Pflanzen Endozytose anwenden.

Diese Forschungsarbeiten wurden jedoch in den Natur- und Agrarwissenschaften kaum beachtet und somit auch einer breiten Öffentlichkeit nie bekannt (erst in jüngster Zeit gibt es vereinzelte Arbeiten, die das Thema wieder aufgreifen und bislang bestätigen). Herwig Pommeresche hat sich die Mühe gemacht, unsere Landwirtschaftsmethoden kritisch zu hinterfragen und die Erkenntnisse aus den genannten Arbeiten zu analysieren sowie auf ihre praktische Anwendbarkeit hin zu testen. Die vorliegende zweite Auflage der „Humussphäre" ist das Ergebnis seiner Überlegungen und seiner Versuche, aber auch der vieler Mitstreiter, die nach zukunftsfähigen Alternativen in Landwirtschaft und Gartenbau suchen.

Zugegeben, die Erklärungen und die theoretischen Grundlagen für diese Beobachtungen klingen unwahrscheinlich und sind schwer zu glauben, widersprechen einige Aspekte doch grundlegend dem, was wir im Biologieunterricht über Pflanzen gelernt haben. Auch ich habe die Stirn gerunzelt, als ich das Manuskript als Lektorin zum ersten Mal las. Dennoch sollten wir die Möglichkeit, dass dieses „Modell vom Kreislauf der lebenden Substanzen" tatsächlich so funktioniert, nicht von vornherein ausschließen. Denn schließlich funktioniert das Leben auf dem Planeten Erde seit 3,5 Milliarden Jahren sich selbst steuernd nach Prinzipien, die wir – auch wenn wir das so gerne glauben möchten – noch längst nicht völlig verstanden haben. Vor rund 300.000 Jahren hat dieses Lebenssystem den Menschen hervorgebracht, vor 10.000 Jahren erst begannen unsere Vorfahren mit dem Ackerbau. Und erst mit der modernen Intensivierung des Ackerbaus sind in der Biosphäre, in unseren Ökosystemen und den Stoffkreisläufen der Natur massive Probleme aufgetreten, die es vorher viele Millionen, ja, Milliarden Jahre lang nicht gab.
Ist es da wirklich so unwahrscheinlich, dass die Art und Weise, wie die Natur sich selbst regelt und steuert, besser funktioniert als die Methoden, die wir uns erst im letzten Wimpernschlag der Evolution ausgedacht haben? Ist es wirklich ausgeschlossen, dass unsere Methoden auf Irrtümern und Fehlschlüssen basieren, wenn wir damit in weniger als zweihundert Jahren große Teile der Biosphäre und der Ökosysteme zerstört und aus dem Gleichgewicht gebracht haben, die vorher jahrmillionenlang von ganz alleine funktioniert haben? Die Pflicht einer am Gemeinwohl orientierten Forschung und Wissenschaft ist es, sich unvoreingenommen die Fragen zu stellen: Wie sichert und regelt die Natur ohne uns ihre Pflanzenernährung? Warum werfen im Vergleich dazu unsere Methoden innerhalb weniger Generationen so viele Probleme auf? Könnte es sein, dass wir etwas übersehen haben?

Wenn uns jemand mit neuen Thesen und Denkmodellen konfrontiert, die wir für unwahrscheinlich halten, sollten wir immer im Hinterkopf behalten: Was wir „Wissen" nennen, ist immer nur ein kleiner Ausschnitt der Welt und ständig in Bewegung. Auch wenn etwas seit Langem als Wahrheit gehandelt wird, kann es sich trotzdem irgendwann als falsch erweisen. Auch wenn viele etwas für gesichertes Wissen halten, ist nicht auszuschließen, dass sich alle täuschen. Selbst ich erlebe, dass heute, wenige Jahrzehnte nach meinem Biologiestudium, immer mal der eine oder andere Lehrinhalt, der mir damals als „unumstößlich belegt und bewiesen" und „gründlich erforscht" beigebracht wurde, revidiert wird und sich, neu und mit

anderen Methoden erforscht und anderen Erkenntnissen verknüpft, ganz anders darstellt. Wie mag es da erst um eine 170 Jahre alte Lehre bestellt sein?
Heute ist es uns selbstverständlich, dass die Erde rund ist und keine Scheibe, und dass sie sich um die Sonne dreht und nicht umgekehrt. Heute schütteln wir den Kopf über die Zeitgenossen von Galileo Galilei, die ihn mit dem Tod bedrohten, nur weil seine Erkenntnis von der Anordnung und der Bewegung der Planeten unseres Sonnensystems nicht in ihre Vorstellungswelt passte. Sie konnten sich nicht vorstellen, was er selbst sich sehr wohl vorstellen, aber mit den damaligen Methoden nur noch nicht nachweisen konnte. Trotzdem hatte er recht, wie wir heute wissen. Wer sagt denn nun, dass unsere heutigen Vorstellungen und Schlussfolgerungen alle richtig sind? „Wir wissen nicht, was wir alles nicht wissen", sagte Herwig Pommeresche während der Arbeit an diesem Buch oft zu mir. Wie wahr. Wir sollten immer davon ausgehen, dass wir noch längst nicht alles wissen.

Und deshalb: Wenn wir sehen, dass etwas mit anderen Methoden anders – und zwar besser, erfolgreicher und ohne schädliche Nebenwirkungen! – abläuft als mit den gewohnten – liegt es dann nicht nahe, dass dies einen Grund haben muss, den wir noch nicht kennen? Warum machen wir uns nicht auf, nach diesem Grund zu suchen und unser Wissen zu erweitern? Die sichtbaren praktischen Erfolge der in diesem Buch vorgestellten Methoden sollten uns Anlass genug sein, in der vom Autor vorgeschlagenen Richtung weiterzuforschen – um das hier diskutierte Modell entweder zu bestätigen oder eben eine andere Erklärung für die nachgewiesenen Ernteerfolge zu finden.

Es wäre daher wünschenswert, dass sich nicht nur Hobbygärtner und Menschen auf der Suche nach alternativen Selbstversorgermethoden mit den Thesen dieses Buches beschäftigen, sondern auch Wissenschaftler und Entscheider an den Bildungs- und Forschungseinrichtungen sowie in der Politik. Was haben wir zu verlieren, wenn wir diese Theorie gründlich erforschen und untersuchen, ob sich die Methoden auch großflächig in der Landwirtschaft und im Nahrungspflanzenanbau anwenden lassen? Die negativen Auswirkungen unserer Intensivlandwirtschaft sind zu gravierend, die Aussichten zu dramatisch, um uns noch länger Untätigkeit erlauben zu können. Eine Lösung muss gefunden werden, wenn unsere Böden uns und nachfolgende Generationen auch in Zukunft noch ernähren sollen – ausreichend und mit gesunden, schadstofffreien Nahrungspflanzen.

In der Naturheilkunde – einem Lebensbereich, in dem Meinungen und Ideologien ähnlich oft und ähnlich erbittert aufeinanderprallen wie in der Landwirtschafts- und der Ernährungslehre – gibt es das geflügelte Wort: „Wer heilt, hat recht." Während der Arbeit an diesem Buch fiel mir analog dazu ein: „Wer erntet, hat recht."

Eva Wagner
im Oktober 2016

Was mich bewogen hat, dieses Buch zu schreiben

Einleitende Gedanken des Autors

Was „Leben" als Ganzes ist, wird von uns letztlich nicht wirklich verstanden. Wir dürfen nicht den Fehler machen, es mit Hilfe eines Denkmodells verstehen zu wollen, mit dem es sich nicht erklären lässt.
Dieser Grundgedanke war mein Antrieb, dieses Buch zu schreiben, und ist noch heute meine Motivation, nach gärtnerischen und landwirtschaftlichen Methoden zu suchen, die die pflanzlichen, tierischen und mikrobiologischen Lebensformen auf diesem Planeten erhalten und nicht – wie längst nicht mehr zu übersehen und zu leugnen ist – zerstören. Doch bis heute werden ganzheitliche Denkmodelle, denen die Vorstellungen von biologischer Selbststeuerung und Selbstregulierung zugrunde liegen, rein technologischen Vorstellungen und Modellen untergeordnet und somit verdrängt. Unsere etablierte Art des „Wissenschaffens" lässt es nicht zu, die Vorstellung von einer Selbststeuerung der Lebenskreisläufe auf der Basis lebender Substanz in unser Allgemeinverständnis und unser Weltbild mit einzubeziehen. Aus meiner Sicht sind unsere modernen Wissenschaften nicht in der Lage, das Leben an sich als etwas zu sehen und zu behandeln, das sich mit den etablierten Methoden und Modellen überhaupt nicht vollständig erfassen lässt. Wir müssen uns deshalb von der falschen Vorstellung befreien, dass der gegenwärtige Stand der Wissenschaft endgültig und nicht mehr veränderbar ist.
Das Gleiche gilt für die Landwirtschaft: **Unsere Art, Landwirtschaft zu denken und zu praktizieren, ist nur ein kleiner, gedachter Ausschnitt aus allem Möglichen.** Wenn sich dann noch herausgestellt hat, dass dieser Ausschnitt völlig unzureichend oder gar falsch und schädlich bis tödlich auf unsere Biosphäre wirkt – dann sollten wir uns näher damit beschäftigen!
Die biologischen Aspekte der landwirtschaftlichen Forschung und Praxis sind weitaus weniger bekannt und umfangreich als die chemischen. Und unter allen Büchern über die heutige Landwirtschaft, die ich gefunden habe, gab es nur ein einziges, das die traditionelle Auffassung von der Pflanzenernährung infrage stellte: „Organic Method Primer Update" von *B.* und *G. Rateaver* (*Rateaver* 1993). Ich möchte ausdrücklich betonen, dass dies erstaunlicherweise sowohl für die traditionelle als auch für die Ökologische Landwirtschaft gilt.
Ich möchte nun den Versuch unternehmen, der Mineraltheorie, die die Grundlage unserer etablierten Landwirtschafts- und Gartenbaumethoden bildet, den ihr gebührenden Platz in der Wissenschaft der physikalischen Chemie zuzuweisen, die lediglich

nichtlebende Stoffe beschreibt, und sie außerdem von der Landwirtschaft abzukoppeln. Dadurch rücken alle anderen Theorien und Erkenntnisse in den Vordergrund, die von der Mineraltheorie fast durchwegs verneint oder verfälscht werden.
Sämtliche Theorien verstehe ich als im Wortsinne *Wissen schaffende Erklärungsmodelle* für Erscheinungen und Vorgänge, denen wir in der Natur begegnen oder die wir in der Natur in Gang setzen. **Den Wert eines Erklärungsmodells ausschließlich an Kriterien der etablierten Wissenschaften zu messen, halte ich nach meinen eigenen zahlreichen Versuchen für überholt und veraltet.** Ich meine: Man kann ein Erklärungsmodell sehr wohl auch an seinen praktischen Erfolgen messen – also empirisch. Wobei diese Erfolge definiert werden müssen im Verhältnis zu den gesetzten Zielen, die man für erreichbar hält. Beispielsweise hat das heutige chemisch-technische Erklärungsmodell zu einer Landwirtschaft geführt, die dabei ist, die gesamte Biosphäre und damit auch unsere Lebensmittel und uns selbst mehr oder weniger zu vergiften. Die unkontrollierte und nicht mehr rückholbare Ausbreitung (gen)technisch manipulierter Organismen, die sich nicht nur in Form ihrer rein chemischen Einzelbestandteile, sondern längst auch selbstständig und „eigen-willig" durch die Biosphäre bewegen, ist eine weitere schwerwiegende Folge. Einige Menschen sehen darin einen Fortschritt, andere hingegen haben längst die katastrophalen Folgen der Agro-Gentechnik erkannt.

Der Kreislauf der lebenden Substanzen

Vermutlich sind die wenigsten Fachleute, die ihr Wissen um die Pflanzenphysiologie nach traditionellen Lehrmethoden und -modellen erworben haben, bereit, sich mit einem völlig anderen Erklärungsmodell auseinanderzusetzen, das das Gelernte hinterfragt oder sogar infrage stellt. Deshalb werden neue Erklärungsmodelle in der Fachwelt meist schon in einem frühen Stadium abgelehnt, und weitere Forschung daran wird unterlassen (oder sogar unterbunden). Ein solches – eigentlich gar nicht mehr so neues – Erklärungsmodell ist die Theorie vom Kreislauf der lebenden Substanzen.
Diese Theorie kann und muss durch die längst nachgewiesene (auch in jüngsten Forschungen; z. B. *Samaj, J.* et al. 2006, *Paungfoo-Lonhienne* et al. 2010, 2013, *Kroymann* 2010) Endozytose der Pflanzen heute als bestätigt gelten. Sie führt einen schnell zu historischen Ackerbaumethoden wie den sogenannten Wasserkulturen, die – wie sich rekonstruieren ließ – eine 5- bis 15-mal höhere Nahrungsmittelausbeute pro Fläche erzielten, als sie heutzutage mit chemischen und technischen Einsatzmitteln, einschließlich Genmanipulation, erreichbar ist. Die Ertragssteigerungen der technologischen Landwirtschaft liegen nach wissenschaftlichen Untersuchungen z. B. in Norwegen für die Jahre von 1929 bis 1979 bei 46 Prozent (*NLVF* 1980). Die Energiemengen jedoch, die für diese Ernteausbeute eingesetzt werden müssen, er-

höhten sich (nach den gleichen Quellen) um 400 bis 500 Prozent – *in Wahrheit also eine Minusrechnung!* Das bedeutet: Die vermeintlichen Erfolge stützen sich auf den Missbrauch des Mutterbodens. Heutige Anbaumethoden bestätigen diese Erfolge ebenfalls, wie beispielsweise die Erfahrungen mit Winterroggen bestätigen.
Alle diese Zahlen liegen so weit über allen heutigen Bestrebungen, Forschungseinsätzen und Vorstellungen landwirtschaftlicher Konzepte, dass sie nicht einmal bestritten werden. Sie werden ganz einfach überhaupt nicht wahrgenommen! Mit diesem Buch möchte ich sie wieder ins Blickfeld rücken – und eine mögliche Erklärung anbieten.
Die Möglichkeiten, die der Transport lebender Substanzen durch die Biosphäre für die Pflanzenernährung bietet, sind ganz anders als die, die sich mit der Aufnahme reiner Salzionen-Dünger bieten. Die Salzionen haben außer ihren chemisch definierten Eigenschaften nichts zu vermitteln. Die Proteine, aus denen alle lebenden Organismen aufgebaut sind, bilden dagegen sehr große Moleküle, die – nach heutigem Wissensstand – zahlreiche wichtige Lebensinformationen beherbergen, aber auch chemisch veränderbar sind (was in der Folge auch ihre Funktionen verändert). Und genau darin liegt das Risiko, das den sogenannten horizontalen Gentransfer (s. S. 44 u. 80) von manipulierten Proteinen, quer über alle Artgrenzen hinweg, zu einer Gefahr mit unkalkulierbaren Folgen werden lässt.

Vielleicht sollten wir uns auch einmal näher mit der Theorie der sogenannten tiefenökologischen Beziehungen zwischen Pflanzen, Erde und Mikroorganismen befassen, auch wenn diese so revolutionär erscheint (*Crofoot* 1989), dass sie bis heute kaum wahrgenommen bzw. abgelehnt wird und in den Bio- und Agrarwissenschaften keinen hohen Stellenwert hat. Ich möchte hier den Versuch unternehmen, auf der Basis neuester Erkenntnisse nicht nur der Ökologischen Landwirtschaft eine neue und tragfähige, biologische Basis (zurück-) zu geben.

Der gesamte Stoffkreislauf der Biosphäre lässt sich mit dem Erklärungsmodell von „Fressen und gefressen werden" beschreiben. Das beinhaltet bereits die wichtigste Vorstellung vom Kreislauf der lebenden Substanzen. Im Gegensatz dazu fußt die konventionelle Lehrmeinung der heutigen Landwirtschaft über die Pflanzenernährung lediglich auf dem Denkmodell, dass ausschließlich die „toten" Elemente des chemischen Periodensystems die Grundlage aller lebenden Substanz und damit aller Pflanzennahrungsstoffe sind. Wie aus diesen toten Stoffen lebendige Substanzen werden, wird mit dem rein chemischen Modell jedoch nicht erklärt. Dem Modell vom Kreislauf der lebenden Substanzen hingegen liegt die Vorstellung von kleinsten lebenden Zelleinheiten zugrunde, deren Stoffwechselweg durch die gesamte Biosphäre nachverfolgbar ist.

Perspektivenwechsel: Der Blickwinkel entscheidet

Solange wir uns auf ein Erklärungsmodell beschränken, das den Blick ausschließlich aus der Sicht der Disziplin „Chemie" einnimmt, missverstehen wir lebende Vorgänge oder verstehen sie nicht vollständig. Und das stellt auch unser Verständnis von der Biologie – der Lehre vom Lebendigen – ganz generell infrage. Solange wir also an der reinen Mineraltheorie festhalten, blockieren wir die notwendige Weiterentwicklung der Landwirtschaft.
Beweise und Belege für die Richtigkeit, die Brauchbarkeit und letztlich die Glaubwürdigkeit einer Theorie – in unserem Fall der „Anderen Agrikultur" – können auf vielen verschiedenen Ebenen erbracht werden: Intern, also innerhalb der gewohnten Wissenschafts- und Denkmodelle, die wir allzu gern als einzig möglichen Erkenntnisweg akzeptieren. Aber auch extern, das heißt, von außerhalb dieser konventionellen Möglichkeiten. Das ist, ja das muss in diesem Falle „unwissenschaftlich" sein, um überhaupt diskutierbare Alternativen anbieten zu können. Man könnte es z. B. „prälogisches Wissen-Schaffen" nennen.

Eine ernsthafte Diskussion ohne vorhergehende Klarlegung der Standpunkte endet in sinnlosen Streitereien oder kann als soziale Umgangsform gepflegt werden, führt aber nicht zur angestrebten Verständigung. Grundsätzlich kann man jedes Erklärungsmodell, jede Meinung nur dann mit einigem Erfolg verständlich diskutieren, wenn man vom selben Standpunkt, von derselben Perspektive ausgeht. Andernfalls benutzt man – in aller Regel unreflektiert und unbewusst – jede Meinung, die man vertritt, lediglich zum Stützen und Bestärken des eigenen Standpunkts. Von zwei verschiedenen Perspektiven, Sichtweisen oder Betrachtungsrichtungen aus aber sieht jedes Objekt anders aus, und es ist sinnlos, darüber immer wieder zu streiten. Es ist wie in dem Gleichnis von den vier Blinden, die zum ersten Mal zu einem Elefanten geführt werden, um ihn zu „sehen". Der Erste steht am Kopf des Elefanten. Er bekommt den Rüssel zu fassen und sagt nach einer Weile: „Aha, ein Elefant ist ein langer, weicher Schlauch, der sich bewegt – er erinnert mich an eine Schlange." Der zweite Blinde steht unter dem Bauch und zwischen den Beinen des Elefanten und widerspricht: „Aber das stimmt doch gar nicht. Der Elefant ist etwas, das aus vier dicken, festen Säulen besteht!" Da sagt der dritte Blinde, der nur den Schwanz des Elefanten ertastet: „Ihr habt beide Unrecht. Der Elefant ist nichts anderes als eine lange, dünne Peitsche!" Und schließlich meldet sich der vierte Blinde zu Wort, der auf dem Rücken des Elefanten sitzt und seine Ohren betastet: „Keiner von Euch hat recht! Der Elefant ist ein großes Gebilde, auf dem man Sitzen kann und das aus zwei großen Segeltüchern besteht!"

Wir sehen: Keiner von den vieren hat recht. Aber auch keiner hat völlig unrecht, denn jeder nimmt ja einen Teil des Elefanten richtig war. Aber eben nur den Teil, den er von seinem Standpunkt aus erfassen kann.

Hier liegt der Grund für die ständigen Verwirrungen, wenn über ökologische Mohrrüben von zwei verschiedenen Standpunkten aus diskutiert wird. Darüber hinaus können jedoch auch zwei verschiedene Objekte, vom gleichen Standpunkt aus betrachtet, gleich erscheinen. Das wiederum ist der Grund, warum sich – scheinbar – fast kein Unterschied zwischen gentechnologisch und biologisch produzierten Mohrrüben finden lässt. Jedoch nur scheinbar – denn mittlerweile gibt es eine Reihe von Untersuchungen, die nahelegen, dass es doch erhebliche Unterschiede in den Inhaltsstoffen gibt (z.B. *Balzer-Graf* 1991, *Engqvist* 1977, *Hoffmann* 1997, *Pfeifer* 1958, 1984).

Der Blickwinkel beeinflusst das Ergebnis

Es ist also von wesentlicher Bedeutung, von welchem Standpunkt aus etwas betrachtet, charakterisiert und schließlich „bewiesen" wird! Versucht man beispielsweise für die Probleme der Landwirtschaft ausschließlich das Gedankenmodell „Salzionen" einzusetzen, kommt man zu einer anderen Lösung als mit dem Gedankenmodell „Biologie".

In der ökologischen Bewegung besteht die Überzeugung, man arbeite mit einem anderen Modell als im „technologischen Lager". Das stimmt auch. Aber bei näherer Betrachtung fehlt etwas ganz Entscheidendes – besser gesagt: Das Entscheidende ist (unbemerkt) verloren gegangen.

Künftig müssen wir deshalb dort, wo unterschiedliche Blickrichtungen vorhanden sind, diese auch sorgfältig voneinander trennen. Dies war bislang in der Wissenschaft generell, aber auch in der landwirtschaftlichen Praxis so gut wie unüblich. Beide Standpunkte befinden sich innerhalb unseres abendländischen, reduktionistischen wissenschaftlichen Weltbildes. Bereits das bedeutet eine Einschränkung, wenngleich uns das nicht bewusst ist.

Die konventionelle Landwirtschaft basiert auf einem chemisch-mechanistischen Denkmodell. Ich nenne sie daher die „technologische Landwirtschaft". Die Ökologische Landwirtschaft meint sich biologischer Modellvorstellungen zu bedienen. Nach meinen kritischen Untersuchungen habe ich jedoch festgestellt, dass man sich hier nicht (mehr) bewusst ist, dass sich die Biologie in weiten Teilen in ihren Denkmodellen ebenfalls rein chemisch-mechanistischer Modelle bedient und weitergehende Sichtweisen unterlässt. Solange dies so ist, wird sich die Ökologische Landwirtschaft niemals als eigenständiges Modell für Landbau und Ernährung konsolidieren können.

Ernteresultate, die überzeugen müssten

In der Geschichte der Landwirtschaft sowie in der Praxis der Garten- und Ackerkultur werden immer wieder Resultate erreicht – gemessen entweder am Ernteertrag im Verhältnis zur Anbaufläche oder aber an der Höhe eingesetzter Energie im Verhältnis zur „geernteten" Energiemenge –, die überraschen. Doch bislang ist dazu nur wenig dokumentiert bzw. systematisch ausgewertet. Sie gelten als kuriose Einzelfälle und sind wenig bekannt, für die Wissenschaft sogar so gut wie uninteressant, weil sie sich innerhalb unserer konventionellen Wissensmodelle nicht erklären und damit beschreiben lassen. Gelegentlich erscheinen in einer guten Gartenzeitschrift Ernteerträge wie dieser, zusammen mit Anbautipps, die aber bald wieder in Vergessenheit geraten: *Zwei Kilogramm Winterroggen pro Quadratmeter im Sauerland. Oder 18 Kilogramm Zwiebeln bzw. 22 Kilogramm Mohrrüben pro Quadratmeter in Norwegen.*

Wenn solche Ernteerträge möglich sind, wie kann es dann sein, dass noch immer so viele Menschen auf der Welt hungern müssen? Geld kann man nicht essen, aber ohne Geld gibt es in unserem System kein Essen mehr. Hungern hat also in erster Linie mit Geld und nicht mit Ernten oder Essen zu tun. Begleiten Sie mich auf eine Reise, auf der wir lernen können, wie man aus vier Roggenkörnern das Korn für vier ganze Brote erhält.

Das eigentliche Ziel sind aber nicht die vier Roggenkörner oder die vier Brote. Ich möchte auf dem Weg dahin die Möglichkeit für eine „Andere Agrikultur" – wie ich sie nennen möchte – aufzeigen. In der symbiotisch-biologischen Landwirtschaft, um die sich der traditionelle sowie heute der Ökologische Landbau seit mindestens 170 Jahren (seit Justus von Liebig erstmals chemische Grundsätze auf die Landwirtschaft anwandte), mit wechselndem Erfolg bemüht haben, liegen neue Möglichkeiten und Chancen.

Ziel dieses Buches

In diesem Buch möchte ich die Forschungsarbeiten, denen das lebendstoffliche Erklärungsmodell zugrunde liegt, sichten und systematisieren, um daraus ein neues Landwirtschafts- und Pflanzenbaumodell abzuleiten und dies sowohl der Forschung anzubieten als auch Landwirten sowie den (Ver-)„Brauchern" landwirtschaftlich erzeugter Lebensmittel – die wir ja alle sind.

Dass es zahlreiche Kritiker und Gegner dieses Modells gibt, die es grundsätzlich für völlig falsch halten, ist mir bewusst. **Ihre eigene Meinungsbildung ist also gefragt, lieber Leser, liebe Leserin: Selbstversorgung, nicht nur mit eigenem Gemüse, sondern auch mit eigenen Gedanken und eigenen Meinungen!**

II. Gartenbau und Landwirtschaft: Vergangenheit, Gegenwart – und welche Zukunft?

1. Agrobiologie und Agrochemie – zwei Seiten einer Medaille

Naturwissenschaft im Wandel der Zeit

Justus von Liebig, die Chemie und die Landwirtschaft

Justus von Liebig (1803–1873), der Wegbereiter der heutigen Landwirtschaftspraxis, hatte als Hauptinteresse die Erforschung der Chemie. 1840 kam sein Hauptwerk zum ersten Mal, 1876 als 9. Auflage heraus (und das letzte Reprint erschien 1995), aus der hier zitiert wird: „Die Chemie in ihrer Anwendung auf Agrikultur und Physiologie". Für Liebig war die Anwendung und die Entwicklung der analysierenden Chemie das Bestimmende, die Agrikultur (heute: Landwirtschaft) passte er dem ein. Er beteuerte zwar immer wieder, das Lebende müsse bewahrt bleiben, dennoch haben spätestens seine Nachfolger dafür gesorgt, dass alle Vorstellung von „lebend" den Denkmodellen der Chemie untergeordnet wurden. Das Tragische dabei ist, dass die Disziplin „Chemie" per Definition nur Totstoffe beschreiben kann. Alles Lebende wird nach dieser Vorstellung verbrannt, aufgelöst, abgebaut, „mineralisiert", reduziert zu toten Grundstoffen und deren elektrophysikalisch beschriebenen atomaren Verbindungen; Eisen in all seinen Erscheinungsformen wird reduziert zum Element Fe, Stickstoff zu N, Phosphor zu P und Kalium zu K und so weiter. Die von Liebig beschriebenen Stoffe, die er in seinen Schriften „Mineralsubstanzen", aber auch gleichzeitig „Minerale" sowie Nahrungsstoffe der Pflanzen nennt, sind Stoffe, die heute als chemische Elemente bezeichnet werden und Grundstoffe, also Bausteine sind. Nach Liebig jedoch sind diese Bausteine per se unsere Nahrungsstoffe.

Doch dieses Denkgebäude ist schon lange nicht mehr haltbar.

Ausschließlich aus der physikalischen Perspektive – der klassischen Atomphysik – betrachtet, ist und bleibt N (Stickstoff) das gleiche N, ob es nun von pflanzlichen oder von tierischen Proteinen stammt. Deshalb war man auch der Meinung, man könne tierisches N – also Stickstoff tierischen Ursprungs – Pflanzenfressern als „Kunstnahrung" anbieten, so etwa Fleisch- und Fischmehl als Rindernahrung. **BSE und andere Erkrankungen haben gezeigt, dass dies ein folgenschwerer Fehlschluss war.**
Doch nach *Liebigs* Analysemethoden beinhaltet die Asche dieser Tiere immer noch dasselbe N, den wichtigsten Nahrungsstoff aller Organismen.

Die Theorie hat Lücken

Wenn man die Annahme voraussetzt, dass alle organischen Substanzen vollständig zu den einfachsten Grundstoffverbindungen abgebaut werden, verzichtet man auf alle Möglichkeiten, sich vorzustellen, dass in einem Stoffwechselkreislauf qualitative Eigenschaften weitergegeben werden könnten. Eine Erklärung für die Weitergabe beispielsweise von Krankheiten, von Resistenz oder Immunität, von der Fähigkeit zur Klimaanpassung oder zur Regeneration von Vitalität (sprich: Lebenskraft) wird durch Anwendung dieser Modellvorstellung unmöglich gemacht – und schließlich als nicht existent angenommen. So liegt also in der „Mineralisierungstheorie" auch die Aufhebung aller Qualitätsmerkmale einer Pflanze bis auf die, die von der chemischen Analytik feststellbar sind.
Das ist der Grund, weshalb man keine sichtbaren oder messbaren Unterschiede zwischen biologisch bewirtschafteten Böden oder biologisch erzeugten Nahrungsmitteln im Vergleich zur konventionellen („chemischen") Variante zu finden glaubt. Nicht die Kulturen und deren Ernten sind gleich oder ähnlich, sondern die Untersuchungsmethoden sind unzureichend.
Oder anders gesagt: **Wir wissen nicht, was wir alles (noch) nicht messen können. Deshalb wissen wir auch nicht, was wir alles nicht wissen.**

Nach *Liebigs* eigener Kritik über alte Theorien kann eine Theorie nicht umgestaltet werden durch andere Denkweisen und andere Erfahrungen. Die alte Theorie wird gleichsam selbsttreibend weiterentwickelt, bis sie sich selbst ad absurdum führt: „Ein Blick auf die Geschichte der Naturwissenschaften zeigt, dass, wenn an die Stelle einer herrschenden Lehre eine neue tritt, die neue Lehre nicht eine Fortentwicklung, sondern der gerade Gegensatz der alten ist. Eine falsche Lehre entwickelt sich nach denselben Gesetzen wie eine richtige, aber die eine stirbt ab, weil sie keine Wurzeln hat, während die andere wächst und zunimmt. Die irrige Lehre führt nämlich in ihrem eigenen Weiterbau zu Folgerungen und Ansichten, die zuletzt jedermann als vernunftwidrig oder thatsächlich unmöglich erkennt, und sie macht alsdann einer anderen Platz, welche das Gegenteil von ihr ist; sowie denn die Wahrheit immer der Gegensatz des Irrthums ist." (*Liebig* 1876, S. 9)

Es stellt sich die Frage, inwieweit die Probleme der Landwirtschaft zu Beginn des neuen Jahrhunderts von „jedermann als vernunftwidrig oder tatsächlich unmöglich" anerkannt werden müssten. „[...] die [...] alte Lehre [...] nahm an, dass die eigentliche Nahrung der Pflanze [...] organischer Natur, das ist, im Pflanzen- oder Tierleibe erzeugt sei. Die neue Lehre hingegen nahm an, dass die Nahrung der grünen Pflanzen unorganischer Natur sei, in dem Pflanzenleib werde das Mineral verwandelt in den Träger einer organischen Thätigkeit; die Pflanze erzeuge aus unorganischen Elementen alle Bestandtheile des Pflanzenleibes und in ihm, aus niederen, die höchst zusammengesetzten des Blutes, aus dem sich der thierische Organismus gestaltet. Wegen ihres Gegensatzes zu der früheren Lehre erhielt die neue den Namen ‚Mineraltheorie'." (*Liebig* 1876, S. 9) Ganz klar und unmissverständlich schreibt Liebig weiter: „Die Nahrungsmittel aller grüner Pflanzen sind unorganische oder Mineralsubstanzen."

Diese Behauptung wird heute – 170 Jahre später – noch immer als alleingültig aufrechterhalten. Dabei ist längst erwiesen, dass Pflanzen auch noch – vielleicht sogar hauptsächlich – einen anderen Weg der Nahrungsaufnahme gehen. Bereits im 20. Jahrhundert bestätigte sich, dass dieses Denkmodell falsch ist, wie *Artturi I. Virtanen* 1933 belegte. (s. S. 25 / *Virtanen* 1933; s. a. Virtanen 1958 in „Natürlich gärtnern", Heft 1)

In den 1990er Jahren findet man Folgendes: „Auf der Erde gibt es lediglich zwei Arten von Organismen mit selbstversorgendem Stoffwechsel *(„with self-sufficient metabolisms"):* die sonnenliebenden Photoautotrophen (photosynthetisierende Organismen), die Licht brauchen zu ihrer Energieversorgung, und die steinfressenden *(„rock eating")* Chemoautotrophen (auch Chemolithotrophe genannt), die nicht einmal Licht benötigen, sondern lediglich natürliche anorganische chemische Reaktionen, um ihre benötigte Energie zu erlangen. Unter allen Organismen auf unserem Planeten, die möglicherweise sich entwickelt haben, ist eine solche unabhängige Methode der Ernährung ausschließlich bei den Chemoautotrophen gegeben." (*Margulis* 1993, S. 129)

Das müssen auch die zahlreichen Firmen wissen, die schon seit Jahren Effektive Mikroorganismen und lebende Mikronahrung für die Landwirtschaft herstellen (dazu später mehr im Kapitel „Effektive Mikroorganismen" ab S. 84).

Spätestens seit 1950 haben wir eine neue Theorie – die Theorie vom Kreislauf der lebenden Substanz –, die sich als stark genug erweist, die sogenannte Mineraltheorie abzulösen. Sie besagt, dass lebende Substanz letztendlich als regenerierbare Bakterien innerhalb des Stoffwechselprozesses im Humus erhalten bleibt und von den Pflanzen als Nahrung wieder aufgenommen wird. Bis heute wird versucht, oft verzweifelt, die alte und die neue Theorie miteinander zu vereinen. Daraus entsteht immer wieder aufs Neue ökologische Verwirrung, die nur Unsicherheit hervorruft. Mit großer Wahrscheinlichkeit müssen wir also die eine Theorie verlassen zugunsten einer anderen. Doch wer wagt das heute in den Schulen und Universitäten einzuleiten?

Agrarbiologie und Agrarchemie: Historie der letzten 170 Jahre

Die Suche nach dem Leben – nach den Bestandteilen oder Elementen, nach denen Materie als „lebend“ definiert werden kann – ist die eigentliche Aufgabe der Biologie. Aber meiner Ansicht nach hat die Biologie diese Aufgabe so sehr vernachlässigt, dass der rein „chemische Blickwinkel“ in dieser Naturwissenschaft vorherrscht. Doch es gab immer auch bedeutsame Stimmen, die vor dieser Entwicklung deutlich warnten und zugleich an Alternativen geforscht und die Ergebnisse der Landwirtschaft zur Verfügung gestellt haben. Die wichtigsten, die ich gefunden habe, stehen in der folgenden Zusammenfassung.
Wir beginnen dort, wo *Liebig* mit großem Ehrgeiz ein Menschenleben lang daran arbeitete, die Chemie auf Landwirtschaft und Pflanzenphysiologie anzuwenden. Gleichzeitig untersuchte *Charles Darwin* den Regenwurm biologisch. Trotz vieler wichtiger Einwendungen *Liebigs*, aber durchaus seinem wissenschaftlichen Ehrgeiz entsprechend, „gewann“ die Anwendung chemischer Hilfsmittel über die Anwendung des Regenwurmes in der darauf folgenden Periode landwirtschaftlicher Praxis. Das äußert sich auch in dem Zitat von *W. Hamm*, geschrieben 1872 in „Das Ganze der Landwirthschaft“: „Da trat im Jahre 1840 der große Chemiker Justus von Liebig auf und warf das ganze Gebäude der alten Meinungen von der Pflanzenernährung über den Haufen.“
Aber gerade in diesem Haufen **gingen die uralten Erfahrungen, die Landwirte über Generationen, ja über Jahrtausende gesammelt und weitergegeben hatten, das Wissen und das Gefühl für die „Mutter Erde“, für den Humus und für das gerade entdeckte Bodenleben fast vollständig verloren!** Hier liegt der Anfang dafür, dass der Bauer sein Wissen und sein Können an die Chemiekonzerne abtrat, wo es im Laufe von mittlerweile 170 Jahren vergessen und unterdrückt wurde, während er selbst mit einem Sack Kunstdünger auf seine dahinschwindende Scholle zurückgeschickt wird.
Das hat dazu geführt, dass die Landwirtschaftsgeschichte der Menschheit im Grunde stets als Kampf für oder gegen die technologische Entwicklung beschrieben wurde. Dabei hat die Biologie immer verloren.

Hier folgt also ein Versuch, die Geschichte der Landwirtschaft aus der Sicht der Biologie zu skizzieren: Die Auflistung zeigt die Entwicklung des technisch-industriellen Ackerbaus einerseits und die der Agrarbiologie und der Erkenntnisse zur Pflanzenernährung andererseits. Diese Abhandlung kann jedoch nur eine skizzenhafte Zusammenstellung von Fakten sein, ohne Anspruch auf Vollständigkeit, und ohne alle Fragen beantworten zu können. Denn als wichtiger denn eine „vollständige“ Faktensammlung erachte ich es, bekannt zu machen, wie und von wem das Modell der lebenden Substanz parallel zum „Modell der toten Materie“ erforscht wurde und wird.

1830 bis 1870: Oliver Sheffield

Noch bevor *Charles Darwin* und *Justus von Liebig* bekannt waren, führt *Sheffield* mit Hilfe einer konsequenten „Regenwurmwirtschaft" sozusagen eine Agrarreform durch, die ihm erlaubt, seinen ursprünglich 3.000 Morgen großen Hof auf 250 Morgen zu reduzieren, und zwar bei gleichzeitig höherem Ertrag. Interessant in diesem Zusammenhang ist der Aufsatz „Die Regenwurm-Farm meines Großvaters", von der sein Enkel *George Oliver Sheffield* (1878–1968) in „Die Wurzeln der gesunden Welt, II" von *Wolfgang von Haller* sowie in der Zeitschrift „Boden und Gesundheit" Nr. 67/1970 und zuletzt in dem Magazin „NATÜRLICH GÄRTNERN & ANDERS LEBEN" Nr. 5/2016 (Nachdruck) berichtet.

1837: Charles Darwin (1809–1882)

1837 beginnt Darwin die Bildung der Ackererde durch die Tätigkeit der Würmer zu untersuchen. Aber erst 1881 veröffentlicht er sein Buch „The Formation of Vegetable Mould through the Action of Worms" (Deutsch unter dem Titel „Die Bildung der Ackererde durch die Thätigkeit der Würmer"). Zu diesem Zeitpunkt hatte Liebig sich bereits sein ganzes Leben lang äußerst intensiv für seine Disziplin, die Chemie, eingesetzt. Der Versuch, den „[...] Regenwurm in seiner Anwendung auf die Agricultur und Physiologie" erfolgreich mit der Landwirtschaft zu verbinden, erlangte nie die gleiche Bekanntheit wie die chemischen Methoden.

1840: Justus von Liebig (1803–1873)

verbrennt Pflanzen, baut die chemischen Analysemethoden aus und separiert „Mineralbestandtheile" aus der Pflanzenasche. Er führt äußerst ehrgeizige Kämpfe, um die Erkenntnisse aus der chemischen Forschung auf die Landwirtschaft und die Pflanzenphysiologie anzuwenden.

1848: Louis Pasteur (1822–1895)

Pasteur arbeitet zur gleichen Zeit wie *Liebig*. Sein Leben und Schaffen gilt den Mikroorganismen. Er entdeckt den Milzbranderreger sowie den Erreger der Hühnercholera und entwickelt verschiedene Impfstoffe.

Ausgelöst wird dadurch jedoch eine übersteigerte regelrechte Jagd auf alle Bakterien und Viren, die sich – ähnlich wie die Idee von den Salzionen – 170 Jahre lang gehalten hat, also bis heute. Ich behaupte mit gutem Grund, dass diese beiden Ideen die Hauptursache für die globale Vergiftung unserer Biosphäre sind. Besonders tragisch wird diese Fehlentwicklung, wenn man sich die alternativen Möglichkeiten ansieht, die zwar schon lange erforscht und bekannt sind, aber von der Geschichte überrollt wurden.

1872: Wilhelm Hamm
schreibt in diesem Jahr über *Albrecht Daniel Thaer* (1752–1828), den Verfasser des ersten umfassenden Lehrbuches der Landwirtschaft (*Thaer* Bd. 1809–1812): „Er [...] nahm an, dass die Nahrung der Pflanzen aus den im Boden befindlichen organischen (verbrennbaren, von lebenden Wesen, Thieren und Pflanzen herrührenden) Stoffen bestehe, und dass je mehr von denselben in richtiger Beschaffenheit der Acker enthalte, er umso fruchtbarer sei. Man nannte diese verwesenden Stoffe Humus [...] und glaubte, dass die Gewächse sie ohne weiteres mittels des Wassers aus dem Boden in sich aufnehmen." (S. 4)

1875: Pierre Jacques Antoine Béchamp (1816–1908)
Der Franzose *Béchamp* verfasst 1883 eine bedeutende Arbeit unter dem Titel „Microzymas". Darin entwickelt er die Vorstellung, dass in allen lebenden Organen Mikrokokken vorkommen, die er „Microcyme" nennt, und dass diese im Leben der tierischen und pflanzlichen Gewebe eine bedeutende Rolle spielen sollen. *Béchamp* schreibt diesen symbiontischen Keimen eine große Anpassungsfähigkeit zu und glaubt, dass sie das Leben der Wirtszelle überdauern können (*Schanderl* 1947). Auch die Theorie der Knöllchenbakterien der Leguminosen wird am Ende des 19. Jahrhunderts von verschiedenen Autoren heftig diskutiert, und man ist sich in der Tat nicht einig, ob die Bakterien von außen (wie heute immer noch angenommen) oder von innen, d. h. aus den Zellbestandteilen der Pflanze stammen. (z.B. *Buhlert* 1902, *Hellriegel* und *Wilfarth* 1888, *Schultz-Lupitz* 1895.

1876: Justus von Liebig
In diesem Jahre erscheint *Liebigs* 9. Auflage von „Die Chemie in ihrer Anwendung auf Agricultur und Physiologie": „Es zeigte sich, [...] dass die Aschebestandtheile nicht zufällige Bestandtheile seien, die nach Standort wechselten, sondern dass sie zum Aufbau des Pflanzenleibes dienten; dass also diese Aschenbestandtheile für die Pflanzenernährung dasselbe seien, was Brot und Fleisch für die Menschen oder das Futter für die Thiere ist; dass der fruchtbare Boden viel, der unfruchtbare wenig von diesen Nährstoffen enthalte; dass der unfruchtbare Boden fruchtbar werde, wenn man ihre Mengen in demselben vermehre." (S. 7) Weiter heißt es: „ [...] die alte Lehre [...] nahm an [...] dass die eigentliche Nahrung der Pflanze (organischer Natur [...] ist [...]." Und: „Die neue Lehre hingegen nahm an, dass die Nahrung der grünen Pflanzen unorganischer Natur sei, in dem Pflanzenleib werde das Mineral verwandelt in den Träger einer organischen Thätigkeit; die Pflanze erzeuge aus unorganischen Elementen alle Bestandteile des Pflanzenleibes [...]" (S. 9) Und weiter: „Wegen ihres Gegensatzes zu der früheren Lehre erhielt die neue Lehre den Namen 'Mineraltheorie'." sowie: „Die Nahrungsmittel aller grünen Gewächse sind unorganische oder Mineralsubstanzen." (S. 9).
Aschebestandteile der verbrannten Pflanzen wurden hier also ohne Umschweife zu Nahrungsstoffen erklärt, noch dazu mit Brot und Fleisch gleichgesetzt; und Begriffe wie „Mineralien", „anorganische Elemente", „Mineralsubstanzen" und die „Mine-

raltheorie" wurden bereits in der ursprünglichen Formulierung von *Liebig* selbst unreflektiert in einen Topf geworfen. Seitdem wurden sie auch nie wieder kritisch hinterfragt oder differenziert!

1876 Louis Pasteur
belegt die Sterilität des Pflanzeninneren. Das ist seitdem anerkannte Lehrmeinung, zugleich jedoch liegen Gegenbeweise vor (siehe *H. Schanderl* 1947 bis *L. Margulis* 2001).

1898: Julius Hensel (1833-1903)
Von *Julius Hensel* erscheint das Buch „Brot aus Steinen durch mineralische Düngung der Felder". *Hensel* setzt sich mit „[...] auch zur damaligen Zeit skurriler Begründung [...]" (*Vogt* 2000, S. 62) mit dem pflanzlichen Eiweiß auseinander: „Ammoniak-Pflanzen sind hinfällig, und ebenso hinfällig sind die Kreaturen, die sich von Ammoniak-Pflanzen ernähren." (zitiert aus *Vogt* 2000, S. 63). Ab etwa 1890 baut Hensel die „Steinmehl-Bewegung" auf, die als eigenständiges ökologisches Landbausystem diskutiert wird (*Vogt* 2000). „[...] die Chemiefirmen [...] starteten [...] eine teure, weitgehende Kampagne gegen Hensel, verhinderten die Drucklegung seiner Bücher und verboten ihm seine 'ketzerische' Bemerkung, dass chemische NPK-Mittel Gift seien für den Boden. [...] In der Zeit, in der die deutschen Chemiefirmen zum gigantischen Konzern IG Farben verschmolzen und Hitler an die Macht brachten, wurde das letzte von Hensels Büchern den Flammen übergeben." (*Tompkins* 1998, S. 182)

1911: Raoul H. Francé (1874–1943)
Im Jahre 1911 veröffentlicht Francé seine Schrift „Das Edaphon", die erste wissenschaftliche Zusammenfassung und Definition der Fauna und Flora des Erdbodens, und 1921 „Das Leben im Ackerboden". (Beide Bände wurden in deutscher Übersetzung zusammengefasst 2012 im OLV Verlag, Kevelaer, neu aufgelegt, s. Literaturverzeichnis im Anhang.) Später erscheint zusammen mit A. Francé-Harrar „Die Letzte Chance" (1950) und „HUMUS" (1957).

1913: Fritz Haber (1868–1934), Carl Bosch (1874–1940)
Seit 1894 arbeitet *Fritz Haber*, seit 1899 auch *Carl Bosch* an der Synthese von Ammoniak (NH_3). Unter dem Chemiekonzern BASF wird ab 1913 Ammoniak industriell produziert – aber zunächst nicht, um die Ernteerträge zu erhöhen, sondern um Bomben für den Ersten Weltkrieg zu bauen (*Smil* 1997). Erst 1920 wird der erste Kunstdünger auf Ammoniakbasis hergestellt.

1924: Rudolf Steiner (1861–1925)

Die Sorge über den Verlust der lebendigen Bodenfruchtbarkeit steigert sich, bis 1924 *Rudolf Steiner* aufgefordert wird, seine acht Vorträge über „Geisteswissenschaftliche Grundlagen zum Gedeihen der Landwirtschaft" auf dem Gut des Grafen Kayserlingk in Koberwitz bei Breslau zu halten. Mit diesem Landwirtschaftskursus soll dem Rückgang der Bodenfruchtbarkeit entgegengewirkt werden. *Steiner* führt *Goethes* Ganzheitsverständnis der Phänomene weiter. Er gibt der Landwirtschaft sowie den Lebenswissenschaften ein geistiges Formverständnis und beachtet dabei auch die Mikroorganismen. Die von *Steiner* begründete Biologisch-Dynamische Landwirtschaft hat sich bis heute in verschiedenen Arbeitsgruppen weltweit weiterentwickelt. Die „exakten" Wissenschaften lehnen jedoch auch diese Verständnismodelle ab. Als einziges holistisches Modell aus unserem Kulturkreis ist es aber von sehr großer Bedeutung für eine mögliche angestrebte „Symbiose" der Landwirtschaftsmodelle für eine tragfähige Zukunft (s. a. S. 118).

1933: Artturi I. Virtanen (1895–1973)

Virtanen veröffentlicht Experimente, die das Modell der reinen Stickstoffernährung bei Pflanzen seit *Liebig* und *Boussingault* widerlegen: „Über die Stickstoffernährung der Pflanzen. [...] Durch diese entscheidenden Versuche haben wir nachweisen können, dass die Nicht-Leguminosen die organischen Stickstoffverbindungen, welche aus den Wurzelknöllchen der Leguminosen herausdringen, außerordentlich gut auszunützen vermögen. Es ist offenbar, dass die Nicht-Leguminosen, wenn sie mit Hülsengewächsen in der Natur oder in Kultur zusammenwachsen, tatsächlich derartige Verbindungen verwenden, ohne dass diese Verbindungen zunächst unter Bildung von Ammoniak und Nitraten zersetzt werden müssen. [...] Damit ist endgültig bewiesen worden, dass die seit *Liebig* und *[Jean-Baptiste] Boussingault* [er forschte zur Stickstoffanreicherung der Leguminosen, *Anm. d. Red.*] herrschende Auffassung von der Stickstoffernährung der Pflanzen nicht stichhaltig ist. Die höheren Pflanzen können sehr gut bestimmte organische N-Verbindungen, und zwar solche, welche tatsächlich in Böden vorkommen, verwerten, ohne dass diese Verbindungen zuerst durch die Tätigkeit der Mikroorganismen unter Bildung von Ammoniak zersetzt werden müssen." (*Virtanen* 1933)

In den nächsten Jahren beginnt die fortlaufende Verunreinigung der Biosphäre mit sich unkontrollierbar synergetisch verändernden synthetischen, chemischen „Totstoffen".

1940: Albert Howard (1873-1947)

In diesem Jahr beschreibt der britische Botaniker, Mykologe und Pionier der Ökologischen Landwirtschaft Sir *Albert Howard* unter anderem die Mykorrhiza-Symbiose: Die Pflanzenwurzel vermag Kohlenhydrate und Eiweißstoffe aufzunehmen. Die „Pilzwurzel" bildet mithin die lebende Brücke zwischen Pflanze und Boden. (*Howard* 1940)

1947: Hugo Schanderl (1901–1975)

Schanderl veröffentlicht 1947 sein wichtiges Buch „Botanische Bakteriologie und Stickstoffhaushalt der Pflanzen auf neuer Grundlage" (*Schanderl* 1947). Darin wird eine umfassende geschichtliche Beschreibung der Bakteriologie vorgelegt, aus der ich hier zitiere. Umfassende Experimente werden reproduzierbar beschrieben, **die zeigen, wie Mitochondrien und Chloroplasten (wichtige Zellbestandteile, sogenannte Organellen, mit eigener DNS), aus sterbenden Zellverbänden „remutieren" zu selbstständigen, lebenden, sich vermehrenden Bakterien.** *Schanderl* baut das Modell vom vollständigen Kreislauf der lebenden Substanzen weiter aus und unternimmt einige Jahre später – 1964 bis 1970 – noch einmal den Versuch, sich für seine Forschung Gehör zu verschaffen, mit der Aufforderung an den Fachbereich Bakteriologie, sich weg vom monomorphistischen Denken und hin zum evolutionistischen Denken zu bewegen: „Die heutige Bakteriologie ist noch zu sehr im Monomorphismus des vorigen Jahrhunderts verwurzelt. Sie hat noch nicht evolutionistisch zu denken begonnen." (*Lovelock* 1991, *Margulis* 1993. Siehe dazu auch S. 69: die Gaia-Hypothese.) „Im Verlauf der Entwicklungsgeschichte taten [...] Urzellen [...] sich zu größeren Kooperativen zusammen. Die Mitglieder dieser Großzellen verloren im Verband ihre Selbständigkeit, sie bekamen in der neuen größeren Zelle Spezialarbeit zugewiesen und wurden zu dienenden Organen und Organellen." (*Margulis* 1993) „Wenn durch irgendwelche Einflüsse von außen der Ordnungszwang ge- oder zerstört wurde, legten sich die dienenden Einheiten wieder ein Eigenleben zu und kehrten in die vorhergehende niedrigere Organisationsstufe zurück." Zitiert aus „Boden und Gesundheit", Zeitschrift für angewandte Ökologie, Nr. 45 (1964), S. 10–12; Nr. 66 (1970), S. 7–10; Nr. 68 (1970), S. 7–10. (s. a. „Remutation" in *Schanderl* 1947.)

1950: Annie Francé-Harrar (1886–1970)
Das Buch „Die letzte Chance für eine Zukunft ohne Not" (*Francé-Harrar* 1950) ist wahrscheinlich die einzige zusammenfassende wissenschaftliche Weltgeschichte der Humuskatastrophe (s. a. S. 60 ff.). Die kontinuierliche Abnahme des ursprünglichen Humusgehalts, verursacht durch die seit 10.000 Jahren andauernde landwirtschaftliche Tätigkeit der Menschen, wird von *Francé-Harrar* als Leitgedanke für das Aussterben ganzer Völker, Auswanderungen, Kolonialismus und Welthandel verantwortlich gemacht. Die Problematik lässt sich leicht auch auf die heutigen Verhältnisse in der Europäischen Union sowie die Aspekte der Globalisierung übertragen. Durch ihre Schriften wird auch einsichtig, dass wahrscheinlich nur Dezentralisierung eine gewisse Möglichkeit zu neuer Humusproduktion bietet.

1950: Der weltweite Durchbruch für Mineraldünger
beginnt etwa zur gleichen Zeit, also erst nach dem Zweiten Weltkrieg.

1950–1980: Die sogenannte „Grüne Revolution"
wird zu einer ökonomischen und chemischen Attacke gegen die (noch) nicht industrialisierte Landwirtschaft der Erde. Zugleich setzt die „Genrevolution" ein: Genmanipulation als vorläufig letzter technologischer, gewaltsamer Eingriff in die lebende Substanz. Damit beginnt die fortlaufende Verunreinigung der Biosphäre mit technisch manipulierten, sich unkontrollierbar selbst steuernden, lebenden Substanzen.

1955: Hans Peter Rusch (1906–1977)

Rusch gelingt es, wie immer mit Hilfe seiner Vorgänger sowie mit einer umfassenden Vortragsreise in neun europäischen Städten von 1949 bis 1953, im Jahre 1955 diese Vorträge gesammelt herauszubringen, und zwar unter dem Titel „Naturwissenschaft von Morgen. Vorlesungen über Erhaltung und Kreislauf lebendiger Substanz". Damit hat der zweite große Versuch begonnen, das Prinzip des Lebendstofflichen in der Biologie und der Landwirtschaft als Grundlage zu konsolidieren.
1968 erscheint dann das zusammenfassende Werk „Bodenfruchtbarkeit. Eine Studie biologischen Denkens" (*Rusch* 1968, Neuauflage 2014). Zusammen mit *Hans Müller* führen diese Bestrebungen zur Einführung der Organisch-Biologischen Landwirtschaft. In Skandinavien unter dem Namen Orbio, in Deutschland vom Bioland-Verband für Organisch-Biologischen Landbau e. V. bis heute weitergeführt, konnten aber beide Bewegungen das entscheidende Prinzip, nämlich das Modell vom Kreislauf der lebenden Substanzen, weder als Definition noch als Grundlage für weiterführende Forschung aufrechterhalten. *Rusch* schreibt in „Kultur und Politik" (29, 3, 1974, S. 12–17): „‚Mineralisation' der lebenden Substanz. [...] Zu Beginn dieses Jahrhunderts einigten sich die

Wissenschaftler […] mit wenigen Ausnahmen auf die Formel: ‚Jegliche organische Substanz muß im Boden ‚mineralisiert' werden, ehe sie die Pflanzen aufnehmen können. Man war nämlich der Auffassung, dass kein Organismus, auch nicht Tier und Mensch, imstande sei, die großen Moleküle organischer Substanz in sich aufzunehmen. […] Inzwischen ist viel geschehen. […] Wer heute noch von einer totalen Aufspaltung aller Nahrungssubstanz bis zum Mineralsalz redet, hat entweder die ganze ereignisreiche Zeit verschlafen, oder er verfolgt gewisse, merkantile Zwecke, die mit echter Wissenschaft nichts mehr zu tun haben. Zunächst bewies vor schon rund vier bis fünf Jahrzehnten die Entdeckung der Vitamine und Enzyme, dass es im Nahrungskreislauf auch größere Verbindungen gibt, die von Mensch, Tier und Pflanze aufgenommen werden können und die deren Stoffwechselschranken ohne weiteres durchschreiten. Aber das war nur ein kleiner Anfang: Heute steht absolut fest, dass ein jeder Organismus imstande ist, aus dem Nahrungsangebot die Riesenmoleküle der lebendigen Substanzen, ja sogar ganze, unversehrte Bakterien in sich aufzunehmen."

1958: Nikolay Aleksandrovich Krasil'nikov (1896–1973)
veröffentlicht eine Arbeit, die nahelegt, dass Pflanzen sich offenbar nicht nur autotroph, sondern auch heterotroph ernähren. (*Krasil´nikov* 1958, 1961)

1962 „Der stumme Frühling" erscheint

„Silent Spring", so der Originaltitel von *Rachel Carson*, wird einer breiten Öffentlichkeit bekannt. Carson beschreibt darin eindrücklich die zerstörerischen Folgen des weltweiten Einsatzes von Pestiziden und Herbiziden.

Etwa zeitgleich Beginn der Organisch-Biologischen Landwirtschaft
nach *Müller* und *Rusch*. In den folgenden Jahren wird der Beginn der Anderen Agrikultur eingeläutet – mit der Erkenntnis: Pflanzen ernähren sich von Proteinen und lebenden Zellen!

1968 erscheint „Bodenfruchtbarkeit – Eine Studie biologischen Denkens"
von *H. P. Rusch*, das bis heute laufend aufgelegt wird (letzte Auflage: 2014). Dennoch fand dieses Denkmodell von einer lebenden Substanz als Grundlage der Pflanzenernährung und der Landwirtschaft bis heute keinen nennenswerten Eingang in unsere landwirtschaftliche und gärtnerische Praxis.

1970: Lynn Margulis (1938–2011)

Die Notwendigkeit, evolutionistisch zu denken, zeigt *Lynn Margulis* bereits 1967 mit der Veröffentlichung ihrer „Seriellen Endosymbiontentheorie" (SET). *Margulis* nimmt an, dass Urbakterien die ersten vollständigen Lebewesen waren, und leitet daraus die Vorstellung der Entwicklung aller weiteren Lebewesen ab. Das ergibt ein höchst aktuelles Verständnismodell für all die Bemühungen, die wir von *Francé*, *Steiner*, *Schanderl* und *Rusch* aus dem vergangenen Jahrhundert kennen – oder völlig vergessen haben!

Während der folgenden 30 Jahre kämpft sie, ebenso wie *Schanderl* 30 Jahre lang vor ihr, für die Akzeptanz dieses Denkmodells. Um 1970, als *Schanderl* und *Rusch* als lebende Wissenschaftler verstummen, beginnt sie ihre dreißigjährige Arbeit als Biologin und setzt den Kampf für das Lebendige gegen die gleiche Konformität der Wissenschaften fort, unter denen alle ihre Vorgänger mit gleicher Zielsetzung gearbeitet haben. Wahrscheinlich ohne etwas von *Schanderl* zu ahnen, hat *Margulis* eine wichtige Quelle mit ihm gemeinsam: Schon 1947 zitiert *Schanderl* den amerikanischen Biologen *Ivan Emanuel Wallin* (1883–1969), u. a. mit „The independent Growth of Mitochondria in Culture Media". Auch *Margulis* zitiert aus *I. E. Wallin*: *„Symbioticism and the Origin of the Species"* (1927).

Im Jahr 1999 in „Die andere Evolution" schreibt sie: „Einer meiner wichtigsten wissenschaftlichen Vorgänger verstand und erklärte die Rolle der Symbiose in der Evolution eingehend." Weiter schreibt sie: „Das Tier- und Pflanzenzellen ursprünglich durch Symbiose entstanden sind, ist heute nicht mehr umstritten. Dieser Aspekt meiner Theorie der Zellsymbiose wurde durch die Molekularbiologie und insbesondere durch die Sequenzierung von Genen bestätigt." (S. 15)

1972: Die Verfasser des Club of Rome

schreiben: „Die durchschnittliche landwirtschaftliche Nutzfläche der Welt pro Kopf der Weltbevölkerung (beträgt) 4000 Quadratmeter. In den USA kommen 9000, in der Schweiz 2000 Quadratmeter auf jeden Einwohner." (*Hitschfeld* 1995)

1978: Bill Mollison und David Holmgren veröffentlichen „Permaculture One"

In Schriften und weltweiten Kursen bieten die beiden Gründer der mittlerweile weltweiten Permakultur-Bewegung (von *permanent agriculture* = beständige, dauerhafte Landwirtschaft) Nichtspezialisten auf den in den westlichen Wissenschaften sich seit hundert Jahren vorbereitenden Paradigmenwechsel vor.

1980: Der NLVF-utredning (Landwirtschaftlicher Forschungsrat Norwegens) berichtet:
Unter der Überschrift „Energieverbrauch bei der Produktion von Nahrungsmitteln in der norwegischen Landwirtschaft 1929–1979" ist zu lesen: „Produktion erhöht um Faktor 1,5. Fremdenergieeinsatz erhöht um Faktor 4,5." (s. a. „Ökologie & Landbau", 2000)

1982: Fritjof Capra (*1939) schreibt zu Organellen:
„In kleinerem Maßstab findet Symbiose innerhalb der Zellen aller höheren Organismen statt und ist von entscheidender Bedeutung für die Organisation der Zellaktivitäten. Die meisten Zellen enthalten eine Anzahl von Organellen, die spezifische Funktionen ausüben und die man vor kurzem noch für von den Zellen aufgebaute Molekularstrukturen hielt. Jetzt aber scheint es, dass einige Organellen selbst Organismen aus eigener Kraft sind. Die Mitochondrien zum Beispiel, die oft als Kraftwerke der Zellen bezeichnet werden, weil sie fast alle zellularen Energiesysteme mit Brennstoff versorgen, enthalten ihr eigenes genetisches Material und können sich unabhängig von der Fortpflanzung der Zelle vermehren. Sie sind ständige Bewohner aller höheren Organismen, werden von Generation zu Generation weitergegeben und leben in engster Symbiose mit jeder Zelle. Auf ähnliche Weise sind die Chloroplasten der grünen Pflanzen, die das Chlorophyll und den Apparat für die Photosynthese enthalten, sich selbst fortpflanzende Bewohner in den Pflanzenzellen." (*Capra* 1994, S. 308)

1988: James Lovelock veröffentlicht „The ages of Gaia",
das 1991 unter dem Titel „Das Gaia-Prinzip" auf Deutsch erscheint.

1989 Erklärung der Endozytose bei Pflanzen
Peter Tomkins schreibt über *John Hamaker* sowie *Bargyla Rateaver* und erklärt die Endozytose bei Pflanzen.

1993 weitere Untersuchungen zur Endozytose bei Pflanzen
Von *B.* und *G. Rateaver* erscheint „Organic Method Primer Update" mit einer Sammlung von Bildern und Texten, die die Endozytose bei Pflanzen dokumentieren. (*Rateaver* 1993 und 1994)

1993: Dorian Sagan und Lynn Margulis
veröffentlichen „Garden of Microbial Delights: A Practical Guide to the Subvisible World" (*Sagan* & *Margulis* 1993). Das Werk beschäftigt sich ausführlich mit der heteroptrophen Ernährung der Pflanzen.

1997: Vaclac Smil über die Effizienz der Landwirtschaft
In „Cycles of Life" dokumentiert *Vaclav Smil*, dass traditionelle Landbaumethoden in China, Ägypten und anderen Regionen der Erde mehr Menschen pro Hektar er-

nährten als beispielsweise die Anbaumethoden Nordamerikas im 19. Jahrhundert. (*Smil* 1997)

1997: Louise E. Jackson über Stickstoff
In „Ecology in Agriculture" befasst sich die US-amerikanische Agrarökologin *Jackson* mit der Stickstoffernährung der Pflanzen und legt dar, dass die Mechanismen der Aufnahme dieser Nährstoffe durch die Pflanze **keinesfalls restlos geklärt sind.** (*Jackson* 1997)

1999: Lynn Margulis: „Die andere Evolution"
Die renommierte Biologin hat Zeit ihres Lebens den Mut bewiesen, gegen den wissenschaftlichen Strom zu schwimmen. Ihre ‚Endosymbiontentheorie' – der zufolge die Zellen aller tierischen wie pflanzlichen Organismen einst aus dem Zusammenschluss verschiedener Bakterienarten hervorgegangen sind – stieß lange Jahre auf heftige Ablehnung (siehe *Schanderl*, 1947, 1966, 1970, und *Rusch* 1953 bis 1968), zählt jedoch heute zum Standard-Lehrbuchwissen.

1999: Günter Klaus-Joachim Blobel (*1936)
erhält den Nobelpreis für Medizin für die Entdeckung: „Proteine haben eingebaute Signale, die ihren Transport und die Lokalisierung in der Zelle steuern".

1999: In Norwegen werden medizinische Preise vergeben
für Forschungen innerhalb der Entwicklungsbiologie (*Irma Thesleff*, Helsinki); für die Entdeckung neuer Rezeptoren zum Transport biologisch wichtiger Moleküle und Molekülkomplexe in Zellen (*Soren Kragh Moestrup*, Aarhus); für die Identifikation mehrerer Moleküle, die den Membrantransport, die Endozytose, regulieren; und für die Aufdeckung neuer Prinzipien, nach denen Proteine wichtige Zellfunktionen regulieren (*Harald Stenmark*, Oslo).

2000: Anne Holl und Elisabeth Meyer-Renschhausen veröffentlichen „Die Wiederkehr der Gärten: Kleinlandwirtschaft im Zeitalter der Globalisierung"
Dieses Buch zeigt: Trotz – oder infolge? – der Globalisierung erleben wir auch eine Wiederkehr der Gärten. Immer mehr Menschen besinnen sich zurück auf die Kleinlandwirtschaft. Bis heute, im Jahr 2016, hat sich diese Bewegung unter anderem in Form des „Urban Gardening" weltweit rasant entwickelt (s. a. S. 102 u. 132).

2000: Gunther Vogt
Vogt stellt in seiner Dissertationsschrift trotz bewundernswerter Quellenkenntnisse *Virtanen*, *Schanderl* und *Rusch* (ganz im Sinne des festgefahrenen allgemeinen Denkmodells) mit Hilfe verschiedenster Zitate als unglaubwürdig dar; *Rusch* sogar mit der Begründung „fehlender wissenschaftlicher Seriosität" (*Vogt* 2000). Somit werden diese Forscher aus den etablierten Wissenschaften regelrecht „aussortiert".

2002: Peter Schneider
veröffentlicht „G. Enderleins Forschung aus heutiger Sicht". Hier werden *Béchamp*, *Schanderl* und *Margulis* im Zusammenhang gesehen (*Schneider* 2002).

2006: Elke Krämer

bringt das Werk „Leben und Werk von Professor Enderlein (1872–1968)" heraus. Es handelt sich um ihre medizinhistorische Dissertation. *Günther Enderlein* entdeckte bei seinen Forschungen während des Ersten Weltkriegs, dass für unsere Gesundheit bestimmte Mikroben und das Gesamtmilieu des Körpers verantwortlich sind. Grundlage und Ausgangspunkt ist die sogenannte Dunkelfeld-Vitalblut-Untersuchung.

21. Jahrhundert: Stammzellenforschung
In diesem Jahrhundert gewinnt die Stammzellenforschung große Bedeutung. Es handelt sich um Zellen, die die Fähigkeit haben, sich zu den unterschiedlichsten Gewebe- und Organtypen zu entwickeln – ein großes Forschungsfeld für Medizin, Biologie und verwandte Disziplinen.
Die Frage stellt sich: Werden hier *Hugo Schanderls* remutierende Organellen von 1947 bis 1970 und *Hans Peter Ruschs* regenerierende Zellen aus dem Kreislauf der lebenden Substanzen von der Gentechnologie als „Wunderzellen, die alles reparieren" gefeiert?! Es tut sich etwas, und es wäre unverantwortlich, wenn die Biologische Landwirtschaft hierauf nicht reagiert!

Wo ist nun das Thema „Leben" abgeblieben?

Nach dem Zusammenstellen dieser langen Liste fragte ich mich: Wo ist denn nun in der Forschung das Thema „Leben" abgeblieben? Ich behaupte: in der Gaia-Theorie und bei ihren Vermittlern *James Lovelock* und *Lynn Margulis* (auf die ich auf S. 69 zurückkomme). Hieraus kann und muss die Landwirtschaft, auch die Biologische Landwirtschaft, ihr Wissen schöpfen und mit der Forschung ansetzen, notfalls zwischenzeitlich losgelöst von der etablierten traditionellen Wissenschaft!

Landwirtschaft und Chemie

Wem dient die Landwirtschaft?

Ich möchte einmal bewusst provozieren und die Frage stellen, wer die Zukunft der Landwirtschaft und damit unserer Ernährung bestimmen soll? Die Chemie oder die Biologie?

Die Biologie muss sich stärker auf die lebenden Vorgänge in den Organismen konzentrieren und diese dem chemischen Grundlagenwissen gleichwertig zur Seite stellen. Sodann müssen Landwirtschaftswissenschaften und die Biologie wesentlich enger zusammenarbeiten. Mein Appell lautet: **Diese Neue Biologie ist geradezu verpflichtet, die Landwirtschaft bei der Einführung des neuen Verständnismodells zu unterstützen.** Des Weiteren muss der Unterschied den Verbrauchern und Konsumenten der Produkte verständlich erklärt werden.
Wenn man glaubt, dies sei nicht möglich, so stimmt das lediglich für unseren gewohnten, konventionellen Blick auf die Chemie. Denn diese kann per eigener Definition Leben und lebende Systeme nicht beschreiben und mit ihrem Verständnismodell erfassen. Der Unterschied zwischen den beiden Modellen bzw. Methoden ist aber konkret vorhanden und nachweisbar. Wenn die „ökologische Szene" nicht bereit ist, hier mitzugehen, werden wir – davon bin ich überzeugt – die drängenden Probleme, vor denen wir heute in der Landwirtschaft stehen, nicht lösen können. Ich halte es für absolut notwendig, eine neue, synergetisch-biologische Bewegung in Gang zu bringen, die sich klar und deutlich konsolidiert auf der Basis des Grundbegriffs der lebenden Substanz. Damit begründen wir eine selbstsichere „biologische" Biologie sowie eine selbstsichere Biologische Landwirtschaft.
Die Idee vom Kreislauf der lebenden Substanz wurde von den Vertretern des bisherigen Verständnismodells immer wieder angezweifelt und „wissenschaftlich" negiert. In den letzten dreißig bis vierzig Jahren hat sich jedoch die Molekularbiologie so weit selbstständig gemacht, dass sich deren Außenseiter – wie *Margulis* und die Vertreter der Gaia-Theorie – wieder der Idee der Lebendstofftheorie zuwenden. Neueste molekularbiologische Forschung (z. B. *Kroymann* 2010) macht es möglich, ältere Annahmen und Modelle für einen Kreislauf der lebenden Substanzen auszubauen und abzusichern. Die Chancen stehen gut, mit Hilfe der Endosymbiontentheorie im Zusammenhang mit der Gaia-Theorie ein glaubwürdiges, tragfähiges Erklärungsmodell zu erstellen, das die „Naturwissenschaft von Morgen" (*Rusch* 1955 und *Schanderl* 1970) endlich zusammenfasst, und damit einer größeren Öffentlichkeit ein neues Verständnis der Landwirtschaft und des Pflanzenbaus bekannt zu machen. Ein wichtiges Ergebnis wäre dann, dass **die fast sinnlos gewordene Anwen-**

dung von immer noch mehr Fremdenergie und noch mehr Fremdstoffen in der Landwirtschaft beendet wird und ihr stattdessen die Pflege, Ernährung und Vermehrung des Bodenlebens (zurück-)gegeben wird.

Die biologische Seite dieses Problems muss dabei vom Lehrmodell der Chemiewissenschaften wenn nicht völlig getrennt, so doch klar und verständlich abgegrenzt werden, denn die Lebensprozesse des Stoffwechsels – und hier speziell die Pflanzenernährung – umfassen ein großes Forschungsgebiet.
W. Hamm schreibt in diesem Zusammenhang 1872 über *Albrecht Thaer*: „Er und mit ihm alle Landwirte nahmen an, dass die Nahrung der Pflanzen aus den im Boden befindlichen organischen (verbrennbaren, von lebenden Wesen, Thieren und Pflanzen herrührenden) Stoffen bestehe, und dass je mehr von denselben in richtiger Beschaffenheit der Acker enthalte, er um so fruchtbarer ist. Man nannte diese verwesenden Stoffe Humus und glaubte, dass die Gewächse sie ohne Weiteres mittels des Wassers aus dem Boden in sich aufnähmen. Dies war jedoch ein Irrthum. Schon hatten einige Naturforscher [...] gezeigt, dass die Pflanzen ihren Bedarf an Kohlenstoff aus der Luft entnehmen, schon waren die Erden oder Mineralstoffe als Bestandtheile ihres Körpers anerkannt und manche Zweifel an der früheren Lehre hatten sich erhoben. Da trat im Jahre 1840 der große Chemiker *Justus von Liebig* auf und warf das ganze Gebäude der alten Meinungen von der Pflanzenernährung über den Haufen. Er wies nach, dass eine Reihe von Mineralbestandtheilen – Kali, Phosphorsäure, Kalk, Eisen, Thonerde, Bittererde, Natron, Kieselerde, Schwefel – das wesentlichste Nahrungsmittel der Pflanzen im Boden bilde; sie sind in der Asche der verbrannten Gewächse wiederzufinden." (*Hamm* 1872)
Ich werde versuchen zu zeigen, dass *Thaers* Annahme vielleicht doch kein Irrtum war.

Die ewige Jagd nach dem Stickstoff

In der Biosphäre ist eine gewisse Menge Stickstoff in Form von organischen (und meist lebenden) Verbindungen festgelegt. Nach Frederik Vester (1987) werden jährlich 200 Milliarden Tonnen (Stand 1987) organisches Material auf und in der Erde umgesetzt – wie wir noch sehen werden, hauptsächlich durch Vorgänge von „Fressen und gefressen werden" in Form des Stoffwechsels der lebenden Substanzen. Diese „Un"-Mengen organischer Substanzen sind der „Ab"-Fall der jährlichen Lebensprozesse, die die Biosphäre mit all ihrer Vielfalt in Gang halten. Sie sind aber auch die Nahrungsstoffe für alle Lebensprozesse des kommenden Jahres! In diesem zum großen Teil lebenden „Abfall" – ein bis zwei Tonnen lebende Organismen pro 1000 Quadratmeter nicht vergiftetem Ackerboden! – ist der so begehrte Stickstoff relativ fest gebunden; z. B. in (neben anderen Stoffen) Proteinmoleküle in lebenden Strukturen eingebaut. Das bedeutet, dass er von den großen Mengen Wasser, von dem er ständig umspült wird, nicht ausgewaschen werden kann. Hingewiesen sei

zudem auf Virtanen, Schanderl und Rusch, die zeigten, dass organische Substanzen nicht zu nichtlebenden Ionen reduziert werden müssen, um von den Pflanzen wieder als Nahrung aufgenommen werden zu können.
Stellen wir uns nun an dieser Stelle die gleiche Menge synthetischen, leicht zugänglichen Stickstoff vor, der von uns in der Biosphäre in Umlauf gesetzt wurde: Zum einen haben wir eine sehr ungenaue Vorstellung davon, was im Erdboden wirklich lebt. Außerdem haben wir so gut wie kein Wissen darüber, welche der uns unbekannten Lebewesen zugrunde gehen, wenn wir – regelmäßig und in großen Mengen – synthetisch hergestellte Stickstoffsalze ausbringen.

Hierzu zitiere ich *Gerhard Preuschen* mit seiner „Ackerbaulehre nach ökologischen Gesetzen – Das Handbuch für die neue Landwirtschaft" von 1991:
„Solange man geglaubt hat, dass die Pflanzen ausschließlich durch wasserlösliche Stoffverbindungen sich selbst ernähren können, hat man verständlicherweise versucht, diese Stoffe oder Verbindungen im Boden zu finden und nach der festgestellten Menge, meistens also im Zustand der Wasserlöslichkeit, die Nährstoffversorgung der Pflanzen damit zu kontrollieren und sie als Fruchtbarkeitseigenschaften einzustufen. Wir wissen heute, dass die Theorie falsch war. Die Pflanze kann in großer Not Wasserlösliches verarbeiten, braucht dazu aber immer Mikroben. Das ganzen System dieser Direktübertragung von Stoffen in den Pflanzenleib muß zu Erkrankungen führen und gleichzeitig zu Schädigungen des Bodenlebens. Kurz – die ganze Mineraltheorie mitsamt ihrer Anwendungsform war ein Irrweg. Wir können also auch davon ausgehen, dass die dafür benutzten Analysedaten für den wirklichen Fruchtbarkeitszustand beziehungslos und somit uninteressant sind, sogar manchmal gegenteilig ausgewertet werden müssen." (S. 69)
Und weiter: „Freies Nitrat tritt im ungestörten Ökosystem praktisch nicht auf. Wenn das nicht so wäre, hätten Flüsse seit Millionen von Jahren Nitrat mit sich geführt, und welche Sedimentberge oder Gehalte von Nitrat hätten in Seen und Meeren entstehen müssen. Es ist erstaunlich, dass Wissenschaftler, die ernst genommen sein wollen, immer noch die Behauptung wiederholen, Nitrat sei ein natürlicher Bestandteil des lebenden Bodens und ein wichtiger Pflanzennährstoff." (S. 143)

Der Stickstoffhaushalt der Pflanzen ist in der Natur genau reguliert. Weil dieser Aspekt der Pflanzenernährung ignoriert wird, haben wir heute eine Überproduktion leichtlöslicher Stickstoffverbindungen.
In „Ecology in Agriculture" (*Jackson* 1997), finden wir zu diesem Thema unter „Nitrogen as a Limiting Factor" (*Arnold J. Bloom*, 1997, S. 145–172) folgende Aussage: „Unknown are the mechanisms through which crops acquire nitrogen from the soil ..." (*Jackson* 1997, S. 163). Auf Deutsch: „Die Mechanismen, mit denen die Pflanze den Stickstoff aus dem Boden aufnimmt, sind nicht bekannt." Das heißt: **Die Wissenschaft weiß gar nicht so genau, wie die Pflanzen den „mineralischen" Stickstoffdünger (oder andere Formen von Stickstoff) aufnehmen und verstoffwechseln.**

Doch der Stickstoffkreislauf in der Biosphäre ist aus der Balance. *Peter Vitousek* von der Stanford University (World Watch, Sept./Okt.1997) und *Vaclav Smil* (1997) weisen darauf hin, dass wir – durch die Kunstdüngerproduktion und durch das Verbrennen von fossilem Öl – schon genauso viel leichtlöslichen Stickstoff produziert und freigesetzt haben, wie in der Natur in organischen Substanzen reaktionsträge (d. h. chemisch stabil, nicht ohne Weiteres freisetzbar) gebunden ist. Daraus ergeben sich mindestens ebenso viele Probleme wie aus der übermäßigen Freisetzung von Kohlendioxid mit den bekannten Folgen (Treibhauseffekt und Klimawandel). Nur fangen wir erst jetzt an, uns darüber Gedanken zu machen.
Im Gegensatz zu Mist und anderen organischen Düngern, die durch den Kreislauf von „Fressen und gefressen werden" bereits gebundenen Stickstoff von einem Organismus zum anderen weiterreichen und damit den gesamten Stoffkreislauf inklusive dessen Reinigungsprozessen in Gang halten, stellt die Freisetzung von Millionen Tonnen synthetisch hergestelltem und hochreaktivem Stickstoff pro Jahr ein neues Problem von kaum geahntem Umfang dar. Wenn die biologische Notwendigkeit aller Organismen, sich biologisch eingebauten Stickstoff (z. B. in Proteinen) aus organischen Substanzen (durch Fressen) anzueignen, durch wasserlösliches, leicht reaktives Stickstoffsalz ersetzt wird, dann kann der gesamte hochkomplexe Stoffkreislauf der Biosphäre in Gefahr sein. Bricht er zusammen, würden wir in kürzester Zeit sprichwörtlich in unserem eigenen Dreck umkommen.
Dass die Intensivlandwirtschaft überdies durch die Freisetzung großer Mengen Stickstoff in Form von Lachgas, das wie Kohlendioxid ein Treibhausgas ist, ihren Anteil am Klimawandel hat, steht noch auf einem ganz anderen Blatt. Auch die Probleme durch chemische Verunreinigungen unserer Gewässer und des Grundwassers mit wasserlöslichen Stickstoffverbindungen sind längst bekannt.

Wir müssen davon ausgehen, dass durch diese hohen Salzkonzentrationen nicht nur das Bodenleben dezimiert wird, sondern auch, dass die Wurzelschleimhaut der Pflanzen und die darin lebenden Mikroorganismen stark in Mitleidenschaft gezogen werden. Wenn man der Pflanzenwurzel ausschließlich leicht zugängliche, in ihrem „Trinkwasser" gelöste Salzionen anbietet (die es von Natur aus nicht enthält, jedenfalls nicht in derart hohen Konzentrationen; *Preuschen* 1991) –, ist es da nicht auch denkbar, dass auf diese Weise die gesamten Stoffwechselprozesse der Biosphäre gestört werden? Liegt es nicht nahe zu vermuten, dass möglicherweise die lebenswichtige Gesamtheit der Stoffwechselprozesse durch diese übermäßige Verunreinigung mit leicht reaktivem Stickstoff umgangen wird? Gerade die selbstregulierende Beschränkung der Stickstoffverfügbarkeit schafft die Voraussetzungen für den vollständig schadstofffreien Kreislauf der lebenden und toten Substanzen. Hierfür fiel mir der Begriff **„Humus sapiens"** (also „intelligenter Humus") ein: **Der Boden weiß selbst, was er zu tun hat.**

Was Hydrokultur in Wirklichkeit ist

Die stets wiederholte Behauptung, Pflanzen könnten nur wasserlösliche Salzionen als Nahrung aufnehmen, kann heute guten Gewissens als veraltet und sogar als falsch angesehen werden. Man findet in Büchern zahllose Hinweise dafür, dass lediglich einige bestimmte, ganz einfach aufgebaute Mikroorganismen sich rein photochemoautotroph ernähren. Alle anderen Lebewesen sind darauf angewiesen, „andere zu fressen", d. h. sie sind alle zugleich auch heterotroph!
Die Frage an die Fachleute, ob sie eine rein chemische Ernährungsform für Pflanzen nennen können, wird selbstverständlich mit dem Hinweis auf alle Hydrokulturen auf „rein" chemischer Basis beantwortet. Fast nirgendwo aber findet man mehr Bakterien und Algen als in diesen „künstlichen" Salzlösungen! Anders ausgedrückt: Praktisch keine durchführbare Hydrokultur von Pflanzen ist frei von Infusorien, d. h. Lebewesen wie Plankton und anderen Mikroorganismen (s. S. 129 ff.). Und wenn man wirklich absolut steril arbeiten will – was, wenn überhaupt, nur im Labor möglich ist –, so kann man bei *Hugo Schanderl* nachlesen, wie sich aus lebenden Zellen, genauer: aus deren Mitochondrien und Chloroplasten, neue, vermehrungsfähige Mikroorganismen bilden – ein Vorgang, den wir später noch als Remutation kennenlernen werden (s. S. 52). Ein theoretisch angenommenes, keimfreies Milieu wird also von diesen selbst besiedelt (s. S. 174).
Pflanzen sind also – mit wenigen Ausnahmen – keine reinen Primärproduzenten. Sie arbeiten zwar über der Erde wohl teilweise photo(auto)troph und auch chemo(auto)troph. Unter der Erde jedoch leben sie heterotroph. Da fressen ihre Wurzelhaarzellen zusammen mit der Wurzelschleimhaut und den darin lebenden Mikroorganismen alles, was sie erreichen können: Salzionen, wenn sie in ursprünglich reinem „Trink"-Wasser auftauchen, echte Mineralien in Form von Steinstaubpartikeln, Aminosäuren und ganze, große Proteinmoleküle sowie Bakterien und andere Mikroorganismen (Dieser Endozytose genannte Vorgang wird auf S. 49 erklärt).

„Und zum Schluss fressen sie dich." (Zitat von *Bill Mollison* aus dem Video „In Grave Danger of Falling Food" 1989.) So werden wir immer wieder an das Bibelwort erinnert, das auf Norwegisch lautet: *„Fra jord er du kamen, til jord skall du bli, og fra jord skall du gjennoppstä."* – zu Deutsch: „Von der Erde bist du gekommen, zu Erde sollst du werden, aus Erde sollst du wieder auferstehen."

Die schleichende Vergiftung unserer Böden und Gewässer

Alles, was in einen Produktionsprozess eingespeist wird, kommt selbstverständlich auch wieder heraus. Entweder als gelieferte Ware oder als fester Abfall, als Abgas, als Abwasser oder neuerdings „profitfreundlich" als missverstandene „umweltfreundliche" Wiederverwertung von Ressourcen (auf Abwegen) in anderen Produkten. Die Abwege werden dadurch nur etwas länger, das Prinzip der Umplatzierung der Probleme wird aber beibehalten. In den letzten Jahrzehnten wurden etwa 70.000 bis 100.000 synthetische Stoffe in die Welt gesetzt; man rechnet mit rund 10.000 Stoffen, die jährlich neu dazukommen. Einmal freigesetzt, sind diese Stoffe weder kontrollierbar noch rückholbar und tauchen alle früher oder später an irgendeiner Stelle unserer Biosphäre wieder auf. Nach 50 Jahren (*R. Carson* 1962) sollte es wohl niemanden mehr geben, der nicht von DDT und PCB im Blut von Eisbären und in unserer eigenen Muttermilch gehört hat.
Im Kartoffelanbau – um nur ein konkretes Beispiel zu nennen – können mehrere gesetzlich zugelassene Biozide angewendet werden. In der Gebrauchsanweisung findet man dazu den Hinweis, nach wie vielen Tagen die schädlichen Substanzen abgebaut sind. Das führt zu dem Irrglauben, dass die Biozide nach dieser Zeit nicht mehr existent sind. Möglicherweise sind auch viele Wissenschaftler selbst davon überzeugt. Doch dem ist nicht so! Jede einzelne chemische Verbindung geht ihre eigenen Wege durch die Luft, die Erde, das Wasser, durch Menschen und Tiere – und durch die Kartoffeln. Dazu kommt: Auch wenn die Gifte einzeln ausgebracht werden, so treffen sie draußen in der Natur dennoch aufeinander. Dort kann jeder dieser Stoffe mit jedem anderen schon in der ersten „Generation", im ersten Zusammentreffen, neue chemische Verbindungen eingehen. Diese neuen Verbindungen setzen von Stufe zu Stufe natürlich ihre zufälligen „Bekanntschaften" fort. Aus angenommenen 70.000 synthetischen Stoffen ergibt das rein rechnerisch 2,5 Milliarden Möglichkeiten. Was in Wirklichkeit geschieht, entzieht sich jeglicher Kalkulation. Die chemische Katastrophe geht aber weiter, indem die Moleküle der künstlichen Stoffe zu Teilstücken abgebaut werden. Diese „vermehren" sich dann zusätzlich nach den gleichen statistischen Gesetzen wie oben beschrieben.
So entsteht eine Kettenreaktion aller chemischen Stoffe, ob natürliche oder freigesetzte synthetische (künstliche), die weder vorhersehbar noch kontrollierbar ist.

Außerdem bringen viele der von uns künstlich hergestellten chemischen Verbindungen eine spezielle ökologische Problemstellung mit sich: Viele dieser Stoffe werden unter hohem Druck, hoher Temperatur und/oder anderen „unnatürlichen" technischen Bedingungen hergestellt. Nicht zuletzt wird auch Energie eingesetzt, um den Herstellungsprozess zeitlich abzukürzen (viele chemische Reaktionen laufen

bei hohen Temperaturen schneller ab). So entwickeln wir ständig Stoffe, für die die Natur sehr lange Zeit benötigt, sie in ihren Stoffwechselkreislauf einzubauen – wenn es denn überhaupt möglich ist. Falls ja, so lagern die lebenden Zellen und Organismen Fremdstoffe (die auch giftig sein können) an Stellen ein, wo sie am wenigsten Schaden anrichten können oder wo sie sich am leichtesten ansammeln. DDT und PCB sammeln sich beispielweise im Fettgewebe tierischer Lebewesen, wo sie als Erstes wieder freigesetzt werden, wenn Säugetiere in ihrem Körper energiereiche, fetthaltige Milch für ihre Nachkommen bilden. Auf diese Weise sind das Erste, was wir unseren eigenen Kindern für ihre Zukunft anbieten können: Dichlordiphenyltrichlorethan, auch bekannt als DDT, und polychlorierte Biphenyle, vulgo PCB.
Und von den Metaboliten, also den Stoffen, die „in der Wildnis" durch den Abbau, aber auch durch chemische Reaktionen all dieser von uns in die Natur freigesetzten Chemikalien entstanden sind und entstehen, haben wir hier noch gar nicht gesprochen. Weltweit gibt es dazu bislang auch kaum Untersuchungen.
Wir sehen also: Die Chemiewissenschaft ist nicht in der Lage, „die Geister, die sie rief" (nach *Goethe*) zu beherrschen. Darüber hinaus aber bietet sie auch die Möglichkeit zum bewussten Missbrauch.

Gebundene Schadstoffe: übersehen Labors Umwelt- und Lebensmittelgifte?

Lebensmittelchemiker haben ein Problem: Ihre Analysen täuschen oft erheblich niedrigere Rückstandsbelastungen vor, als tatsächlich vorhanden sind. Gemeint sind „gebundene Rückstände" – so die harmlos klingende interne Bezeichnung. Offiziell beruhigen Experten uns gern mit der Feststellung, von gebundenen Rückständen in Lebensmitteln ginge nur ein geringes Risiko aus. Pestizide oder Arzneimittel werden nach den Angaben der Hersteller schnell abgebaut oder ausgeschieden. Zahllose Analysen bestätigen, dass der Gehalt der Substanzen nach deren Verabreichung steil absinkt. Skepsis kommt jedoch auf, wenn man weiß, dass z. B. bei der Routineanalytik des Antibiotikums Chloramphenicol nur noch 0,2 Prozent der verabreichten Dosis nachweisbar sind. Wo mag der Rest geblieben sein?
Die Erklärung ist einfach: Die üblichen Analysemethoden erfassen in erster Linie die unveränderte Ausgangssubstanz. Und hier liegt der Knackpunkt: Alle Lebewesen wollen gefährliche Substanzen so schnell wie möglich wieder loswerden. Mensch wie Tier koppeln sie deshalb an ein „Transportvehikel", um sie wasserlöslich zu machen. Dann können sie den unerwünschten Stoff mit dem Urin ausscheiden. Pflanzen dagegen müssen sie irgendwo in ihren Zellen lagern. Sie machen die giftigen Substanzen unschädlich, indem sie sie an Zellbestandteile binden. So verlieren sie für die Pflanze ihre akute Giftwirkung.
Das heißt: **Die Stoffe sind zwar nicht mehr nachweisbar – aber deshalb noch lange nicht verschwunden!**

Das stellt auch die sogenannte Wartezeit infrage, die gesetzlich vorgeschriebene Zeit zwischen dem Ausbringen des Pestizids oder dem Verabreichen des Arzneimittels und dem Inverkehrbringen der Ware. Nach dem Ablauf der Wartezeit ist der Schadstoff bis unter die Nachweisgrenze abgebaut oder nur noch in „unbedenklichen" Mengen nachweisbar. Doch wenn keine *freien Rückstände* mehr nachgewiesen werden können, bedeutet das in der Regel lediglich – siehe oben –, dass sie jetzt als *gebundene Rückstände* vorliegen.

Die Frage ist: Warum analysieren die Labors die gebundenen Rückstände nicht mit?
In der Praxis stellt das den Chemiker vor eine kaum zu bewältigende Aufgabe. Denn die Möglichkeiten, Verbindungen mit anderen Molekülen oder Bestandteilen der Zelle einzugehen, sind denkbar vielfältig, weil Pflanze wie Tier Giftstoffe an die verschiedensten Zellbestandteile binden können. So müsste praktisch für jedes Lebensmittel und mit jedem Stoff anders verfahren werden. Inzwischen gibt es einige wenige moderne Nachweismethoden, die mit immunchemischen Reaktionen arbeiten. Doch für die Routineanalytik sind sie vermutlich noch immer zu teuer.
Auch wenn „die Gebundenen" die Routineanalytik vor schier unlösbare Aufgaben stellt: Seit Jahren ist bekannt, dass man deren Verbleib durch radioaktive Markierung von Pestiziden leicht verfolgen kann. Solche Modellversuche zeigen, dass in der Regel im Lebensmittel ein Vielfaches dessen vorhanden ist, was der Chemiker mit herkömmlichen Methoden findet: So waren Radieschen 100- bis 1.000-fach stärker mit den Pestiziden Dieldrin, Permethrin und Carbofuran belastet, als es die Routineanalytik vortäuschte. Vergleichbare Ergebnisse wurden inzwischen für viele Pestizide bei allen möglichen Lebensmitteln gezeigt, u. a. für die phosphororganischen Gifte wie Malathion oder Primiphos-Methyl, oder für chlororganische Insektizide wie DDT.

Die offiziellen Rückstandsdaten der Lebensmittelüberwachung sind also unzureichend. Diese Erkenntnis dringt aber meist nur durch Zufall an die Oberfläche. So war die Fachwelt gründlich verwirrt, als man erhebliche Spuren des Halmverkürzers CCC (Chlorcholinchlorid, auch bekannt als Cycocel) in Zuchtchampignons fand. Denn der Einsatz eines Halmverkürzers ist bei Pilzen unsinnig, er wird nur im Getreideanbau eingesetzt. Das CCC kam aus dem Stroh, auf dem die Champignons vermehrt wurden. Analytisch war im Stroh so gut wie nichts zu finden. Pilze aber zersetzen beim Wachsen das Stroh – und dabei wird auch das CCC wieder frei. Und das nahmen sie auf, woraufhin es die Chemiker dann im Pilzgewebe wiederfanden.

Studien zur Bioverfügbarkeit und toxikologische Versuche ergaben, dass die gebundenen Rückstände zur Bewertung von Höchstmengen viel wichtiger sind als die freien, die bislang immer gemessen wurden. So ergaben Fütterungsversuche mit „gesunden" Lebensmitteln unerwünschte Effekte, z. B. Veränderungen des Blutbildes, wie das Absinken der weißen Blutkörperchen (ein Hinweis auf eine Beeinträchtigung des Immunsystems) sowie Veränderungen der Botenstoffe im Gehirn. **Verbraucher erfahren von der Existenz gebundener Rückstände in der Regel nichts**. Dazu ein weiteres Beispiel: Die Pestizide Deltamethrin und Fenvalerat werden als „gebundener Rückstand" von Versuchstieren im Verdauungstrakt aus belastetem Getreide gelöst. Beherzte Forscher warnten: „[...] Für eine sachgerechte Beurteilung der Sicherheit von Pestiziden gegenüber dem Verbraucher sind Informationen zur Bildung gebundener Rückstände essenziell." Und: „Gebundene Rückstände [...] müssen bei der Festlegung von Höchstmengen für Pestizide und bei der Evaluation ihrer Toxizität mit eingeschlossen werden." Öffentlich wird jedoch über derlei Risiken nicht diskutiert.

Alles Öko oder was?

Folgenreich sind diese Erkenntnisse auch für die Beurteilung des Ökologischen Landbaus. Vielfach behaupten Experten, bei Einhaltung der Wartezeiten sei kaum noch ein Unterschied zum konventionellen Landbau nachzuweisen. Dieses Ergebnis ist nicht verwunderlich, wenn die gebundenen Rückstände nicht miterfasst werden, weil die Labors es mit Routineanalytik nicht können. Für sie ist der Pestizidgehalt für einen Nachweis zu gering, sodass sich konventionell erzeugte Produkte – scheinbar – kaum mehr von Biogemüse unterscheiden.

Die Folgen: Was geschieht mit Schadstoffen wie Arzneimitteln, die vom tierischen oder menschlichen Körper ausgeschieden werden? Die Leber macht sie wasserlöslich, indem sie sie z. B. an bestimmte Zuckerstoffe koppelt. Diese „verkoppelten" Arzneimittel können jetzt über den Urin ausgeschieden werden. Außerdem haben sie ihre Arzneiwirkung verloren. Doch entgegen der Ansicht vieler Toxikologen sind diese Stoffe nicht immer harmloser als die Ausgangssubstanz. **So gelangen mit dem Urin der Nutztiere, also der Gülle, riesige Mengen solcher inaktiv gemachten Antibiotika auf die Felder. Und dort verwandeln sie sich zu einem beträchtlichen Anteil in die aktive Ursprungsform zurück.** Forscher (*Pollmer* et al. 2001) befürchten, dass diese Antibiotika wiederum von Pflanzen über die Wurzeln aufgenommen werden können. Denn bis Bodenbakterien die Antibiotika endgültig zerstört haben, können mehrere Monate vergehen.

Kein Stoff, am allerwenigsten organisches Material, bleibt länger unberührt von dieser chemischen Katastrophe. Die Wiederverwendung von giftigen oder vergifteten Materialien schleppt diese Katastrophe lediglich weiter und kumuliert sie im schlimmsten Falle. Organisches Material von „außen", aus der traditionellen, gewohnten Umwelt, besteht fast ausschließlich aus Pflanzen- und Tiermaterial, das durch eine hochgradig chemisch veränderte Ernährung mit größter Wahrscheinlichkeit aus minderwertigen Proteinen besteht. Diese können kaum noch Widerstandskraft, kaum noch genügend Lebenskraft, kaum noch regenerierende, heilende Kraft aufbringen. Wenn wir unseren Tieren oder unserem Garten oder Acker (dessen Bodenleben ebenfalls hauptsächlich aus Tieren besteht, nämlich dem Edaphon, wie wir noch sehen werden) diese „Produkte" als Nahrungsmittel, als Lebensmittel – konventionell als Mist, Dünger und organischer Abfall bezeichnet – anbieten, was erwarten wir dann als Ernte? Was nutzt es, wenn wir versuchen, uns „ökologisch" zu ernähren, wenn wir in unseren Gärten oder auf unsere Äcker dazu organisches Material benutzen, das mit Kunstdünger, Kunstfutterstoffen und Bioziden gewachsen ist? Was nützt die oben beschriebene, wissenschaftliche durchgeführte und staatlich überwachte Kontrolle?

Halbverfaulte Kulturböden

In „Wege zur Natur" (2. Auflage 1924, S. 34 ff) beschreibt *Raoul Francé*, lange bevor die negativen Folgen unserer industrialisierten Landwirtschaft aktuell wurden, ein biologisches Problem, das schon damals existierte und bis heute nicht wahrgenommen wurde und wird: **den Zustand mittlerer Fäulnis des gesamten Acker- und Gartenbodens:**
„So wie es Faulschlamm [...] im Süßwasser gibt, so ist auch ein Faulboden auf dem Lande vorhanden. [...] Die mesosaproben [= halbfaulen, mittelfaulen] Böden dagegen sind der normale Acker- und Wiesenboden, in denen sich durch die stete Zufuhr von Dünger die Selbstreinigung ununterbrochen gehemmt sieht; sie tritt nur ein, wenn Brache dem Boden erlaubt, seine natürlichen Funktionen auszuüben. Das ist wohl die Hauptbedeutung der Brache; sie gehört zum normalen Funktionieren des Bodens dazu, wenn seine Prozesse durch den Landwirtschafts- oder Gartenbetrieb gestört werden, und muss daher auch im Gartenboden ihr Lebensrecht finden. Wir halten durch die Düngung Feld und Garten sowie die Wiese in einem Zustand mittlerer Fäulnis, genau in derselben, wie wenn man einen Teich jährlich in bestimmten Zwischenräumen mit Müll und Kadavern beschicken wurde. Das ist kein ‚gesunder' normaler Boden im hygienischen Sinn, und es wird langsam an der Zeit, darüber nachzudenken, welche Folgen das für unsere Interessen hat."
Nach *Francé* gibt es im Wald, wie in jedem natürlichen Boden, jährliche große Mengen „Abfall" zu verzehren nach dem eigentümlichen Phänomen, dass die Saprobiose (= die Lebensgemeinschaft der Fäulnisbewohner) in eine Katharobiose (eine Lebensgemeinschaft der Reinigung) übergeht und überall in der Bildung eines biologisch völlig gereinigten, entfäulten und durchlüfteten Bodens mündet. So schreibt er weiter:
„Der ‚Reinboden' ist gekennzeichnet durch ein reiches Edaphon von harmonischer Zusammensetzung, in dem aber dennoch die typischen ‚Durchlüfter' und ‚Entlüfter' überwiegen. [...] Der Mensch hat aber in die Natur weitgehend eingegriffen, [...]

er den ,Boden' urbar macht, Sümpfe und Moore austrocknet, Wälder rodet und die gewonnenen Flächen dann künstlich durch Zufuhr polysaproben, vielfachfauligen Materials in einer Halbfäulnis erhält. Was man gemeinhin ,Dünger' nennt [...], ist eine vollkommene Fäulnisbiozönose [...] eine vollkommene Lebensgemeinschaft der Fäulnisstoffe fressenden Mikroorganismen. Der Dünger [...], also die Jauche, ist eine beiläufig und primitiv bereitete Bakterien-, Pilz- und Flagellaten-, also eine wahre ,Edaphonkultur', mit der der Boden regelrecht geimpft wird. Der Kompost des Gärtners ist im wesentlichen nichts anderes." *Francé* schlägt vor, „[...] in der Biologie des Edaphons diese besonderen Gruppen zu unterscheiden und **die Vorgänge der Bodenfäulnis, der Bodenreinigung, der Entlüftung und Entfäulung, welche für die Landwirtschaft und Hygiene von enormer Bedeutung sind, auf das eingehendste zu studieren.**"

Auch diese Erkenntnisse werden seit Jahrzehnten nicht beachtet. Dabei wäre dies ein enorm wichtiges Forschungsfeld.

Es muss sich etwas ändern

Im Sinne des Schutzes der Böden und ihrer Fruchtbarkeit nur vor der Versiegelung vor Beton und Asphalt zu warnen, genügt nicht (*Laukötter* 2007, Bodenverdichtungen). Eine noch viel größere Zerstörung unserer Böden geschieht durch die konventionelle Landwirtschaft! Doch bislang wird das kaum wahrgenommen.
Trotz großer Herausforderungen in der Landwirtschaft, trotz weltweiter Ernährungsprobleme, trotz immer größerer Schäden an Boden und Grundwasser ändert sich nicht wirklich etwas, weil alle neuen Erkenntnisse einem überholten Denkmodell untergeordnet werden: Das gebräuchliche Muster, auf dem alle Theorien und Praxisanleitungen der Landwirtschaft noch heute aufbauen, ist 170 Jahre alt und geprägt durch „Die Chemie in Anwendung auf Agrikultur und Physiologie" von Justus von Liebig (1876). Noch immer folgt die akademische Agrarlehre, ebenso wie die praktische Landwirtschaft, geprägt von dieser Lehre, **der falschen Annahme, alles Leben lasse sich aus den bloßen chemischen Grundelementen in Spontangenese erschaffen.**
Auf der Basis dieser veralteten Erklärungsmodelle haben wir unsere Böden – den Lebensraum Humus – für unsere Landwirtschaft genutzt und in den letzten eineinhalb Jahrhunderten im wahrsten Sinn des Wortes abgenutzt und aufgebraucht. Unsere Landwirtschaftsmethodik aber verbraucht nicht nur die letzten Reste der noch zur Verfügung stehenden gesunden Böden, sondern vergiftet und zerstört sie systematisch.
So haben wir die gesamte Biosphäre erst chemisch vergiftet und sind nun dabei, sie mit völlig unkontrollierten und völlig unkontrollierbaren genetischen Experimenten aus den Angeln zu heben. Obwohl die von uns in die Umwelt eingebrachten chemischen Verbindungen nichtlebende Stoffe sind, haben sie sich dennoch bis ins Blut von Arktisbewohnern wie den Eisbären und bis hinein in unsere eigene Muttermilch verbreitet (z. B. DDT, PCB u. a.) – die eigentlich die beste Nahrung sein sollte, die unsere neugeborenen Kinder bekommen können. Und manipulierte Proteine in Form von DNS in lebenden Organismen können sich auch noch selbst vermehren und betreiben außerdem eigenständig horizontalen Gentransfer, das heißt: Austausch und Weitergabe von Genmaterial findet nicht innerhalb der Art von Generation zu Generation statt, wie bei der Fortpflanzung, sondern „quer" zwischen den Organismen (oder Einzellern), und das auch über Artgrenzen hinweg.

Denn sie wissen nicht, was sie tun

Was wir hier seit geraumer Zeit laufend tun, ohne wirklich abschätzen zu können, welche Folgen die Freisetzung künstlich veränderter Organismen und Genstrukturen für die Ökosysteme und die gesamte Biosphäre hat, ist so leichtsinnig wie gefährlich.

Der Hauptgrund dafür, warum unsere Ackererde immer mehr verarmt und letztendlich alle Struktur und all ihre natürlichen Funktionen (wie Erosionssicherung, Wasserregulierung und Lebenskraft vermittelnde Fruchtbarkeit) mehr und mehr verliert, ist die stetige Verminderung und Schwächung des Bodenlebens durch ausschließlich mechanische und chemische Prozeduren im Zusammenspiel mit der Überversorgung mit falsch gelagerter und damit giftiger Gülle. Dieser geschwächte Erdboden ergibt schwache Ernten für schwache Tiere und schwache Menschen. Das quantitative Vorhandensein von Molekülen und chemischen Elementen allein sagt noch nichts aus über den lebenserhaltenden Nährwert des einen Nahrungsmittels oder über die Qualität des Bodens, auf dem diese Nahrungsmittel wachsen sollen! Der Gehalt lebendiger Strukturen ist mindestens ebenso wichtig.
Angesichts der Probleme, die die konventionelle Landwirtschaft somit geschaffen hat und vor der wir die Augen nicht mehr verschließen können und dürfen (bis hin zum großflächigen, nicht regenerierbaren Verlust der fruchtbaren Humusdecke in zahlreichen Regionen weltweit), wird es höchste Zeit für ein Umdenken: **Wir dürfen nicht mehr gegen die lebenden Systeme dieses Planeten arbeiten, sondern wir müssen endlich mit ihnen arbeiten.** Auch die menschliche Existenz ist vom Funktionieren gesunder (Acker-)Böden hochgradig abhängig!

Unsere Landwirtschaftsmethoden sind veraltet

Unsere landwirtschaftliche Praxis ist hoffnungslos veraltet, und sie vergiftet fortlaufend die Biosphäre und unsere Nahrungsmittel. Die Pflanzen werden in der Praxis so ernährt, wie die Vorstellung bzw. das Denk- und Lehrmodell es vorgeben: Danach vermögen nur winzig kleine, wasserlösliche Salzionen eine fast undurchdringliche Zellwand zu „durchdringen". Nach dieser Theorie muss alles, d. h. organische wie anorganische Substanz, kompostiert werden, also verrotten, zerfallen, eben „mineralisiert" werden zu diesen kleinen Salzionen. **Wie aber in der Zelle gesteuert wird, dass aus diesen kleinsten Partikeln, die nur chemisch definierte Informationen nichtlebender Materie tragen, wieder lebendige Substanzen entstehen, wurde nie wirklich erforscht.**
Außerdem gibt es Ausnahmen, die diese Theorie widerlegen. So gelangen beispielsweise die großen Moleküle der Wachstumshormone, „Pseudohormone" und anderer Spritzmittel durch bloßes Besprühen ungehindert durch Blätter, Stängel und Wurzeln in den Pflanzenkörper und veranlassen beispielsweise die Pflanze, sich systemisch zu Tode zu wachsen. Weitere „Ausnahmen" sind z. B. die carnivoren, also fleischfressenden Pflanzen. Des Weiteren finden sich Belege, dass Pflanzen ebenso wie Tiere Aminosäuren „aufnehmen" können, die Eiweißbausteine für die zahllosen Proteine. Auch hier gibt es Ausnahmen, wie beispielsweise biotechnisch manipulierte, sehr große Molekülkonstruktionen, die quer über alle Artgrenzen hinweg „völ-

lig unerwartet" praktisch in allen Zellen auftauchen – auch in Pflanzenzellen. Und ganz selten findet man in der Fachliteratur Beschreibungen über die Endozytose bei Pflanzen. Und genau hier liegt das verschüttete Fundament der gesamten Biologischen Landwirtschaft und damit das Potenzial für eine künftige, giftfreie Landwirtschaftspraxis.
Vereinfacht gesagt, bedeutet das: Pflanzen wenden alle oben erwähnten Varianten an, die wissenschaftlich erforscht sind, um Substanzen aus der Umwelt aufzunehmen. Nahrung, synthetische Chemikalien, Gifte und belanglose Stoffe – Pflanzen nehmen das, was man ihnen mit dem Wasserstrom oder durch Begasen und Besprühen zuführt, ebenso auf wie das, was sie selbst aus der Umwelt auswählen. **Kulturpflanzen aber sind davon abhängig, was der kultivierende Landwirt oder Gärtner seinen Pflanzen gemäß der Lehrmeinung, die ihm in der Ausbildung vermittelt wurde, als Mittel zum Leben anbietet.** Und das sind heute zu einem großen Teil NPK-Mineralien. Solange die Pflanzen diesen NPK-Dünger aufnehmen, wird ihnen NPK-Dünger verabreicht – ganz egal, woher es stammt. Schlimmstenfalls auch aus Tiermehlen und mit Prionen belastet!
Die Ökologische Landwirtschaft versucht alldem entgegenzuwirken, leider aber mit unzureichenden Mitteln. Die Mikrobiologie und die Molekularbiologie beinhalten teilweise neueste und teilweise rund hundert Jahre alte Erkenntnisse, die von den Vertretern der Chemotechnik und eben leider auch von denen der Ökologiebewegung in der landwirtschaftlichen Industrie bis heute nicht aufgegriffen wurden.

Denn es geht auch anders: *Hans Peter Rusch* (1960) und sein Sohn *Volker Rusch* (1999, 2002) haben uns ein Muster für die Ernährung und damit für die Landwirtschaft und sogar für die Medizin gegeben. *Hans Peter Ruschs* Verständnismodell wurde zur Grundlage der Organisch-Biologischen Landwirtschaft und darüber hinaus auch zur Grundlage der gesamten Ökologischen Landwirtschaft. Es ist ein Kreislaufmodell für die lebenden Substanzen, das sich selbstständig, sauber und gesund erneuert, ohne ständig Abfall und Gift in „krebsartigem" Wachstum anzuhäufen, sowie es unsere heutige chemotechnische Landwirtschaft tut (*Vester* 1987, s. a. S. 102 f.). Doch sein Grundmodell wurde schon vor langer Zeit wieder verlassen, vergessen oder verfälscht. Ab S. 55 werde ich es Ihnen detailliert vorstellen.

Wenn wir jetzt nicht das Ruder herumreißen, wann dann?

Die große Herausforderung für die künftige landwirtschaftliche Praxis liegt nun darin, sich unvoreingenommen mit den Phänomenen der Pflanzenernährung zu befassen. Das bedeutet, den Blick von der 170 Jahre alten „Mineraltheorie" zu lösen und sich mit dem Denkmodell der Endozytose zu befassen, auch wenn dies bislang noch kaum bekannt ist und sich ungewohnt anhört. Hier sei an das Elefantengleichnis aus der Einleitung erinnert!
Das Modell vom Kreislauf der lebenden Substanz anzuerkennen, ist eine substanzielle Voraussetzung für die Etablierung eines tragfähigen Konzeptes für die „Andere Agrikultur", für eine Neue Landwirtschaft.

Endozytose: Die Nahrungsaufnahme der lebenden Zelle

Nun aber zur Erklärung, was es mit dem Modell vom Kreislauf der lebenden Substanzen auf sich hat.
Endozytose bezeichnet die Aufnahme (oder „Einverleibung") von Molekülen unterschiedlicher Größe, aber auch von Viren, Bakterien und anderen Einzellern in die Zelle, und zwar durch Einbuchten der Zellwand nach innen und anschließendes Abschnüren von sogenannten Transportbläschen für den Transport der eingeschlossenen Nahrung im Zytoplasma, der „Grundsubstanz" der Zelle (s. S. 194).

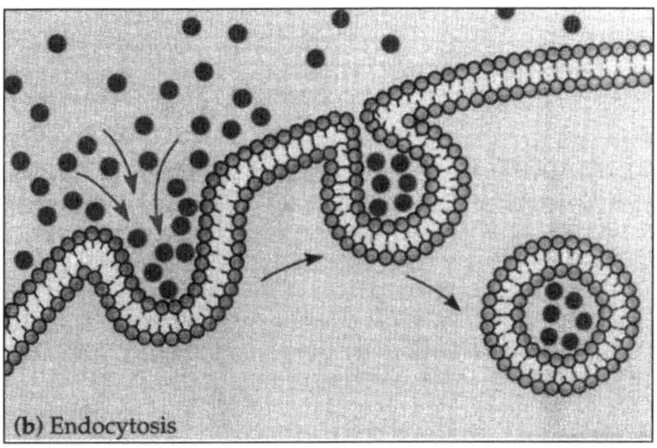

Bei der Endozytose nimmt die Zelle Moleküle oder Partikel auf, indem sie ihre Zellwand um das Teilchen stülpt und das somit gebildete Bläschen ins Zellinnere schiebt und abschnürt. Auf dem umgekehrten Weg kann die Zelle Partikel nach außen abgeben (= Exozytose).

Die Endozytose ist als wichtiger Aspekt der Zellernährung bei tierischen Zellen seit Langem allgemein anerkannt. Aber im Zusammenhang mit Pflanzenzellen fand ich das Thema zum ersten Mal in „veröffentlichter" Form 1989 im Interview mit *John Hamaker* bei *Tompkins* und *Bird* in „Secrets of the Soil" (1992; deutsche Ausgabe bei Omega-Verlag 1998), S. 187–198. Auch wird hier von *Bargyla Rateaver* berichtet, die 1993 ihr Werk von 1973 unter dem Titel „The Organic Method Primer Update/ Special Edition" erneut herausbrachte und in dem sie die Endozytose der Pflanzen klar und kampffreudig der Mineraltheorie gegenüberstellte. Auf Seite 191 folgt dann der wichtige Hinweis:
„Eine Erklärung für diesen aufsehenerregenden Prozess der Zellaufnahme wurde im Dezember 1987 von *Mark S. Bretscher* in der Zeitschrift Scientific American gegeben. In einem Artikel über die Fortbewegung von Tierzellen beschreibt er das, was allge-

mein als Endozytose bekannt ist. Dabei holen die Zellen Teile ihrer Membran allseitig nach innen. Diese kleinen Vertiefungen nehmen das betreffende Material in sich auf, schnüren sich ab, bilden Bläschen, wandern in die Zellen und, „IN PLANTS", geben dort ihre Nährstoffe wieder ab, die tausendmal größer sind als die Ionen in einer chemikalischen Düngerlösung – ein Unterschied also wie der zwischen einer Maus und einem Elefanten."

Das Besondere daran ist nicht nur, dass hier neues Wissen erworben wurde. **Das wirklich Neue ist vielmehr, dass die aus der Zoologie allgemein bekannte Endozytose auch bei Pflanzen beobachtet wurde.** Doch für die Ernährung der Pflanzenzellen wird das Endozytose-Modell bis heute vom größten Teil der Forschungsgemeinschaft hartnäckig übersehen oder angezweifelt.
Dennoch sind Pflanzenzellen – speziell die an der Ernährung hauptsächlich beteiligten Haarwurzeln und deren Wurzelhaare – in der Lage, alles, von den kleinsten NPK-Ionen über große Aminosäuremoleküle bis hin zu den größten Proteinbausteinen der organischen Substanzen, durch Endozytose als Nahrung aufzunehmen. Darüber hinaus sind Pflanzenwurzeln in der Lage, sich auf diese Weise auch Viren, Bakterien, Amöben und Algen einzuverleiben. Nur extrem spezialisierte Einzeller (sogenannte Gas Eaters) sind als reine Primärproduzenten, die sich also ausschließlich aus anorganischen Chemikalien aufbauen, „übrig geblieben".
Die Endozytose von lebenden Substanzen durch Pflanzen widerlegt damit das Denkmodell, dass die Aufnahme von Mineralien die einzige Ernährungsform der Pflanzen sei.
Dieses Modell stützt das (in älteren biologischen Forschungen häufig nachzulesende) Postulat, dass die Pflanzenwurzel ähnlich wie ein umgestülpter Darm arbeitet, oder dass umgekehrt unser Darm mit einer eingestülpten Pflanzenwurzel vergleichbar ist.
Je mehr man sich mit der Pflanzenphysiologie-Forschung außerhalb der heutigen Agrarwissenschaften beschäftigt, umso häufiger stellt man fest, dass die Ernährung aller lebenden Zellen mit ähnlichen und manchmal sogar mit den gleichen Erklärungsmodellen beschreiben lässt. Inzwischen lassen sich bei Menschen, Tieren und Pflanzen für die Aufnahme von Nahrung durch die Zellwände durchaus ähnliche bzw. gleiche Transportmechanismen nachweisen. Ein einfaches Modell macht die mutmaßliche Richtung ähnlicher Entwicklungs- wie auch Ernährungsprozesse deutlich:

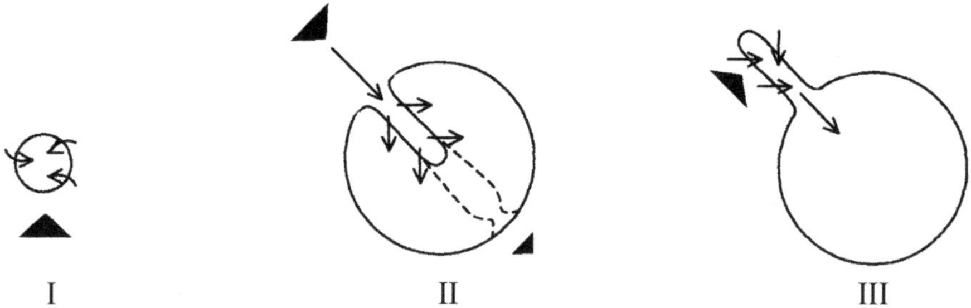

Modellhafter Vergleich zwischen Pflanzenwurzel und tierischem Darm

I. Die Zeichnung stellt einen modellhaften „Urorganismus" dar, der sich durch den Zusammenschluss (Endosymbiose) von vormals eigenständigen Urzellen gebildet hat. Er ernährt sich von verschiedensten Stoffen aus seiner Umwelt, indem er sie durch die „Zellwand" (entspricht modellhaft der Körperoberfläche) in sein Zytoplasma aufnimmt.

II. Die „Außenwand" oder „Außenhaut" mehrzelliger Organismen hat sich entwicklungsgeschichtlich eingestülpt. Nach ähnlichem Prinzip bildet sich beim höheren Organismus im Embryo der Darm zwischen Mund und After. Hier muss sich das Lebewesen Teile der Umwelt durch Fressen einverleiben, um sie durch die sozusagen in das Körperinnere verlagerte „Zellwand" oder „Außenhaut" (entspricht modellhaft der Darmwand) in sein Zytoplasma (entspricht modellhaft dem Körper) überführen zu können.

III. Ebenso möglich ist aber auch, dass sich die „Zellwand" bzw. „Außenhaut" nach außen stülpt und zur Pflanzenwurzel entwickelt. Dieses „ausgestülpte Organ" sucht seine direkte Umgebung aktiv nach Nahrung ab.

Ausschlaggebend ist: Anhand dieser Modelle wird erkennbar, dass Pflanzen offenbar die gleiche Nahrung auf die gleiche Weise zu sich nehmen, verdauen und zu ihrer lebenden Substanz hinzufügen können wie andere Lebewesen. Nach heutigem Wissensstand sind alle Lebewesen essenziell darauf angewiesen, ihrem Körper Substanzen zuzuführen, die bereits von anderen Lebewesen aufgebaut worden sind. Daraus folgt logisch das Modell von einem Kreislauf der lebenden Substanzen, den man sich am einfachsten durch das Bild vom „Fressen und gefressen werden" vorstellen kann. Lebewesen fressen einander, und weder Mensch noch Tier noch Pflanze sind davon ausgenommen. Alle Lebewesen brauchen also, vereinfacht gesagt, Protein, und zwar vorrangig in lebender Form, d. h. in lebende Systeme eingebautes Protein. Und das sind sehr große Molekülstrukturen, die nach heutigem Wissensstand lebensnotwendige Informationen enthalten.

Das Prinzip „Fressen und gefressen werden" zieht sich durch die ganze Lebenswelt – und zwar nicht nur die der Tiere!

Illustration: Fotozick/Fotolia

Glauben wir nur aus Gewohnheit an bestimmte Dinge?

Dass die Pflanzenzelle in physiologischer Hinsicht der tierischen (und menschlichen) Zelle augenscheinlich so sehr vergleichbar ist, ist eine Erkenntnis, die das bisherige, gewohnte Lehrmodell erschüttert und infrage stellt, doch sie muss die Basis künftiger biologischer Agrarforschung sein. Damit wird der Weg frei zu einer giftfreien Pflanzenernährung und einer chemiefreien Land- und Bodenpflege, für die die Vorkämpfer des Biologischen Landbaus schon seit über 170 Jahren die Fundamente legen.

Das Modell Remutation

Für das mikrobiologische Verständnismodell des Kreislaufs der lebenden Substanzen, also auch der Mikroorganismen, ist die Erkenntnis, dass bei Pflanzen Endozytose stattfindet, eine wichtige Stütze.
Es gibt aber noch ein anderes Gebiet der mikrobiologischen Forschung, das allerdings heute völlig aus der wissenschaftlichen Wahrnehmung verschwunden scheint. Diese stellt praktisch die andere Hälfte der von *Lynn Margulis* und in der Gaia-Hypothese (s. S. 69) aufgestellten Endosymbiontentheorie dar: die Remutation, postuliert von *Hugo Schanderl. Schanderl* gelang es schon 1947, aus bestimmten Zellbestandteilen wie Mitochondrien und Chloroplasten beim Absterben lebenden Pflanzengewebes lebendige, vermehrungsfähige Mikroorganismen zu züchten und zu regenerieren – zu remutieren, wie er es nannte. **Diese Experimente zeigen, dass jede lebende Zelle bei ihrem Ableben in der Lage sein kann, neue Lebewesen freizusetzen.**
Extrem kurz gefasst, beschreibt er die Remutation für die Bodenbakteriologie der Landwirtschaft 1970 folgendermaßen: „Wenn eine Pflanze eingegraben wird, wird der Boden nicht allein deswegen an Bakterien bereichert, weil die stets in Unmengen vorhandenen Erdbakterien die ‚Pflanzenleiche' zersetzen, abbauen und sich selbst dabei ungemein vermehren, sondern der Boden wird auch von der sich selbst abbauenden höheren Pflanze mit Bakterien bereichert. Gewiss finden beim Kompostieren auch im Boden vorhandene Bakterien reichlich Nahrung, so dass sie sich vermehren können. Aber es brauchen, wie man experimentell nachweisen kann, gar keine Bakterien von außen einzudringen, um einen Abbau und eine Brutstätte neuer Bakterien zu bewirken." (*Schanderl* 1970)
Im gleichen Artikel findet man des Weiteren: „Aus dem Kot der Kuh geht ein beträchtlicher Teil der aus pflanzlichen Zellorganellen regenerierten Bakterien wieder

an den Pflanzenboden zurück. Dieser Dünger ist im Gegensatz zu Kunstdünger mit Leben erfüllt und bereichert den Boden mit Bakterienleben und erhöht die Fruchtbarkeit."
Das wäre eine Bestätigung meiner persönlichen Deutung des Begriffes „Verwesen":

Leben geht aus Leben hervor

Lassen Sie uns einmal einen genaueren Blick auf den Begriff „Verwesung" werfen. Was für ein bezeichnendes Wort: Ver-Wesen. Nehmen wir es doch einmal wörtlich und denken es weiter, dann komme ich auf den Begriff „Um-Wesen". Das heißt: ein biologischer Wesens-Wechsel findet statt, anstelle oder auch zusammen mit dem chemischen „Totstoffwechsel", der alles andere ist als die mit einem falschen Begriff bezeichnete, bislang postulierte sogenannte Mineralisation.

Das Modell der Remutation wird – nach über fünfzig Jahre langem Ignorieren und Negieren seitens der Wissenschaft – heute indirekt von der Zell- und Molekularforschung bestätigt (z. B. *Kroymann* 2010). Man hat sowohl in Mitochondrien als auch in Chloroplasten eigenständige, vom Zellkern unabhängige DNS (also Erbmaterial) gefunden, was zur Anerkennung der Endosymbiontentheorie geführt hat. Diese beschreibt ja eben entwicklungsgeschichtlich, wie einzellige Ur-Mikroorganismen ihre Selbstständigkeit zugunsten größerer Zellorganisationen aufgegeben und sich sozusagen zu untergeordneten Zellbestandteilen umentwickelt haben.
Durch den umgekehrten Vorgang, nämlich die Remutation, erhalten eben diese Zellbestandteile ihre Selbstständigkeit zurück! *Schanderls* lebenslang geführte Beweise wurden bis 1970 nicht akzeptiert. Ich konnte seitdem auch keine weiteren Veröffentlichungen über die Remutation finden. Von *Lynn Margulis* (2011 verstorben) habe ich auf eine entsprechende Anfrage leider keine Antwort erhalten, obwohl sie in ihren Schriften eine wichtige Quelle für ihre eigene Forschung nennt, die auch schon *Schanderl* gekannt hat, nämlich *I. E. Wallin* (1922, 1927; s. auch S. 29).
Mit *Schanderls* Remutationsmodell wird es wahrscheinlich, dass alle „sterbenden", verwesenden organischen Substanzen sowie alle Samen, die eine neue Lebensentwicklung starten, ihre eigenen Zellbestandteile zu selbstständigen Mikroorganismen regenerieren können – sodass die lebenden Pflanzen mit deren Hilfe, wenn sie aus der Umgebung wiederaufgenommen werden, ihren Stoffwechsel weiterführen können. Außerdem stellt sich die Frage: Inwieweit können lebende Zellen überhaupt ausschließlich nichtlebende, wasserlösliche Salzionen (also Mineraldünger), ohne Hilfe von Mikroorganismen aufnehmen und – vor allem – zu lebender Substanz verarbeiten?

Somit dürfte klar sein, dass sich die Remutationsforschung und alle Forschungsarbeiten, die damit verbunden sind (s. *Hans Peter Rusch* 1968 und damit u. a. die gesamten Grundlagen der Organisch-Biologischen Landwirtschaft), nicht einfach, weil umstritten, verwerfen und negieren oder aussortieren lassen („wegordnen", wie ich es gerne nenne) – so wie es beispielsweise *Gunther Vogt* (2000) in seiner inhaltsreichen, aber vollkommen einseitig traditionell gedeuteten Quellensammlung versucht (s. auch S. 31). Im Gegenteil: Wir sollten auch unsere Vorstellung von dem, was eine Zelle ist, überdenken und auf den Prüfstand stellen.

Das Zellmodell überdenken

Denn traditionell herrscht in der Biologie noch immer die Auffassung, dass in einem Organismus – einem Zellstaat – die einzelne Zelle die letzte in sich geschlossene lebende Einheit sei. Daraus wird gefolgert: Wenn der Organismus zugrunde geht, also stirbt, sind die Zellen und ihr Inhalt dem restlosen Zerfall preisgegeben, sie werden „mineralisiert" bis in kleinste Einheiten. So lernt es jeder von uns in der Schule. Die Forschungsarbeiten von *Rusch* und *Schanderl* aber legen etwas anderes nahe. **In großer Anzahl lieferten die beiden Wissenschaftler Belege, die zeigen, dass Zellsubstanzen und Zellbestandteile wie Kern, Mitochondrien und Chloroplasten ihre Eigenschaften der Lebensäußerungen nach dem Organismentod in einer Weise beibehalten und weiterführen, dass man von einem Kreislauf dieser lebendigen Substanzen ausgehen kann.**

Das Modell vom Kreislauf der lebenden Substanzen

Wie müssen wir uns den Kreislauf aus Endozytose und Remutation vorstellen? Die Zeichnung zeigt, schematisch dargestellt, eine einzelne Haarwurzelzelle einer Pflanze. Oben rechts sehen Sie einen Endo- und einen Exozytosevorgang der lebenden Zelle. Unten links ist die von *Hugo Schanderl* erforschte Remutation nach dem Ende der Zellorganisation dargestellt, die, wie wir gelernt haben, als der Tod eines Organismus anzusehen ist. Fügt man diese beiden Beobachtungen nun zusammen, lässt sich daraus das dargestellte Bild als Erklärungsmodell für den Kreislauf der lebenden Substanz entwickeln.

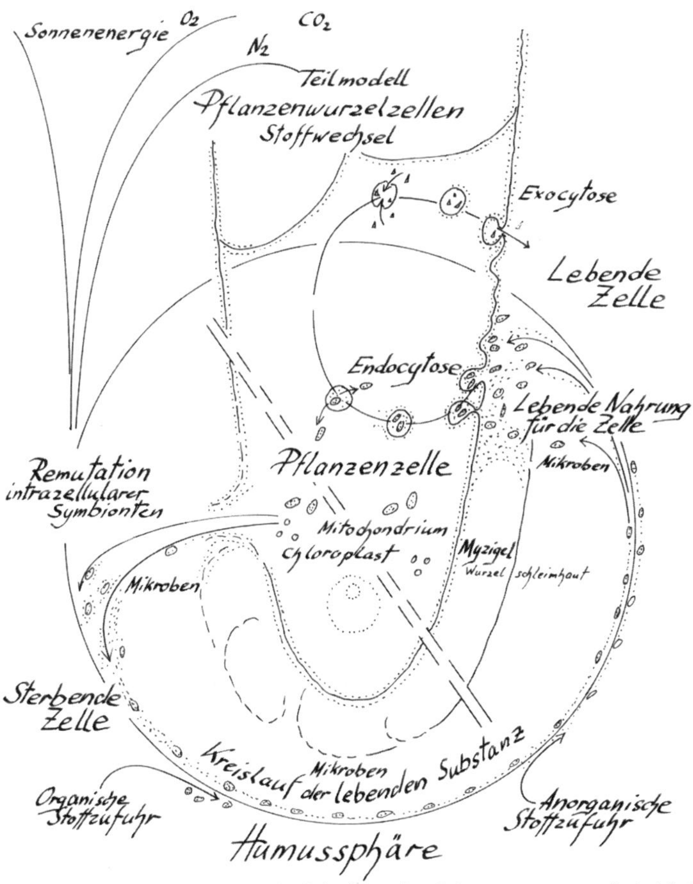

Modellhafte Darstellung der These vom Kreislauf der lebenden Substanzen – unrealistisch? Oder nur noch nicht genügend erforscht? (Illustration: H. Pommeresche)

Bei der Endozytose stülpt sich die Zellwand nach innen und bildet schließlich einen bläschenähnlichen „Behälter“, der Stoffe und Partikel, die sich außen nahe an der Zellwand befinden, mit ins Zellinnere nimmt. In dieser Weise ernähren sich Pflanzenzellen ebenso wie alle anderen Zellen, die an der Ernährung aller Lebewesen beteiligt sind. Sie „verleiben“ sich Proteinmoleküle aller Größen und sogar Bakterien und andere Einzeller sprichwörtlich „lebend ein“. Hierin liegt meine vielleicht provozierende Behauptung begründet, „alle Pflanzen fressen Fleisch“ (bewusst ironisch formuliert, denn in Wahrheit fressen sie ja Gemüse ...).
Auf ihrem Weg zurück an die Innenseite der Zellwand nehmen die Bläschen auch Reststoffe mit, die (im umgekehrten Vorgang wie zuvor das Einschleusen von Stoffen) nach außen abgegeben werden. Auf diese Weise wird auch das Zellwandmaterial, das zur Bildung der Bläschen verwendet wird, von innen zurück an die eigentliche Zellwand geliefert.
In jeder für die Ernährung aktiven Zelle sind Hunderte solcher Bläschen gleichzeitig in Aktion. **Das Prinzip der Endo- und Exozytose ist bei tierischen Zellen schon lange akzeptiert, bei Pflanzen wird es bis heute von nur wenigen Wissenschaftlern als realistisch angenommen oder gar (weiter-) erforscht.**
Schanderl und zahlreiche andere Forscher haben gezeigt, dass sich die Organellen des Zytoplasmas, wie die genannten Mitochondrien und Chloroplasten, nach dem von uns konstatierten Tod des Gesamtorganismus „wiederherstellen“ und verselbstständigen. So schließen sie als kleinste lebende Einheiten, mit allen in ihnen möglicherweise enthaltenen biologischen Informationen, den Kreis der lebenden Substanzen konkret und beobachtbar in der Humussphäre.
Der umgekehrte Vorgang, dass sogenannte Archaebakterien (Urbakterien) sich entwicklungsgeschichtlich zu zusammenarbeitenden ein- und mehrzelligen Organismen organisiert haben, ist das Kernstück der Endosymbiontentheorie von *Lynn Margulis* in der Gaia-Theorie (s. S. 69). Diese Annahme, dass es einen Zusammenschluss von einst selbstständigen Archaebakterien geben muss, wurde bestätigt, als eigene, vom übergeordneten Zellkern verschiedene DNS in den Mitochondrien und Chloroplasten entdeckt wurde. Das wiederum gibt *Schanderls* Postulat für die Existenz einer Remutation, also einer erneuten Verselbstständigung der Zellbestandteile (der Organellen), neue Aktualität.

Vergessene Foschungsansätze wieder aufgreifen

Ich halte die Wahrscheinlichkeit, dass der lebenserhaltende Kreislauf in dieser Form abläuft, für so hoch, dass ich darin die Basis für die Entwicklung einer neuen Agrarwirtschaft im Einklang mit der Natur sehe. Und das ist mein Appell an Forschung und Gesellschaft: Hier liegt im wahrsten Sinn des Wortes ein riesiges, unbeackertes Feld für die Agrar-, Pflanzenphysiologie- und Ernährungsforschung brach, das urbar gemacht werden will!

Die Forschungsarbeiten von *Hugo Schanderl* findet man in der Fachliteratur in den Jahren von 1946 bis 1970. Neben anderen Forschern und nach Recherchen, die bis ins Jahr 1875 (*Béchamp* 1875) zurückreichen, beschreibt er auf das Genaueste, wie man aus Organellen (den Mitochondrien und Chloroplasten) des pflanzlichen Zytoplasmas lebende, vermehrungstüchtige Bakterien züchten kann. Auch zeigt er auf, dass nach dem traditionell definierten Tod eines pflanzlichen Individuums zwar der funktionelle Zellverband und dessen Zusammenwirken endet, dass aber danach die einzelnen Zellen offenbar in der Lage sind, ihre Organellen als selbstständige, frei lebende Mikroorganismen zu entlassen. Da diese Beobachtungen aber nicht vereinbar waren mit den bis dahin angenommenen Vorstellungen eines Monomorphismus (= Bewahrung von Gestalt und Form) der Mikroorganismen über ihre gesamte Lebensdauer hinweg sowie mit ihrer vollständigen Zerstörung (= „Mineralisation") nach ihrem Tode, musste auch hier wieder die Natur den einmal festgelegten wissenschaftlichen Theorien weichen, und *Schanderls* Remutationsmodell wurde als unwissenschaftlich ad acta gelegt.
Dabei bestätigten diese Forschungen die Grundhaltung von *Hans Peter Rusch*, der nie glauben wollte, dass die wertvollsten und kompliziertesten Substanzen, die die Natur hervorbringen kann – z. B. Proteine – nach dem Tod eines Lebewesens vollständig vernichtet, verrottet und „vermineralisiert" werden sollen.
Und denken wir einen Schritt weiter: Wenn diese Zellsubstanz (das Zytoplasma und alles, was es sonst noch enthält) in lebender Form von einem Lebewesen zum nächsten weitergegeben werden, so wird auch alles andere weitergegeben. Das heißt: alle toten Stoffe, die unwichtigen, die wichtigen, alle zweifelhaften – und alle giftigen. Dass dies alles „mineralisiert" werden soll, also rückstandslos verschwindet, und damit keinen Schaden mehr anrichtet, kann ich mir beim besten Willen nicht vorstellen.

Kreislauf der lebenden Substanzen

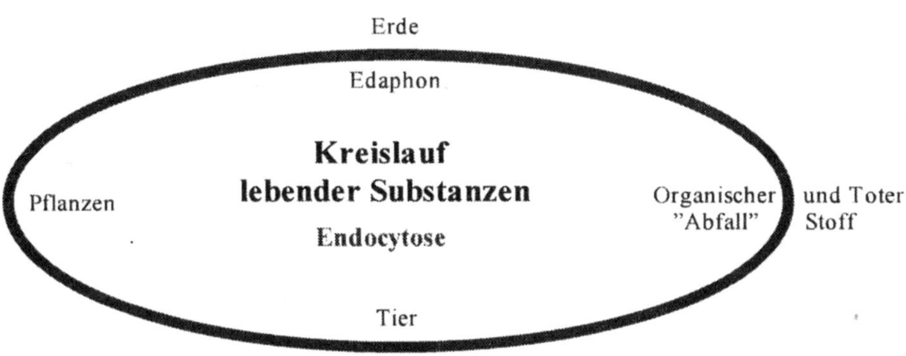

Mit Schanderls Modell der Remutation, mit der Fortführung lebender Eigenschaften nach dem „Tod" der Individuen ist eine nachvollziehbare Erklärung für den lange vermuteten Kreislauf der lebenden Substanzen gefunden. (Illustration: H. Pommeresche)

Ein neues Verständnis von der Pflanzenphysiologie

„Die Natur ist ganz und vollständig, nur der Mensch zerpflückt sie mit seinem unterscheidenden Wissen, teilt auf in gut und schlecht, nützlich und schädlich." (*Fukuoka* 1988, S. 112) „[...] und die Wissenschaft wütet endlos weiter" (*Fukuoka* 1987, S. 35) – bis zur Chaosheorie und dem Schmetterlingseffekt, wo auch die Wissenschaftler anfangen zu ahnen, dass sie einmal eine heile, zusammenhängende Welt als Partner hatten.

Die Pflanzen werden in der Ernährungslehre und in der Ökologie als Primärproduzenten von Nahrung geführt. Damit ist gemeint: Pflanzen bauen sich mit Hilfe der Sonnenenergie allein aus den chemischen Grundelementen selbst auf und versorgen uns Menschen so mit Gras, Blumen und Kartoffeln. Tiere und Menschen bilden einen anderen Teil der Lebenswelt: Sie leben von Gras, Blumen, Kartoffeln – und voneinander. Demnach ernähren sich Pflanzen seit *Justus von Liebig* autotroph, d. h. nur von anorganischen Stoffen; Tiere und Menschen heterotroph, d. h. nur von der Körpersubstanz anderer Organismen.
Traditionell wurde die Ernährung der Pflanzen von der Ernährung der Tiere und Menschen somit grundsätzlich unterschieden. Damit ist – nach dem konventionellen Denkmodell – die Versorgung der Pflanzen und speziell die Versorgung unserer vegetabilen Nahrung mit NPK-Dünger gleichsam wissenschaftlich abgesichert. Auf dieser Unterteilung basiert die gesamte heutige Agrartechnologie. Die große Mehrheit der Biologen, Landwirte und Gärtner folgt bis heute diesem Modell. Denn die Vorstellung von der Mineraltheorie ist so fest im Denken und Wahrnehmen von Agrarbiologen und Agrartechnologen verankert, dass es kaum möglich scheint, hieran etwas zu ändern und sie zu ermutigen, sich auf ein neues Denkmodell einzulassen. **Trotzdem lässt sich gerade mit den Methoden der konventionellen Wissenschaft nachweisen, dass Pflanzen sich nicht ausschließlich autotroph ernähren.** Die traditionelle Wissenschaft liefert sogar eine Vielzahl an Beweisen dafür, dass sich Pflanzen auch heterotroph ernähren. Doch die Verständniszusammenhänge und eine daraus resultierende Praxis für die Landwirtschaft fehlen bis heute vollständig, obwohl sie durchaus bereits in Ansätzen vorhanden war.
So hat *Bargyla Rateaver* 1993 bis 1994 Forschungsergebnisse aus verschiedensten traditionellen Spezialbereichen zusammengetragen und glaubwürdig dargelegt, dass alle Pflanzen durch den (bei Tieren bereits bekannten und wissenschaftlich anerkannten) Prozess der Endozytose große Proteinmoleküle, aber auch lebende Mikroorganismen über die Wurzelhaar-Schleimhaut aufnehmen und verdauen. Zusammen mit der von Schanderl nachgewiesenen Remutation, die zeigt, dass jede Wurzelhaarzelle, die in einer zur Not sterilen Umwelt aufwachsen muss, mit jeder

„absterbenden" Haarzelle eigene Zellbestandteile abgibt, die zu lebenden Bakterien regenerierbar sind, ergibt sich somit ein Pflanzenernährungsmodell, das ohne Salzionen auskommt.
Obwohl *Bargyla Rateaver* und auch manche anderen Forscher lange vermutet hatten, dass lebende Zellen – ob Pflanze oder Tier – gleiche oder ähnliche Ernährungsweisen haben müssten, wurden dafür erst in den letzten Jahrzehnten konkrete Belege erbracht. Da diese jedoch oft im Kontext anderer Forschungsarbeiten gefunden wurden, wurden diese grundlegenden Erkenntnisse nie sehr populär bzw. haben keinen breiten Bekanntheitsgrad erreicht. Doch auch die gewohnte Praxis verhindert die Verbreitung dieser Kenntnisse. Möglicherweise wird sie auch aufgrund wirtschaftlicher Interessen einschlägiger Lobbygruppen bewusst verhindert.

Der australische Farmer *Alex Podolinsky* steuerte einen weiteren Baustein zu unseren Erkenntnissen über die Pflanzenernährung bei. Er dokumentierte, dass Pflanzen über zwei getrennte Wurzelsysteme verfügen: eines für die Wasseraufnahme, die vor allem der Transpiration dient und damit zum Atmungskreislauf der Pflanze gehört (Pflanzen atmen ebenso wie tierische Lebewesen und verdunsten dabei Wasser); und ein zweites – die feinen Haarwurzeln –, mit dem die Pflanzen ihre Nahrungsstoffe aufnehmen. *Podolinsky* hat zudem beobachtet, dass eine Pflanzenernährung mit künstlichem Mineraldünger diese „Ernährungswurzeln" schwächt oder zerstört. Er bezieht sich wiederum auf einen Satz aus einem Vortrag *Rudolf Steiners*, in dem es heißt, „die Pflanzen sollen durch den Humus Elemente aufnehmen und nicht durch das Wasser im Boden". (*Podolinsky* 2000, 2008)
Dieses Modell von den zwei verschiedenen Wurzelsystemen liefert uns also ein weiteres Argument, warum nicht nur das Bodenleben, sondern auch die Pflanzen selbst durch künstlich versalztes Bodenwasser geschwächt werden.

Die Humussphäre: der Lebensraum der Pflanzenwurzeln

Unter dem Begriff „Humusgehalt des Bodens" versteht man die Summe aller im Boden vorhandenen organischen Substanzen (Details s. a. im Glossar auf S. 185 f.). Ausgedrückt wird dies oft auch im prozentualen Gehalt an Kohlenstoff, dem Grundbaustein der organischen Substanzen. Doch diese Definition ist unzureichend, denn sie drückt lediglich die Summe aller enthaltenen Kohlenstoff-Atome aus. Was davon hochwertiger Kompost, lebendes Edaphon, Gülle oder andere organische Substanz ist, geht nicht daraus hervor. Dazu zitiere ich *M. M. Kononowa* in ihrer Monographie „Die Humusstoffe des Bodens – Ergebnisse und Probleme der Humusforschung"

(Moskau 1951, Berlin 1958): „Die Geschichte der Erforschung des Humus ist reich an falscher Methodologie bei der Klärung wichtiger Fragen, was zu Widersprüchen und verworrenen Vorstellungen über die Natur der Humusstoffe, ihre Eigenschaften, ihre Herkunft und ihre Rolle bei der Bodenbildung und der Bodenfruchtbarkeit führte."

Wenn wir nun aber unter „Humus" in erster Linie den im Boden vorhandenen Reichtum an organischen Substanzen verstehen, übersehen wir dabei den Mineralgehalt. Er hat in den bebauten Böden unserer Epoche im Verhältnis zugenommen, im Gegensatz zu jenen vergangenen Erdzeitaltern, in denen in riesigen Waldgebieten gleichmäßig feuchte Wärme jahrtausendelang die Bildung organischer Bodensubstanz förderte. **Das Verhältnis von organischem zu mineralischem Anteil der Substanz hat sich zum Nachteil des Bodens verschoben.** Hier zeigt sich übrigens deutlich, wie wichtig es ist, die richtigen Begriffe mit ihren richtigen Bedeutungen zu verwenden: Der Begriff „Mineral" wird hier richtig als Felsen, Stein, Grus, Sand bis hin zu den allerfeinsten, mechanisch abgeschliffenen Partikeln eingesetzt – mit NPK-Dünger oder anderen Salzionen hat das überhaupt nichts zu tun (s. a. Begriffserklärungen auf S. 187 f.).
Um eine Vorstellung von der Bedeutung zu bekommen, die die Wurzeln der Pflanzen im Boden haben, genügt eine kleine Berechnung: „Durch die Bildung von Wurzelhaaren wird die Wurzeloberfläche stark vergrößert. Der Roggen (*Secale cereale*) hat etwa 13.000.000 Wurzeln mit einer Oberfläche von 235 Quadratmetern, und 14.000.000.000 Wurzelhaare mit einer Oberfläche von 400 Quadratmetern in einem Erdvolumen von 1/22 Kubikmeter. [...] Die Oberfläche der unterirdischen Teile ist damit 130-mal so groß wie die Oberfläche der oberirdischen Teile." (Jurzitza 1987, S. 28; s. a. Farbtafel 16).
Mit einer Oberfläche, die so groß ist wie ein ganzer Garten, steht eine einzige Roggenpflanze in direktem Kontakt mit der Erde, in der sie wächst. Da muss es entscheidend sein, woraus diese Erde besteht.

Wie ein gesunder Boden aussehen muss, in dem die Pflanzenwurzeln optimal arbeiten können, schrieb *Annie Francé-Harrar*: „Ein Idealboden sollte folgende Zusammensetzung aufweisen: 65 Prozent organische Substanz, 20 Prozent edaphische Organismen, 15 Prozent Mineralsubstanz. [...] Aber es gibt auf der Erde praktisch keinen solchen Überfluss an organischer Substanz mehr, höchstens noch in nie betretenen Winkeln tropischer Urwälder, keinesfalls aber bei unseren Kulturböden. Durch eine systematisch betriebene Humuswirtschaft könnte man aber in absehbarer Zeit das organisch-anorganische Gleichgewicht der Kulturböden wiederherstellen." Diese Verhältniszahlen empfiehlt sie auch als Richtlinie für eine systematisch betriebene Humuswirtschaft. Aber wie schwer sich diese Erkenntnis durchsetzen würde, ahnte sie wohl damals schon: „Dieses [...] bedeutet allerdings für die Landwirtschaft eine einschneidende Revolution, weit größer, als sie Liebig seinerzeit auslöste." (*Francé-Harrar* 1957, S. 20)

Wie entsteht die Humussphäre?

Die Bildung des Mutterbodens ist ein geradezu klassisches Studienobjekt für die Wanderung der lebenden Substanz vom Abfall alles Lebendigen bis zur Pflanze, vom Herabsteigen des Lebendigen in die „Mutter Erde", in das „Erd-Reich", seine vielfältige Tätigkeit Umformung und Lagerung bis zum Wiederaufstieg ans Licht in die Welt der oberirdischen Organismen. Die große Masse der Bodensubstanz wird zwar erst als nährstoffbildendes Chlorophyll wieder deutlich sichtbar, aber das Chlorophyll wiederum würde ohne die Arbeit der zahllosen Bodenorganismen nicht existieren.

Eine Mineralisierung – gemeint ist der völlige Abbau aller lebender Substanzen zu nichtlebenden Grundstoffen – als Modellvorstellung arbeitet, wie ich nicht oft genug wiederholen kann, zum einen mit einer fachlich falschen Begriffsverwendung. Zum anderen ist es logisch unwahrscheinlich, dass sie stattfindet, denn dann bliebe für die Bildung neuen Lebens nur die von der gleichen Wissenschaft abgelehnte Möglichkeit der Spontangenese übrig.

Bei fast allen tierischen und pflanzlichen Organismen treten die gleichen Arten von bakteriellen Symbionten auf, die Milchsäurebildner (s. a. S. 74, 76, 143, 148). Und in der Tat enthalten Bodenproben aus der ganzen Welt, wenn sie auch nur ein wenig fruchtbar sind, stets reichlich Milchsäurebildner. Sie enthalten umso mehr und umso bessere Varianten davon, je fruchtbarer sie sind. Das ist ein weiterer Hinweis für den Kreislauf der lebenden Substanz über den Mutterboden durch die Vermittlung der Bakterien.

Die von unzähligen Arten von Kleintieren verarbeiteten Rückstände aus den oberirdischen Lebensvorgängen werden systematisch zunächst von Sprosspilz-Arten, vorwiegend Hefen und Schimmelpilzen, als Vorstufe verarbeitet und erst dann an die bakteriellen Bodensymbionten weitergereicht. Diese – und hier handelt es sich um Milchsäurebildner – sind nach neuesten Forschungen direkt lebende Nahrung, die sich alle Pflanzenwurzelhaare durch Endozytose einverleiben und die sie verdauen können (*Rateaver* 1993), und sie hinterlassen nach ihrem Tode, insbesondere im Herbst, jede Menge organische Substanz.

Diese Teilchen sowie die Bakterien selbst, d. h. die Lebendsubstanz der Bodenbakterien, sind die Voraussetzung für die Entstehung der Bodengare, der Ausbildung des durchlüfteten, lockeren, wasserspeichernden, lebend-verbauten (*Sekera* 2012), erosionsgesicherten, fruchtbaren Mutterbodens, als das Funktionsresultat des Edaphons, wie *Hennig* (2011) es umschreibt. Die Klebrigkeit der Reste der Mikroorganismen verkittet die nichtlebende Mineralsubstanz der Fels- und Steinerosion zu Bodenkrümeln. Das allein verdient – im Gegensatz zu den Ansichten der Agrarchemiker – **den Namen „Humus" im biologischen Sinne: ein Konglomerat aus lebender und nichtlebender Substanz. Und damit ist Humus als tote, chemische Substanz überhaupt nicht beschreibbar!**

Die Humusbildung ist also eine Art von „lebender Vorverdauung" für die Pflanze, und zugleich ist der Humusboden eine Vorratskammer von lebendiger Nahrung in den Zeiten der Vegetationsperiode, in denen die Pflanze mangels Wärme, Wasser und Sonne nicht wachsen kann. Ansonsten aber sind die Parallelen zwischen tierischer und pflanzlicher Verdauung unverkennbar. Hier wie dort treten Mikroorganismen als Zwischenstation, als „Nahrungsvermittler" auf, und hier wie dort wird dem Nährsubstrat wahlweise das an lebender und nichtlebender Substanz entnommen, was zum Aufbau von Zellen und Geweben gebraucht wird.

Die Humussphäre ist also – rein räumlich gesehen – die Sphäre zwischen der Atmosphäre (der Gassphäre) und der Lithosphäre (der Gesteinssphäre) und macht zusammen mit der Hydrosphäre (der Wassersphäre) die Biosphäre aus. Früher wurde sie als „das Erdreich" bezeichnet. In der Humussphäre vollzieht sich der gesamte Stoffwechsel aller toten und lebenden Stoffe in einem stetigen Kreislauf. Angetrieben wird er von den ältesten Lebewesen, die wir kennen: den Mikroorganismen.
Nach dem Modell vom Kreislauf der lebenden Substanzen können wir auch sagen:
Humus wird aus dem Leben vom Leben für das Leben geschaffen!

Das Edaphon: die „Bewohner" der Humussphäre

So wie das Wasser sein Plankton hat, so gibt es „das Plankton der Erdkrume", das Raoul H. Francé 1911 auf so einzigartige Weise für uns unter dem Begriff Edaphon beschrieben und gezeichnet hat. **Auf diesem Edaphon beruht die gesamte Fruchtbarkeit der Humussphäre, und es trägt die gesamte Existenzgrundlage für unseren Aufenthalt auf diesem Planeten.** Die Biosphäre betreibt ihren eigenen Kreislauf mit ihren eigenen lebenden Wesen.

Unter der Überschrift „Ein Buch mit vielen Siegeln" finden wir bei *Filser, J.* in: „mensch und umwelt" (1997): „Bodenmikroorganismen können zur Ernährung von Pflanzen beitragen oder ihre Abwehrkraft gegenüber pathogenen Organismen wie auch Umweltschadwirkungen stärken. [...] Sie stellen ein biologisches Potential dar, von dem man sich vielfältige Nutzanwendungen für eine ressourcenschonende Land- und Forstwirtschaft verspricht. [...] Bislang ist lediglich ein geringer Teil der Bodenmikroflora kultiviert und genauer untersucht worden. Schätzungsweise 90 bis 99 Prozent der Bodenorganismen kennen wir nicht."
Gehen wir gut hundert Jahre zurück, ins Jahr 1911, so nimmt uns der Autor *Francé* mit in eine Wunderwelt des Kleinsten, die uns in Erstaunen versetzt. Er ist es wohl, der erstmalig das Bodenleben, direkt bezogen auf den Mutterboden und den

Humus, so ausführlich beschreibt. Und er beschreibt dies mit einer Entdeckerfreude und in einer bildhaften Sprache, die auch den heutigen Leser begeistern kann.
Wie schon erwähnt, tauchen Gedanken sowohl von *Schanderl* und *Rusch* als auch von *Francé* 1993 bis 2001 bei *Margulis* auf, wenn auch in nüchterner Beschreibung: „Von der Rolle der Spaltalgen [gemeint sind vermutlich die sogenannten Blaugrünen Algen, heute Cyanobakterien, *Anm. d. Red.*] in der Landwirtschaft hat man noch kaum etwas gehört. Dass sie ein ganz ausschlaggebender Vorbereiter der Verwitterung sind, war selbst der Wissenschaft neu [...]. Man mache den Versuch selbst und schlage mit einem Bergstock auf eine scheinbar völlig unverwitterte, graue Felswand. Bald entsteht ein feuchter grüner Fleck als Zeichen, dass dort Pflanzen leben. Alle der Luft und dem Regen ausgesetzten Felsen und Steine sind von einem wahren Rasen der Spaltalgen überzogen. Man weiß [...], dass der Sandsteinfels auf seiner Oberfläche etwa 24.000 dieser ‚Verwitterungspflanzen´ [...] auf dem Quadratzentimeter beherbergt. Das kann nicht ohne bedeutsamen Einfluss bleiben. Und tatsächlich hat es sich herausgestellt, dass diese kleinen Pflänzchen [...] durch besondere Stoffe den Felsen in eine Lösung verwandeln, von der sie sich nähren, erst die Vorbedingungen der Verwitterung, dem Regen und Sonnenschein erst die Möglichkeit zur Wirkung schaffen. Sie sind die ersten Humusbildner, und nur, wenn sie vorgearbeitet haben, können die Flechten und Moose Fuß fassen, denen man die Zermürbung des Gesteines allgemein zuschreibt." Es folgt die Beschreibung des fantastischen Zauberwaldes voller lebender Edelsteine, die man im Original lesen muss, um sich vom NPK-Modell lösen und darüber hinausdenken zu können. *(R. H. Francé,* 1911)

Annie Francé-Harrar hat 40 Jahre mit *Raoul Francé* zusammengearbeitet und das Buch „Humus. Bodenleben und Fruchtbarkeit" (1957) veröffentlicht. Sie beschreibt das Wirken des Edaphons bei der Bildung der Muttererde noch detailreicher und eingehender in „Leben wird aus dem Stein" (1964, 2014). Hier wird u. a. der „Till" oder die „Flusstrübe", d. h. die Gletschermilch beschrieben, die ich für eine wichtige Voraussetzung für das Wachstum des Planktons und des Edaphons halte. „Die letzte Auflösung der Bodenmineralien erfolgt nicht, wie früher angenommen wurde, nur auf rein chemischem Wege, sondern Hand in Hand damit durch die Zersetzungsarbeit von Mikroben. Letztere ist die bedeutsamere in dem Prozess. Von ihr hängt die Humusbildung aus den Bodenmineralien ab. Die Erdkruste verdankt buchstäblich den Mikroben die Erlösung aus dem Stein. Das wirft – nur so nebenbei bemerkt – auch auf die Perioden der Erdgeschichte ein neues Licht. Lange, ehe es die Großtiere und Großpflanzen des Festlandes geben konnte, wurde für sie durch Anhäufung von fruchtbarer Erde der Lebensraum vorbereitet. Das Leben der mit dem unbewaffneten Auge nicht sichtbaren Einzeller geht dem der Vielzeller weit voraus." Hier wird der gemeinsame Nenner hergestellt von *Schanderl* über *Rusch* direkt bis *Margulis* und der Gaia-Hypothese zur Endosymbiontentheorie im Jahre 2001!
„Alle [...] Mikroben kleben in, auf, unter und zwischen den gequollenen, grün bis olivgrün schimmernden Nostoc-Schleimkissen, oder in einem nilgrünen Urwald

ständig leise pendelnder Schwingfäden von *Oscillatoria tenuis* [eine Cyanobakterien-Art, *Anm. d. Red.*]. [...] Schon von Anfang an bilden sich Zoogloen, gleichartig oder vielartig zusammengesetzt. Sie sind gewissermaßen die gemeinsamen Arbeitsstätten, in denen sich das Leben der gesamten Lithobionten abspielt. Sie schützen vor Kälte und Hitze, vor Austrocknung und Abgespültwerden. Sicherlich herrscht unter diesen Kolloiddecken ein Mikroklima, das von der Außenwelt unabhängig ist. Die Temperaturextreme auf einer unbewachsenen Felswand schwanken zwischen plus 60 und minus 60 Grad Celsius. Niemals erfriert jedoch eine Algenzelle bei solchen Tieftemperaturen, sie stellt nicht einmal ihre Assimilationsarbeit ein." Ein kleinstes, sich selbst regulierendes Gewächshaus, ein wichtiger Teil der Gaia-Theorie (s. S. 69).

Wie man schon erahnen kann, tut sich hier eine Welt auf, die man zwar vor über hundert Jahren entdeckt hat, von der man aber nach so langer Zeit immer noch ganz wenig weiß, geschweige denn, dass man dieses für die Landwirtschaft zurate zieht.

Das Edaphon ist das Plankton der Humussphäre

So wie das Plankton in der Hydrosphäre – also im Wasser – die Grundvoraussetzung für alles weitere Leben im Wasser bildet, so stellt das Edaphon die Grundvoraussetzung für alles weitere Leben in und auf dem Erdboden dar. (Eigenartigerweise wurde der Begriff „Edaphon" für das Bodenleben lange nicht so häufig verwendet wie der Begriff „Plankton" [von griech. *plagktón* = „das Umherirrende"] für „das im Wasser Umhertreibende".) So wie das Plankton – das man in klarem Wasser eindrucksvoll filmen kann – nichts anderes ist als gewaltige Mengen lebender Zellsubstanz, so stellt das Edaphon lebendes Zytoplasma in der Muttererde dar. Zwar lässt es sich kaum filmen oder anderweitig sichtbar machen, was vielleicht einer der Gründe ist, weshalb es so in Vergessenheit geraten ist. Doch möglicherweise verbergen sich darin noch größere Mengen an Proteinen als im Plankton! Ein Vergleich macht dies deutlich: Die durchschnittliche **menschliche Biomasse** in den USA beträgt 18 Kilogramm pro Hektar. Die durchschnittliche Biomasse (auf der gleichen Fläche) an Insekten, Regenwürmern, Einzellern, Algen, Bakterien und Pilzen dagegen liegt bei rund 6.500 Kilogramm. Das ist mehr als das 350-fache! Im Detail sprechen wir hier von 150 Kilogramm Einzellern, 1000 Kilogramm Regenwürmern, 1000 Kilogramm Insekten, 1700 Kilogramm Bakterien und 2500 Kilogramm Pilzen (*Gaia* 1985, S. 150; s. a. Farbtafel 7).

Und wie sieht es in unseren Gärten aus? In einem Garten von 1.000 Quadratmeter Größe leben und arbeiten in aller Stille, ohne die Nachbarn zu stören, das ganze Jahr hindurch 1.000 Kilogramm Edaphon. Sein Gewicht entspricht 10 Schlachtschweinen à 100 Kilogramm!

Die Biomasse allein der Regenwürmer – die einen Teil des Edaphons darstellen – lässt sich auch von jedem interessierten Laien durch Einsammeln und Wiegen ermitteln: So habe ich in Sandboden unter konventioneller Gerste 9 Gramm pro Quadratmeter Bodenfläche (in einer Tiefe von einem Spatenstich) gefunden, 49 Gramm unter konventioneller Weide und 840 Gramm in meiner eigenen, biologisch bewirtschafteten Gartenerde. Das ergibt pro Hektar 90 bzw. 490 Kilogramm bzw. bis zu 8.400 Kilogramm lebende Biomasse pro 10.000 Quadratmeter. Und das sind nur die Regenwürmer!
Als ideal für einen fruchtbaren Ackerboden gilt (*Francé* 1911, 1995): 1 Kilogramm lebende Biomasse oder Edaphon pro Quadratmeter Garten- oder Ackerboden. 1 Kilogramm lebendes Zytoplasma pro Quadratmeter bewirtschafteter Erde entspricht 1 Tonne Biomasse pro 1000 Quadratmeter oder 10 Tonnen pro Hektar. Eine Landwirtschaft verwaltet also mit 10 Hektar Ackerfläche lebende Biomasse von 100 Tonnen Edaphon unter der Erde – und zwar lange bevor man sich überhaupt darüber Gedanken macht, was man über der Erde erwirtschaften könnte. Das entspricht 1.000 Schlachtschweinen oder 200 Kühen!

Für die Landwirte unter den Lesern: An diesen Zahlen sehen Sie, wie viel „Viehzeug" Sie auf Ihrem Hof beherbergen, ohne es zu sehen und ohne es zu bemerken. Was müssten Sie für diese Mengen, umgerechnet in Großvieheinheiten, auf Ihrem Hof an Futter bereitstellen, an Aufstallung, Ventilation, Witterungsschutz und eventueller Entsorgung von Exkrementen aufwenden? An Tierarztkosten, Beratung und Forschungsmitteln?

„Viehhaltung" über und unter der Erde (Illustration: H. Pommeresche, aus norwegischem Vortragsmaterial des Autors)

Für uns ist das nur deshalb unvorstellbar, weil wir es bislang versäumt haben, uns in unseren landwirtschaftlichen Lehr- und Denkmodellen damit zu befassen. Wenn man nun diese Zahlen mit dem neuen, noch ungewohnten Modell „Pflanzen können Protein verdauen" verknüpft, erkennt man schnell, welche neuen Möglichkeiten sich für unsere Landwirtschaftspraxis ergeben.
Allerdings finden sich in der Literatur und der Praxis auch andere Zahlen als hier angegeben. Das hat einen einfachen Grund: In chemisch und mechanisch intensiv behandelten (Acker-)Böden ändern sich die Lebensbedingungen für die Bodenorganismen massiv (Nahrung und Lebensraum, Erdstruktur), und folglich geht die Menge an lebendem Edaphon mehr und mehr zurück. In biologisch bewirtschafteten sowie in unberührten, ursprünglichen Böden hingegen kann sie wesentlich größer sein!

Wer sich ernsthaft mit dieser immer noch weitgehend unbekannten „neuen Lebensgemeinschaft", dem Edaphon, beschäftigten möchte, dem sei die Lektüre der Schriften von *Francé* und *Francé-Harrar* von 1911 bis 1957 empfohlen. Die beiden Forscher nehmen uns mit auf eine abenteuerliche Entdeckungsreise in die „Unterwelt" des Humus und des Lebendigen. Ihre Faszination und Begeisterung angesichts ihrer Beobachtungen sind geradezu mitreißend. Erst fast hundert Jahre später schaffte *Lynn Margulis* (1993) mit ihrem Werk „Garden of Microbial Delights" erneut etwas Ähnliches.

Das Edaphon ist die optimale Pflanzennahrung

Es ist das Edaphon, das die Bodenstruktur aufbaut und durch Prozesse, die „Lebendverbauung" genannt werden, aufrechterhält. Es sind die natürlichen Lebensprozesse eben dieser allerkleinsten Lebewesen in einem stetigen biologischen Kreislauf. Diese erosionsbeständige Bodengare mit bis zu (optimal) 50 Prozent Porenvolumen ist gleichzeitig sowohl die Folge als auch die unabdingbare Voraussetzung für eine Bodenzusammensetzung. Wir erinnern uns, was *Francé-Harrar* für eine in unberührter Natur mögliche und als Idealerde angesehene Zusammensetzung definierte: **Ein Idealboden sollte 65 Prozent organische Substanz, 20 Prozent edaphische Organismen (Lebewesen des Edaphons) und 15 Prozent Mineralsubstanz enthalten.** Eine schier unerreichbar scheinende Forderung, denn davon sind die meisten kultivierten Böden auf der Erde heute weit entfernt: **Heutige Ackerböden setzen sich im Durchschnitt aus 1 Prozent Edaphon, 3 Prozent organischer Substanz und 96 Prozent Sand und Stein zusammen,** (wobei der organische Bestand immer noch fort-

laufend durch künstliche Salze und Säurereste überlastet und durch Biozide dezimiert wird). Dazu kommen rund 10 Prozent Porenvolumen (gefordert werden in verschiedenen Arbeiten bis zu 50 Prozent).
Denn als Landwirte, Gärtner und Gartenliebhaber gehen wir mit der Biomasse im Boden falsch um: Wir zerstören die Erdstruktur, die sich das Edaphon zusammen mit den Pflanzenwurzeln selbst aufbaut, nachhaltig mit schweren Maschinen. Wir vernichten alle Pflanzen, von denen wir glauben, dass wir sie „nicht brauchen können", mit regelrechten chemischen „Kampfstoffen", was zur Folge hat, dass sie dem Edaphon nicht mehr als Nahrung dienen und ihre Aufgaben bei der Photosynthese nicht mehr erfüllen können. Wir vernichten mit Spritzmitteln „Schädlinge", ohne zu ahnen, dass wir damit das gesamte Edaphon jahraus, jahrein auf das Schwerste dezimieren. Die überlebenden Organismen nehmen das Gift auf, tragen es weiter und schleusen es schließlich in Form des (eben noch) lebenden, aber jetzt geschwächten und kranken Zytoplasmas in den Kreislauf der lebenden Substanzen ein, bis es am Ende auf unserem Teller landet.
Stattdessen geben wir auf 10 Tonnen Edaphon pro Hektar Ackerboden 50 Tonnen stinkende, hochgiftige Gülle und 1–2 Tonnen Salze und Säurereste dem Bodenleben als Nahrung. Damit werden Teile des Edaphons – beispielsweise Regenwürmer – direkt vergiftet und andere in ihrer „Erdarbeit" stark eingeschränkt. Das Resultat: unsere heutige, chemotechnisch orientierte Landwirtschaft mit ihren „Ernteerfolgen". Wie groß diese Erfolge tatsächlich sind, werden wir ab Seite 93 noch näher untersuchen.

Akzeptiert man nun die Möglichkeit, dass Pflanzen sich von lebendem Edaphon ernähren – also auch „Fleisch fressen" –, hat man eine Erklärung für Phänomene wie diese: Die Ergebnisse von *Siegfried Lange* (*Haye*, 1985 und 1993) und in *Lau* (1990 und 2017) mit zwei Tonnen Winterroggen (s. S. 130 f.) sowie die Ergebnisse meiner eigenen jahrelangen Versuche mit 18 Kilogramm Zwiebeln pro Quadratmeter (s. S. 154) sind auf ungewöhnlich tiefe, lockere Erdstrukturen aus großen Mengen unverdauter organischer Substanz zurückzuführen, die den Zuwachs einer ordentlichen Menge an frischem Edaphon als Pflanzennahrung zulässt.
Oder diese: In den historischen Wasserkulturen (auf die ich ab S. 89 ausführlich zu sprechen komme) lassen sich Ernteresultate nachweisen, die, wie bei *Smil* (1997) gefunden, im Vergleich zu unseren heutigen Erntemengen trotz Hochtechnologie „[…] 5 bis zu 15 Menschen […] per Hektar ernähren [konnten]". Vermutlich wiesen sie ähnlich hohe Werte an Edaphon und organischer Substanz auf wie oben angeführt. Auch dies ist auf ein gut entwickeltes Edaphon zurückzuführen, denn bei fast allen antiken Wasserkulturen finden wir außergewöhnlich gute Bedingungen für ein üppiges Planktonwachstum, das den Pflanzen als lebende, als Lebenskraft weitergebende Nahrung direkt zur Verfügung stand (s. Farbtafel 4 und 5).

Dagegen steht folgende Feststellung: „Mit den heutigen, modernsten chemotechnischen Einsatzmitteln produzieren die USA Nahrung für einen Menschen, Europa

für knapp zwei Menschen auf einem Hektar Ackerland. Intensive, mit Hand getriebene Gärtnerkulturen erbringen genauso gut heute jederzeit gleiche, kontrollierbare Ernteresultate wie zur Zeiten der ‚Steinzeit'." (*Hitschfeld* 1995) Das bestätigten auch die Ernteresultate von *Siegfried Lange* (*Lau* 1990 und 2017).
An dieser Stelle möchte ich folgende Fragen zur Diskussion stellen:

Den Ursachen für das Welthungerproblem auf den Grund gehen

Kann es sein, dass der Unterschied von 1 Prozent versus 20 Prozent Edaphon sowie die Vernachlässigung versus die Pflege dieser Mengen an lebendem Zytoplasma, an lebender Substanz im Erdboden (die die Pflanzen durch Endozytose direkt „verdauen" können) im Zusammenhang stehen mit den 5- bis 15-fachen Erntemengen im jeweils zweiten Fall? Handelt es sich bei unserer bisher praktizierten konventionellen Agrarwirtschaft wirklich um biologische Versorgung und Pflege, oder nicht vielmehr um chemische und mechanische Ausrottung von 10 Tonnen Leben pro Hektar landwirtschaftlich „kultivierter" Fläche?

Die Frage ist, wofür wir uns entscheiden wollen: Für eine Agrarwirtschaft auf der Basis eines rein chemischen Denkmodells nach *Liebig*, oder für eine Praxis auf der Basis lebendiger Mikrobiologie nach *Rusch*. Vielleicht aber können und müssen beide Fachbereiche auch gleichrangig, aber gänzlich neu und im Zusammenwirken erforscht und angewendet werden?

Die Gaia-Hypothese

Ich meine, das Konzept der Remutation hat eine hoffnungsvolle Zukunft vor sich. Denn die Remutation ist die reziproke, zweite Hälfte der Endosymbiontentheorie aus der Gaia-Hypothese von *James Lovelock* und *Lynn Margulis*, die, kurz gefasst, Folgendes besagt: **Alle Lebewesen betreiben und erhalten durch Selbststeuerung sowie symbiotische Vorgänge ihre gemeinsame Lebenssphäre, die Biosphäre.**
Im Falle der Pflanzen heißt das: Urbakterien, die Archaebakterien, haben sich zur Kooperation, zur „Teamarbeit", zusammengeschlossen. Dabei haben sie ihre speziellen Eigenschaften, die sie zu selbstständigem Leben befähigten, zugunsten einer gemeinschaftlichen, übergeordneten Struktur, nämlich der Zelle, verändert und teilweise auch aufgegeben, um neue, mehrzellige Organismen zu bilden, bis hin zu den höheren Pflanzen, die sogar die Fähigkeit entwickelt haben, die Atmosphäre unseres Planeten mit einem Anteil von 21 Prozent Sauerstoff zu versorgen und diesen auch zu erhalten!
Zu diesem Gaia-Modell passt auch die Tatsache, dass, wie bereits erwähnt, bestimmte Zellorganellen (Mitochondrien und Chloroplasten) DNS (also Erbmaterial) enthalten, die grundverschieden vom Erbmaterial des Zellkerns ist. Dies wurde übrigens nicht nur in Pflanzen gefunden, sondern auch in tierischen und menschlichen Zellen, was in den letzten Jahren unter dem Begriff „Epigenetik" auch der „nichtwissenschaftlichen" Öffentlichkeit bekannt wurde. Die Idee, dass diese Bestandteile einmal selbstständige Mikroorganismen waren, und dass sie, nachdem sie ihren „Dienst" als Organellen im Gewebe eines Organismus „abgeleistet" haben, wieder remutieren, d. h. sich in ihre ursprünglichen Gestalten umwandeln und somit den Kreislauf des Lebens weiterführen könnten – diese Idee ist nicht so abwegig, wie sie vielleicht erscheinen mag. Ganz im Gegenteil: **Die neuesten Erkenntnisse aus der Stammzellenforschung scheinen in genau die Richtung zu weisen, in die Schanderl gearbeitet hat** (s. a. S. 32 u. 192).

Wenn man nun die Humusdecke nicht mehr als „toten Boden" betrachtet, sondern vielmehr als das Resultat eines Prozesses, der dem Abbau von lebendem Material genau entgegenwirkt, so eröffnen sich ganz neue Aussichten. In sehr komplexen Vorgängen baut sich nämlich aus echten Mineralien im Zusammenwirken mit dem Edaphon und den darin enthaltenen organischen Stoffen sowie den Pflanzenwurzeln nicht ein chemisch analysierbarer Stoff oder eine Stoffmischung auf oder ab, sondern es wird (im Sinne der Gaia-Hypothese) eben jener Lebensraum zwischen der Atmosphäre und der Lithosphäre geschaffen, den wir Humussphäre nennen.
Und weil in der Humussphäre ein stetiger und sich selbst erhaltender Aufbau – und eben nicht nur, nach konventioneller Ansicht, ein Abbau – lebender Materie stattfindet, ist sie essenziell für die gesamte Biosphäre, weil sich der gesamte Stoffwechsel aller Biomasse darin vollzieht. Nach *Gerhard Preuschen* (1991) gibt es in ungestörter

Erde so gut wie keine Salzionen. Das deckt sich mit der Annahme, dass die meisten organischen Substanzen, lange bevor sie zu Salzionen abgebaut wären, schon längst in Form größerer organischer Bauelemente (wie Proteine) oder sogar als lebende Nahrung in Form von Bakterien, Pilzen, Amöben und Algen weitergegeben werden. Sie werden von den Pflanzen nicht „verwest", sondern vielmehr lebendig „umgewest", wie ich es gerne nenne – zu neuen Zellorganisationen, zu neuen Wesen, zu Blumen und Gemüse, und weiter zu Tieren und Menschen, um dann wieder zurückzukehren in die Humussphäre in ständig neuen Kreisläufen.

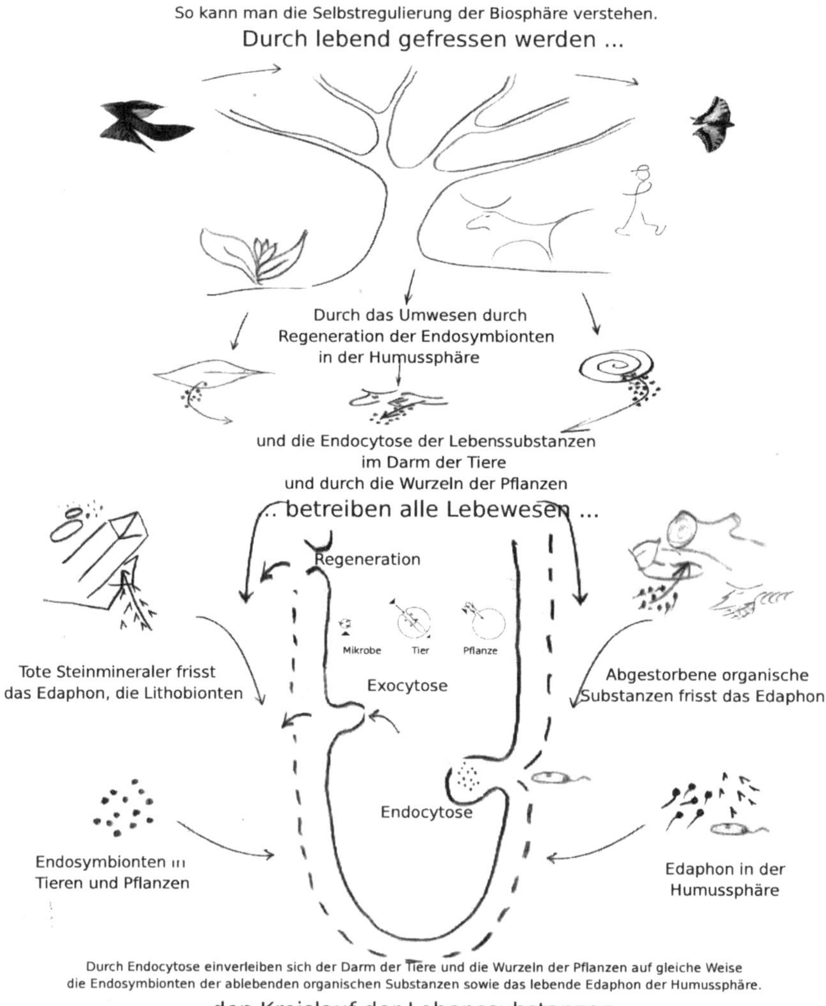

Eine Möglichkeit, wie man sich die Selbstregulierung der Biosphäre vorstellen kann. (Illustration: H. Pommeresche)

Unvoreingenommen betrachtet

Die Frage ist: Sollten wir nicht endlich die richtigen Schlüsse aus diesen Erkenntnissen ziehen und mit unseren Böden anders umgehen, anstatt sie mit schwersten Maschinen, Salz und Säureresten und giftiger, anaerober Gülle zu behandeln und letztlich zu zerstören?
Meine Antwort lautet: Füttern und pflegen Sie Ihr Edaphon gut und regelmäßig mit reinster Nahrung – genauso wie man den Tierbestand eines Hofes *über* der Erde füttert und pflegt –, versuchen Sie es zu erhalten und zu vermehren, und es wird Ihren Acker und Ihren Gartenboden aufbauen und strukturieren zum Allerbesten für Ihre Pflanzen. Die Prinzipien der Mikrobiologie werden die Zukunft einer erfolgreichen Landwirtschaft und eines erfolgreichen Gartenbaus bestimmen.

Welche Rolle die Mikrobiologie im Boden (und in der Biologie generell) eigentlich spielt und schon immer gespielt hat, erfahren Sie im nächsten Kapitel.

3. Die Bedeutung der Mikroorganismen

Mikroorganismen „verwalten" die Humussphäre

Die Erkenntnis, dass Pflanzen tatsächlich sozusagen ihre eigenen „lebenden Mitarbeiter" freisetzen und dass jene es sind (zusammen mit zahlreichen anderen Mikroorganismen unserer Biosphäre), die nicht nur an der Evolution des Lebens auf diesem Planeten maßgeblich beteiligt waren, sondern diese aller Wahrscheinlichkeit nach auch weiterführen werden – diese Erkenntnis sollte uns wachrütteln. Werfen wir daher einen genaueren Blick auf die Mitbewohner unseres Planeten, die wir sonst kaum bemerken, von denen aber auch unsere menschliche Existenz mehr abhängt, als wir uns vielleicht vorstellen können: die Mikroorganismen.

Wir finden Mikroorganismen in der Natur überall: In jeder Süßwasseransammlung, in jedem Waldsee, jedem Bach, jedem Entwässerungsgraben, in allen zeitweise uberschwemmten Auen (soweit sie nicht durch Eindeichung trockengelegt sind) finden sich Unmengen von Mikroorganismen im Wasser und im Schlamm, die biologisch wirken. Und eben auch im Erdboden in Form der Bodenflora oder, anders ausgedrückt, als „Population in der Humussphäre".
In von Menschen unberührten Biotopen findet die Humusbildung in Schichten statt. Die Humusbildung bestimmter Gruppen von Einzellern beispielweise kann nicht in der gleichen Schicht ablaufen wie die Arbeit bestimmter anderer, weil die Bildung wechselseitiger Abwehrstoffe (Antibiotika) das Miteinanderarbeiten unmöglich macht. Die tiefere Humusschicht wiederum enthält nur noch sehr wenig Bakterien, weil die Nährstoffe der Abfälle inzwischen verzehrt sind und die Bakterien letztlich zerfallen, sobald (oder besser: indem) Humus gebildet wird. Dass die Arbeit in diesen Schichten an die Existenz einer schützenden Oberschicht, der Nährdecke, gebunden ist, sei hier nur nebenbei bemerkt. Wesentlich entscheidend für die Betrachtung ist aber vor allem, dass die Pflanze ihre wirklich verdauenden Feinwurzeln (mikroskopische Aufnahme einer Feinwurzel s. Farbtafel 3) niemals in die „Arbeitsschichten" des Bodens schickt, sondern nur in die an Mikroorganismen arme Humusschicht, in der sie selbst erst wieder mit Hilfe der photoautotrophen Chloroplasten ihrer grünen Blätter Kohlenhydrate synthetisiert und damit unter der Erde eine Wurzelflora ernährt, die ihr verdauen hilft. Die Pflanze unterhält somit eine Wurzelschleimhautflora, ähnlich wie bei der Darmschleimhautflora der Tiere und Menschen.

In allen Fällen wird die Bodenschicht mit Sicherheit durch die Mikroorganismen markiert, die in ihr lebensfähig sind:
- faulende Schichten durch Fäulnisbakterien,
- gärende durch Gärungserreger,
- Zelluloseabbau durch Zellulosezersetzer,
- Stickstoffsynthese durch Stickstoffbakterien,
- Humusbildung u. a. durch die Milchsäurebildner.

Wenn wir nur lernen würden, all diese natürlichen Funktionen nicht ständig und oft bis zum Exitus zu bekämpfen, dann könnte man es so einfach wieder ausdrücken, wie *Alwin Seifert*, einer der Pioniere des biologischen Garten- und Landbaus, es in seinem Buch „Gärtnern, Ackern – ohne Gift" ausdrückte: „Jeder Anhänger des heutigen Schulwissens von Garten, Obst- und Landbau wütet (immer noch) ahnungslos gegen seine besten Helfer [...] das Bodenleben." (*Seifert* 1948, 1991)

Was die unsichtbaren Mitbewohner leisten

Verfaulen, verrotten, fermentieren: anaerobe Prozesse

Was alle Landwirtschaften im Grunde verbindet, ist der Stoffwechsel zwischen Pflanze und Umwelt. Für dessen biologische Deutung sehe ich drei mikrobiologische Prozesse, die wir kennen und die in den Kreislauf der Stoffe wesentlich eingreifen, wenn sie ihn nicht sogar überhaupt betreiben. Diese drei Prozesse sind
- das anaerobe Verfaulen,
- das aerobe Verrotten
- und die Fermentierung.

Verfaulen stinkt und ist giftig. Verrotten riecht nach Erde und Wald. Fermentiertes schmeckt gut – denken Sie an Sauerkraut. **Spätestens hier sollte uns der Widerspruch klarwerden, dass einerseits die stinkende, giftige Jauche auf die Äcker gefahren wird und anderseits gutes organisches Material und „verdorbene" Silage auf der Müllkippe landet.**

Anaerobes Verfaulen (also ein Vorgang unter Ausschluss von Sauerstoff) mit Temperaturen bis über 60 Grad Celsius, Warmkompost, Flüssigmist, Biogas in riesigen Lagern – dies produziert fast jeder Landwirt. Es sind spezialisierte Mikroorganismen, die unter diesen Bedingungen, d. h. bei Sauerstoffmangel, den Stoffumsatz bewerkstelligen. Ihre Sonderstellung geben sie warnend durch Gestank zu erkennen. Ihre Produkte sind zusammengenommen giftig, brennbar oder explosiv. Ihr Milieu beherbergt zahlreiche Krankheitskeime und zieht sie auch an. Man fragt sich nicht nur, warum die Gesellschaft diesen Gestank hinnimmt? Ich frage mich auch, warum der Landwirt in einem solchen Gestank unsere Nahrungsmittel produzieren will und darf.
Bis zu 70 Prozent des Stickstoffs im Stallmist liegt als Protein vor (*Scheuer*, 1999, S. 20). Lebendes Zytoplasma ist ein gefundenes Fressen für die Pflanzenwurzeln. Sollte man da nicht die wenigen Forschungsmittel für Biologen einsetzen, anstatt stets nur NPK-Analysen zu finanzieren? Auch die stinkende Jauche, die aufgrund von Sauerstoffmangel von *anaeroben* (ohne Sauerstoff arbeitenden) Mikroorganismen bearbeitet werden muss, wird schließlich bei Luftzufuhr von den *fakultativ anaeroben* Mikroorganismen (d.h. sie können ohne Sauerstoff leben, aber bei entsprechenden Umweltbedingungen auf „Sauerstoffarbeiten" umschalten) umgebaut, um vom Edaphon „gefressen", zu weiterem Edaphon umgebaut und schließlich von den Pflanzenwurzeln aufgenommen werden zu können. Es bleibt aber die Frage, ob dieser Giftschock und der Umbau nicht auf Kosten des Pflanzenwachstums und der Pflanzengesundheit gehen muss. *Teruo Higa* (*Higa* 2000) weist auf die biosphärenweite Verseuchung mit pathogenen Mikroorganismen hin und setzt seine Hoffnung auf die symbiotischen, lebensregenerierenden Effektiven Mikroorganismen.

Ein weiteres Problem, das mir bis jetzt kein Fachmann beantwortet hat: Wie steht es mit Biogas, Gasenergie und „verbessertem" Mist, z. B. aus der Biologisch-Dynamischen Wirtschaftsweise? Dem Mist fehlt doch die Energie! Bioenergie aus Biomasse, etwa mit Kunstdünger gezogen, ist das nicht ein Widerspruch in sich? Erst Öl aus der Nordsee saugen, dann daraus Kunstdünger herstellen, dann Weiden oder andere Biomasse damit großziehen, und diese dann mit Atom- oder Windkraft zu trocknen und mit Sonnenenergie oder Biodiesel an die Haushalte verteilen – das ist in meinen Augen eine Farce! **Alle Biomasse – sofern sie nicht durch auch nur den kleinsten Industrieprozess mit chemischen Zusatzmitteln zu Spezialabfall verunreinigt ist –, gehört zurück auf die Ackererde!** Nicht in Form von Kunstdüngerersatz, sondern als von der Natur vorgefertigte Großmoleküle, auf die alle heterotrophen Lebewesen angewiesen sind.

Aerobes Verrotten, Flüssigkompostierung, Kompost in Haufen, Kompost als Flächenmulch – all dies sind „still" und unspektakulär, eher langsam ablaufende Prozesse, bei denen das Substrat nicht zu warm wird und nicht stinkt, und bei denen nicht so viel Gas, Energie und Substanz verloren geht wie bei den oben genannten Warmkomposten. In der ersten Phase sind diese Substrate, mikrobiell betrachtet, sehr aktiv, sodass sie zunächst hemmend auf das Aufgehen der Saat und auch danach noch eine Zeitlang wachstumshemmend wirken können. Halb umgesetzt, sind sie kräftemäßig noch wirkungsvoll, voll mit Leben und auch noch mit Nahrung. Später, wenn der Kompost „fertig" ist, wenn die Regenwürmer ausgezogen sind, weil alles Futter für sie aufgefressen ist, dann ist aber auch er selbst fertig – im wahrsten Sinn des Wortes: Mild und freundlich mit allem Gesäten und Gepflanzten, das beim Heranwachsen aber auch sehr bald neue Nahrung verlangt. Mulch und Flächenkompost muss als Schutz, aber hauptsächlich als Nahrung für das Bodenleben erneuert werden, bevor die Nährstoffe aufgebraucht sind und das Edaphon eventuell schon „verhungert".

Beim Fermentieren (Ferment ist ein „veraltetes" Wort für Enzyme) sind katalytisch wirkende Proteine aktiv – das heißt, sie bewirken chemische Reaktionen, ohne selbst verändert zu werden. Fermentierung basiert auf speziellen mikrobiologischen Prozessen. Mikroorganismen verstoffwechseln meist Zuckerarten in einem luftdichten Gefäß und produzieren dabei hauptsächlich Milchsäuren und Enzyme. Bei diesem Prozess wird sehr wenig Energie und relativ wenig Nahrung verbraucht. Die Milchsäuregärung des Weißkohls zu Sauerkraut ist ein typisches Beispiel für einen solchen Prozess; die Grassilage zur Lagerung von Grünfutter und das Darren von Körnerfutter sind weitere. In der „Ackerbaulehre nach ökologischen Gesetzen" von *Gerhard Preuschen* (1991) finden wir dieses Prinzip beschrieben für die verlustarme Lagerung von Stallmist. Diese Methode berücksichtigt, dass der Bauer zur Not nur einmal im Jahr auf den Acker kommt, um das Edaphon zu versorgen, dann aber mit bester Nahrung, wie wir im nächsten Abschnitt sehen werden.

Stallmist und Gülle: wertvolle Pflanzennahrung oder Gift für den Boden?

Mist, von welchem Lebewesen auch immer produziert, ist übelriechend und unangenehm. Aber trotzdem: Der Mist war der Vorläufer des Kunstdüngers und ist immer noch sein Mitläufer. Seit rund 10.000 Jahren soll er die Grundlage des (europäischen) Ackerbaus sein. Wenn man einmal die chemische Brille abnimmt, die in allem lediglich die nicht lebenden, elementaren Grundstoffe sieht und alles Zusammengesetzte, ja sogar lebende Organismen, in nicht lebende Grundstoffe zerlegt – ja,

da entdeckt man wahres Leben, selbst im größten Mist! Denken wir also über den Stallmist einmal neu nach.
Uralt ist, dass Mist notwendig ist, damit überhaupt im Garten und auf dem Acker jahraus, jahrein etwas wächst. Uralt ist, dass man den Boden düngt, damit die Pflanze wächst. Uralt ist auch, dass Mist stinkt und Krankheitserreger enthält und verbreitet.
Neuer ist schon die Erkenntnis, das unbehandelter Mist, in großen Mengen gesammelt, giftige Gase (Ammoniak- und Fäulnisgase) abgibt, die ganze Schweinebestände und sogar den Bauern töten und bei „unsachgemäßer" Entzündung das ganze Betriebsgebäude in die Luft sprengen können. Noch neuer ist, dass roher und anaerob gelagerter, verfaulter (also unbehandelter) Mist auch giftig für die Pflanzen ist.
Doch die Erklärung ist einfach: Seitdem wir künstlichen Mineraldünger haben, ist Mist eine Plage und zu einem Verunreinigungsproblem geworden. Dass er so unerträglich nach „Frühling" stinkt, beruht lediglich auf falscher Behandlung bei der Lagerung. Dafür gibt es eine Theorie unter den Landwirten: Danach enthält Mist dasselbe wie Kunstdünger, nämlich das, was die Chemiker nach ihrer Theorie und mit ihren Methoden für die Pflanzen herausanalysieren: NPK, also Stickstoff, Phosphor und Kalium. Für die Chemiker ist es unwichtig, wo NPK-Dünger herkommt und ob es stinkt oder nicht, oder ob er vielleicht sogar karzinogen ist (*Kristensen* 1996). Es ist ja in jedem Fall, wissenschaftlich beweisbar, NPK, oder?

Wenn nun aber die Pflanze nicht als ein „chemischer Automat" angesehen wird, der aus der gedüngten Erde lediglich tote Stoffe zusammensammelt und mischt? Wenn man nun eine lange Reihe von Hinweisen gefunden hat, dass die Pflanze sich genauso ernährt wie alle anderen Zellen und Zellzusammenschlüsse, die wir Organismen nennen? Wenn die Pflanze nun lebende Substanzen aufnimmt? Wenn Pflanzen durch Endozytose Proteine und Mikroorganismen aufnehmen, dann können sie doch auch technisch manipulierte Gene und kranke Prionen aufnehmen und weitergeben. Horizontalen Gentransfer gibt es schon. Was gibt es sonst noch? Das ist die eine Seite der Medaille.
Die andere Seite ist, dass Mist Nahrung für das Bodenleben, das Edaphon sein soll, das wiederum Nahrung für die Pflanzen darstellt. Auch die Ökologische Landwirtschaft verwendet häufig Gulle – wenn auch vorzugsweise vom eigenen Betrieb –, verzichtet aber auf Mineraldünger und Spritzmittel. Aber ist man sich im Ökolandbau wirklich bewusst, dass man auf 10 Hektar Ackerland 100 Tonnen lebendes Edaphon zu versorgen hätte? Auf welche Weise sorgt man im Ökolandbau dafür, dass das Edaphon gedeiht und es sich vermehren kann, um die Struktur des Ackers aufzubauen und zu erhalten?
Der Stoffkreislauf, der durch die Humussphäre verläuft, wird von Sauerstoff liebenden, d. h. *aeroben* Mikroorganismen betrieben. Mist – also *anaerobe*, sauerstoffarm gelagerte, organische Substanz – muss von spezialisierten Mikroorganismen erst umgearbeitet werden, um die Stoffe im Kreislauf der Substanzen weiterzuleiten und

schließlich neuem Leben zur Verfügung zu stellen. In der Humussphäre der Natur wird das meiste von Lebewesen verarbeitet, die Luft und damit Sauerstoff atmen. Der Kreislauf wird durch ein ununterbrochenes „Fressen und gefressen werden" aufrechterhalten. Das meiste wird auf dem kürzesten Weg – höchst effizient – lebendig gefressen und auch lebendig weitergegeben.

Wenn schon nicht künstliche Salze, ist dann Mist das Beste, was man seinen treuen Mithelfern im Garten oder Acker anbieten kann? „Jeder Anhänger des heutigen Schulwissens von Garten, Obst- und Landbau wütet ahnungslos gegen seinen besten Helfer." Schon 1948 und nochmals 1970 schrieb das *Alwin Seifert* über das Bodenleben. Wir aber haben nur weitergewütet. Immer wieder sind wir zurückgefallen in die uralte Gewohnheit, den Boden zu düngen, doch das Füttern des Edaphons haben wir nie ganz verstanden und darum vielleicht auch nie richtig ernst genommen. Nun aber steht es genau vor uns: Das Edaphon sowie die Pflanzen sind vollwertige Lebewesen, und sie fressen das gleiche und genauso wie alle anderen Lebewesen! (*Rateaver* 1993).
Daraus ergibt sich: Das Beste ist für unsere Pflanzen gerade gut genug! Füttern wir hingegen das Edaphon, das Bodenleben, mit minderwertiger oder künstlicher Nahrung, erreicht es seine natürliche Lebensstärke nicht und kann damit seine Aufgaben – Erosionssicherung und Aufbau der Erdstruktur; sowie die Humussphäre mit ihren überaus komplexen Funktionen und deren Fruchtbarkeit aufzubauen, durch die gesamte Saison zu erhalten und den Pflanzen direkt als lebende Nahrung zu dienen – nicht mehr erfüllen.
Anstatt also den Pflanzen und den Erdbewohnern giftige Gülle und schädliche Chemikalien anzubieten, sollten wir sie mit gesundem, lebendem Zytoplasma ernähren.

Das Problem des Konservierens

Um Ihnen die Bedeutung der Mikroorganismen, die sie in der gesamten Biosphäre haben, noch besser nahebringen zu können, erlaube ich mir folgende kurze Erläuterungen zum Thema Lebensmittelherstellung. Auch hier besteht ein Zusammenhang zu unseren Bodenlebewesen.

Was passiert beim Pasteurisieren?

Louis Pasteur hat uns das Gruseln vor leider allen Bakterien und Mikroorganismen gelehrt, das immer noch in uns weiterlebt und nun kreativ und (durchaus notwendig) von der Nahrungsmittelindustrie aufrechterhalten wird, weil Massennahrung tagelang, wochenlang und jahrelang in Hüllen auf Paletten warten muss, bis sie verkauft wird. Pasteurisierte Milch ist voll von toten Mikroorganismen. Die meiste Nahrung wird abgekocht oder, zusammen mit anderen Methoden wie Bestrahlen oder Konservieren, abgetötet und mit zusätzlichen Stoffen „sicher gemacht" und uns dann als „Hüllenmeterware" angeboten. Leider notwendig, denn eine Massenvergiftung der Verbraucher durch zu lange gelagerte Waren muss natürlich vermieden werden. Doch die langsame Vergiftung durch alle diese Maßnahmen bemerkt man erst viel später.

Ein Problem stellt die zu Tode pasteurisierte Nahrung dar, ein anderes ist all die Nahrung, die Konservierungsstoffe enthält. Ist Ihnen eigentlich klar, was diese Stoffe in Ihrer Nahrung bewirken? Sie sollen das Verderben der Nahrung verhindern. Aber was bedeutet „Verderben" der Nahrung? Es sind Pilze und andere Mikroorganismen, die an die Nahrungsmittel wie an alle anderen organischen Stoffe herangehen, sobald sie ihr Leben aufgeben, um sie wieder in den Kreislauf der Substanzen einzureihen. Was wir „Verderben" nennen, ist, aus dem Blickwinkel der Natur betrachtet, ein ganz normales Umbauen zu neuem Leben. Das, was davon für uns unbekömmlich ist, nennen wir verschimmelt und verfault; das, was wir essen können und was uns auch schmeckt, nennen wir z. B. Sauerkraut, Brot oder Wein. Und im Garten finden wir es wieder als Kompost.

Alles dies zusammen sind aber die gleichen Umbauprozesse, die immer von Mikroorganismen gesteuert werden. **Konservierungsstoffe sollen zwar nur die für uns gesundheitsschädlichen und damit unerwünschten Mikroorganismen töten – aber was, glauben Sie, geschieht dabei mit den in der frischen Nahrung und den in unserem Körper lebenden Mikroorganismen?** Konservierungsstoffe sind Biozide, d. h. biologische Gifte. Dem überwiegenden Teil der industriell produzierten Waren aus organischen Substanzen wurden aber alle Mikroorganismen entzogen oder mit Bioziden abgetötet. Dass wir diese Waren als

Nahrungsmittel gutheißen, ist ein großes Problem. Dass wir sie überhaupt verdauen, also mikrobiell verarbeiten können, ist mehr ein Wunder als eine die Gesundheit unterstützende Ernährung.

Und im Boden konservieren sie weiter ...

Den Widerstand, den die konservierte Nahrung unserer Verdauung im Darm entgegensetzt, finden wir natürlich auch wieder bei der Verdauung der organischen Reste bei der sogenannten Kompostierung. Einerseits wird das Edaphon dezimiert, andererseits gehen die Biozide aus unseren Essensresten in die Stoffkreisläufe in unserem Garten (und auf unserem Acker) ein und verschwinden daraus nicht mehr. Dass sie „abgebaut" werden und damit gar „verschwinden", entspricht nicht der Wahrheit. Sie können zwar in Teilstoffe zerlegt werden. Doch diese können miteinander wieder zu völlig neuen Stoffen, sogenannten Derivaten, chemisch reagieren, an die nie jemand gedacht hat (vgl. auch S. 39 ff.). Zum Schluss tauchen sie „unerwartet" irgendwo auf, wie z. B. Dioxin (aus den streng kontrollierten, angeblich dioxinfreien Verbrennungsanlagen) in der Muttermilch.
Noch viel schlimmer ist es mit Protein aus Erbmaterial, das technologisch manipuliert ist. Es sitzt in lebenden Zellen und wird im Kreislauf der lebenden Substanzen ununterbrochen weitergegeben, wobei es sich als Teil lebender Organismen auch noch selbstständig unendliche Male vervielfältigen kann. Ein einziges Maiskorn mit einem von der Industrie veränderten Gen im Küchenabfall bleibt funktionstüchtig und wird ohne Weiteres über den Kompost an die umbauenden Mikroorganismen weitergegeben, die dann der Regenwurm weiter zu Ihren Hühnern liefert, und landet so im „ökologischen" Ei wieder auf Ihrem Frühstückstisch.
Dies nennt sich **horizontaler Gentransfer.** Hier verhindern Grenzwerte leider überhaupt nichts.

Exkurs zum „Ökosystem Mensch"

Man kann die Bedeutung der Mikroorganismen für die Ökosysteme gar nicht hoch genug einschätzen. Um dies verständlicher zu machen, erlauben Sie mir in diesem Kapitel einen Exkurs zum Zusammenleben von Mikroorganismen und Menschen.

Während Pflanzen, Tiere und Menschen in Wochen, Monaten oder gar Jahren auf Umweltreize oder Veränderungen ihrer Umgebung reagieren, zeigen Mikroorganismen bereits nach wenigen Versuchstagen oder sogar Stunden Auswirkungen. In der Heilkunde wie in der Landwirtschaft können sie deshalb als Indikatoren für Gesundheit und biologische Wertigkeit herangezogen werden. Oder anders ausgedrückt: Mikroorganismen sind die Indikatoren für die lebende Substanz, für ihre biologische Wertigkeit, für ihre Zelltauglichkeit, für ihren Nahrungswert, ja, für die Gesundheit eines Organismus, ebenso wie für die Tauglichkeit eines jeden Nährsubstrats und damit auch einer jeden Ackererde.
Hören wir hierzu noch einmal *Hans-Peter Rusch*: „Der Bau, die Reagibilität, die Spezifität lebender Substanzen ist so ungeheuer mannigfaltig und schwierig, dass es kaum gelingen wird, auf diesen Wegen exakte, wissenschaftliche Klarheit zu schaffen. Die Mikroorganismen können uns dabei helfen. Ihrer Arten sind so viele, ihre natürliche Ordnung ist so exakt und vorbildlich, ihre Vermehrungsfähigkeit so ungeheuer und ihre Empfindlichkeit gleichzeitig so groß, dass dieser bisher so sehr vernachlässigte Zweig der Biologie [...] für die Medizin sowie für die Landwirtschaft von größter Bedeutung werden kann." (*Rusch* 1960, S. 60)
Die intakte Abwehrfähigkeit eines Organismus ist also gewissermaßen ein „Vertrag" zwischen Organismus und lebender Umwelt, als deren Vertreter die Mikroorganismen auftreten, vor allem Bakterien. Die Ansiedlung von Bakterien auf unserer Haut und den Schleimhäuten ist nicht nur wichtig für unseren Stoffwechsel, z. B. den Hautstoffwechsel; sondern die Besiedlung mit typischen Symbionten schützt uns auch bis zu einem gewissen Grad vor der Ausbreitung von Krankheitserregern, weil die Symbionten Abwehrstoffe gegen organismusfeindliche Mikroorganismen bilden können. Der größte Nutzen der Bakterienflora aber besteht darin, dass sie für den Organismus eine ständige Herausforderung bilden, gegen die er sich wappnen und der er sich stellen muss. Denn die Mikroorganismen können beim abwehrschwachen Organismus als schwerste Krankheitserreger wirken, sobald sie eine Lücke (= eine Schwachstelle) im Abwehrsystem entdecken. Das Abwehrsystem (= die Wachsamkeit) darf also, da wir ja die Bakterien an sich nie ausrotten oder fernhalten können, keine Lücke (= keine Schwachstelle) haben. Dafür sorgen die Symbionten, indem sie allein durch ihre Gegenwart (auf dem Weg über ihre Antigene) für ein ständiges „Abwehrtraining" sorgen. Es kommt also – da Abwehrfähigkeit, biologisch-funktionelle Hochwertigkeit der Gewebe und Grundgesundheit ein und dasselbe sind – darauf an, für eine Bakterienflora zu sorgen, die reichlich Symbionten und keine pathogenen Typen beherbergt. Das aber ist eine Frage des Nährbodens.

Von der ersten Besiedlung durch Symbionten von der Mutter und der Muttermilch bis zum biologischen Charakter der lebenden Zellsubstanz der täglichen Nahrung soll der „Nährboden Mensch", ebenso wie der „Nährboden Acker" und dessen Früchte, in seiner natürlichen Harmonie und seinem natürlichen Gleichgewicht gehalten werden. Damit entsprechen alle Pflanzen in ihrer Zellsubstanz den Gesetzen des Aufbaus einer voll lebens- und funktionstüchtigen Zelle. Sie sind dann nicht nur typischer Nährboden für Symbionten, sondern vermitteln eine Substanz, die höheren Organismen die Nährbodeneigenschaften typischer Symbionten verschaffen. Das ist Nahrung, die unter Mitarbeit typischer Symbionten zustande kommt: eine Pflanze, deren Mutterboden symbiontenfähig ist, oder ein Tier, dessen Flora Symbionten trägt. Und es kann auch nur eine Nahrung sein, die auf ihrem Weg in den inneren Kreislauf vorwiegend von Symbionten verarbeitet wird. Also: eine Nahrung, die sich im natürlichen Kreislauf der Dinge befindet. Der Organismus soll also ständig Symbionten verdauen, d. h. ihre Substanz in sich aufnehmen und in seine Zellen einbauen – eines der größten Wunder, die es noch aufzuklären gilt.

Was „gesunde Ernährung" wirklich heißt

„Für alle Menschen aber ist entscheidend, dass hier eine Nahrung zur Verfügung gestellt wird, die nach dem derzeitigen Stand unseres Wissens das Beste und Wertvollste darstellt, was der Bauer von heute hervorbringen kann." (*Rusch* 1960, S. 63)
Wer gesund bleiben will, muss die Gelegenheit haben, immer wieder Symbionten zu verdauen: Frischnahrung, deren Zellsubstanz in voller Funktionsfähigkeit steht, weil sie von Böden, Tieren und Pflanzen stammt, die durch Gesundheit, Vitalität und das Vorhandensein intakter Bakteriensymbiosen nicht denaturiert ist. Jegliche Bearbeitung, Lagerung und auch die frische Zubereitung muss ebenfalls weitestgehend diesen Kriterien entsprechen. Je mehr lebende, vitale Nahrung wir zu uns nehmen (oder je näher sie an ihrem ursprünglichen, lebenden Zustand ist), desto mehr wirkliche Vitalstoffe und desto mehr Lebenskraft werden unserem Organismus zur Verfügung gestellt.
Umgekehrt wirken alle lebensschwachen, mit künstlichem Mineraldünger und mit giftigen „Schutzstoffen" gezogene Nahrungsmittel qualitativ negativ und vermögen uns nicht ausreichend mit den vitalen Energien und Nährstoffen zu versorgen, die wir täglich benötigen. Mehr noch: Wir nehmen mit unserer Nahrung auch die Eigenschaften der Pflanzen (und Tiere) auf, die durch technologisch erzwungene Wachstumsbedingungen geschwächt, krank, vergiftet oder genetisch verfälscht sind. Sie alle führen über den Kreislauf der lebendigen Substanzen eben diese Fehlbildungen durch den gesamten Lebenskreislauf hindurch weiter, sammeln sich an und verstärken somit ihre Wirkungen. Bei genetischen Veränderungen besteht die Gefahr, dass sich manipulierte Gene in lebender Form selbstständig in der gesamten Organismenwelt verbreiten. Dieser horizontale Gentransfer ist in keiner Weise kontrollierbar!

Und hier schließt sich der Kreis wieder zum Ackerboden:

Der Bio-Landbau muss unsere Ernährungsform der Zukunft sein

Die Schwierigkeiten des Organisch-Biologischen Landbaus vermag nur zu meistern, wer begriffen hat, dass es dabei um die Existenz des menschlichen Lebens geht, und dass diese vom Kreislauf der lebenden Materie direkt abhängig ist.

Effektive Mikroorganismen

Zurück zu den kleinsten Lebewesen. Eine Gruppe davon wird „Effektive Mikroorganismen" genannt: bestimmte Stämme, die der Mensch unter Kultur genommen hat. Ein Wundermittel oder eine Revolution?! Dieses „Wunder" lässt sich mit Mikrobiologie gut erklären. Verschiedene Arten von Effektiven Mikroorganismen sind bereits seit Längerem als appetitlich riechende, säuerlich schmeckende Kulturen zu kaufen.

Bereits seit 1968 (seit dem Erscheinen von Ruschs 1. Auflage der „Bodenfruchtbarkeit") widmet sich eine Wissenschaftlergruppe um *Teruo Higa* den effektiven kleinen Wesen. Sein Buch (Higa 2000) ist für „Rusch-Kenner" eine interessante Lektüre. Hier beschreibt er auch eine aufschlussreiche Begebenheit: Als gewöhnlicher NPK-Fachmann, der den starken Gebrauch von Chemikalien für ungefährlich hielt, wurde er krank und schwach, stellte aber lange keinen Zusammenhang dazu her. Eines Tages aber kam er doch ins Zweifeln. Er beschreibt ein großes Problem beim Anbau von Wassermelonen:

„Sie waren besonders stark von einer Viruskrankheit befallen, die in hartnäckigster Weise all unseren Anstrengungen, sie unter Kontrolle zu bekommen, Widerstand entgegensetzte. Wir mussten zuletzt unsere Niederlage eingestehen, zogen die kranken Pflanzen aus und warfen sie in die Abwassergräben, in denen das Wasser aus den Küchen dieses Gebietes abfloss. Ich vergaß die Sache, bis ich eines Tages entdeckte, dass die Pflanzen keinerlei Zeichen der Krankheit mehr aufwiesen, die sie und uns geplagt hatten, sondern neue tiefe Wurzeln geschlagen, Knospen gebildet hatten und schon Früchte ansetzten. [...] Da ich sehr wohl die praktischen Aspekte und Ergebnisse beurteilen konnte, wurden sie für mich zu einem zwingenden Argument, das ich nicht ignorieren konnte. Ich glaube, zu diesem Zeitpunkt kam ich endgültig zu der Überzeugung, dass sich unsere Landwirtschaft zu stark auf die Anwendung von Chemikalien stützt. Ich fasste den Entschluss, nach einem besseren Weg zu suchen, bei dem möglicherweise Mikroorganismen für das Pflanzenwachstum zur Anwendung kommen könnten." (*Higa* 2000)

So wie einerseits der reduktionistische Wissenschaftler *Liebig* sein chemisches Wissen auf die Landwirtschaft anwandte, so haben wir in *Higa* einen bekehrten Wissenschaftler, der, wie viele seiner Vorgänger, stattdessen die Biologie, die Lebenslehre, auf die Landwirtschaft anwendet. Bemerkenswert erscheint mir, dass er ähnlich ehrgeizige Ziele verfolgte wie seinerzeit *Liebig*; und dass er ebenso wie dieser alles in Bewegung setzt, um diese Ziele zu erreichen. **In der Geschichte der Menschheit hat sich immer wieder gezeigt, dass die Vehemenz und die Macht, mit der eine Idee bekannt gemacht und verbreitet wird, mehr zu ihrem Erfolg und ihrer Akzeptanz beiträgt als Erwägungen über den Nutzen oder Schaden, die sie mit sich bringen kann.**

Während *Higa* rein biologisch-mikrobielle Kulturen propagiert, sind bereits andere Produzenten mit Hybridkulturen von Kunstdünger und Mikroorganismen auf dem Markt. Ein paar Beispiele: *TLB Syntrophic Microbial Fertiliser* (*TLB* 1995) in China betrieb 1995 bereits zahlreiche Fabriken in Produktion, weitere waren im Bau, und etliche andere produzierten auf Lizenz. Inzwischen werden Genmanipulationen beschrieben, die fremde DNS durch Infektion mit manipulierten Bakteriophagen (Viren, die Bakterien befallen) in ausgewählte Bakterien „schmuggeln". Des Weiteren sind Methoden bekannt, bei denen Süßwasseralgen in Reisfelder eingesetzt werden, was die Produktion in einem hohen Ausmaß steigert. Dies nur als kleiner Hinweis darauf, dass bereits Großprojekte der chemischen Industrie im Gange sind, die uns hier in Europa noch kaum (oder noch nicht lange) bekannt sind.

Inzwischen aber wurde begonnen, u. a. mit nicht gentechnisch manipulierten, ursprünglich frei in der Natur vorkommenden Effektiven Mikroorganismen in einer schwer belasteten Welt, unsere Böden zu regenerieren – und dort, wo es passiert, tatsächlich mit großem Erfolg (*Higa* 2000, 2004).

Die Idee ist nicht so neu, wie sie scheint

Mir ist wichtig, darauf hinzuweisen, dass so gut wie alle, die sich ernsthaft mit Forschungen an Humus und Kompost beschäftigt haben, spezielle Mikroorganismen-Kulturen zusammengestellt haben. Zum Beispiel beschreibt *Annie Francé-Harrar*

1957 eine Edaphon-Impfmasse, und *Hans Peter Rusch* war als Humanmediziner, der sich außerdem dem Humus verschrieben hat, ganz besonders interessiert an den Themen „Symbioselenkung" und „Symbiontentherapie" an Mensch, Tier und Pflanzen mittels Muttererde. Er entwickelte das Präparat *Symbioflor* (*Rusch* 1968, 1991), das es heute noch zu kaufen gibt; neben anderen Präparaten, auch auf der Basis von Effektiven Mikroorganismen als Nahrungsergänzungsmittel. (Auch aus den Forschungsarbeiten mit Effektiven Mikroorganismen gibt es in Europa zuverlässige Präparate zur Symbioselenkung und Symbiontentherapie für Mensch und Tier; sie spiegeln Erkenntnisse der weltweiten Human-Mikrobiom-Forschung wider; *Anm. d. Red.*)

Aber auch sonst ist der internationale Markt voll von mikrobiologischen „Dünge"-Mitteln, die allerdings nach meinem Verständnis reine Impfkulturen und Nahrungsmittel für das Edaphon, also das Bodenleben sein sollten, wobei Effektive-Mikroorganismen-Präparate immer speziell zusammengestellte Multimikrobenmischungen einer eigenen Technologie sind; allerdings von Hersteller zu Hersteller in Zusammensetzung und Qualität teilweise sehr unterschiedlich.

Worauf ich besonders hinweisen möchte, ist die Tatsache, dass wir im Grunde überall von „Effektiven Mikroorganismen" umgeben sind. Alle lebenden Oberflächen von Pflanzen, Tieren und Menschen sind dicht besetzt mit symbiotischen Mikroorganismen. Es beginnt bei unserer Haut (wie Sie im vorhergehenden Abschnitt lesen konnten), über die Oberfläche unserer Augen und Zähne, und geht weiter bis hin zum Speichel und hinab zur Darmschleimhaut: Alles ist dicht bevölkert mit symbiotischen Mikroorganismen. Sie sind nicht nur ungefährlich, sondern absolut lebenswichtig, und zwar vor allem für die Immunabwehr, also den Schutz vor anderen, nämlich pathogenen (= Krankheiten verursachenden) Mikroorganismen!

Mikroorganismen sind lebenswichtig

Wir müssen uns also darüber im Klaren sein: Mit jeder Art von Lebewesen, die wir vernichten, weil sie uns unerwünscht ist, vernichten wir tausende anderer Arten, deren Existenz vielleicht gerade diese eine schädliche Art in Schach halten könnte. Einer Anzahl pathogener Keime, die uns gefährlich werden können, stehen zahlreiche symbiotische, opportunistische und neutrale Mikroorganismen gegenüber – deshalb können wir in den meisten Fällen überhaupt nicht wissen, was wir eigentlich „ausrotten"!

Als Arbeitshypothese wirken *Ruschs* „Kreislauf" und die daraus gezogenen praktischen Anweisungen genauso gut heute wie zur Zeit ihrer Erforschung. Sie sind völlig zu Unrecht vergessen und verdrängt worden. Versorgt man Pflanzen mit symbiotischen Mikroorganismen (s. *Higa* 2000 und neuere Autoren), so wächst alles – für Mineraltheoretiker unerklärlich – gut!

Auf dem Gebiet der symbiotischen Mikroflora war *Hans Peter Rusch* Spezialist, und sein Sohn *Volker Rusch* sowie dessen Ehefrau *Kerstin Rusch* arbeiten fortgesetzt mit der mikrobiologischen Therapie innerhalb der Humanmedizin. Die „mikrobiologische Therapie des Erdbodens" aber, die der Vater als Grundlage der gesamten ökologischen Bewegung ausgearbeitet hat, ist nicht mehr gefragt. Diese Prinzipien gelten jedoch für alle Bestrebungen, Gesundheit aufrechtzuerhalten: in der Familie, im Stall wie auf dem Acker und im Feld.

Für unsere Ernährung sowie für die Pflanzenkultur ist Folgendes entscheidend (nachzulesen u. a. bei *Rusch*): Die Verdauung der Nahrung geschieht bei Mensch und Tier im Magen- und Darmsystem. Die Schleimhaut der Darmzotten beherbergt die symbiotischen Darmbakterien, die den gesamten Stoffwechsel wesentlich mitbestimmen. Alles, was wir essen und verdauen, fressen auch unsere Mikroorganismen in der Darmschleimhaut. „Wenn wir etwas essen, so erlauben wir zunächst unseren Bakterien, sich daran gütlich zu tun." (*Rusch* 1955, S. 79).
Nun haben aber Pflanzen ebenfalls ihre „Darmzotten", nämlich Wurzelhaare an ihren feinsten Wurzelverzweigungen, den Haarwurzeln. Diese umgeben sich, ähnlich wie die Darmschleimhaut, mit Wurzelschleimhaut, in der ebenfalls Bakterien leben. Es ist diese Wurzelhaar-Schleimhaut mit ihren Bakterien, die den Teil des Stoffkreislaufes, der im Erdboden stattfindet, an die Pflanze weitergibt.

Hier schließt sich der Zyklus der Lebewesen

Für unseren Garten – und letztlich für den Acker – ergibt sich hieraus eine oft angedeutete, aber fast nie ganz klar ausgesprochene und noch seltener überzeugend beschriebene Anweisung: **Denken Sie „Leben" bei allem, was Sie sich in Ihrem Garten vornehmen!** (Diese Anweisung gilt dem Edaphon, dem Plankton der Gartenerde, sogar noch mehr als den höheren Pflanzen, weil sich diese vom Edaphon ernähren.) In dem Augenblick, in dem unsere Aufmerksamkeit diese neue Perspektive einnimmt, nehmen wir plötzlich ganz andere Dinge wahr: Zum Beispiel, dass das Regentonnenwasser nach drei Tagen grün wird, da es voller Grünalgen ist. Wo kommen sie her? Woher bekommen sie ihre Luft zum Atmen? Wovon ernähren sie sich, und wie vermehren sie sich? Wie lange können sie in der Tonne überleben? Verarbeiten sie vielleicht auch Sonnenlicht? Und schließlich: Können sie Nahrung für meine Gartenpflanzen sein?
Die Mikroorganismen führen die beschriebenen Um- und Aufbauvorgänge im Erdboden seit Jahrmillionen sozusagen still und gewissenhaft durch. Probleme, aber auch Möglichkeiten tauchen da auf, wo der Mensch ent-

weder zu viele Abfälle zu konzentriert anhäuft, oder dann, wenn er seine Nahrung nicht mehr im natürlichen Biotop sammeln kann, sondern konzentriert anbauen muss, was dazu führt, dass er schließlich beim Anbau mechanische und chemische Mittel und Methoden einsetzt, die Mikroorganismen abtöten. Ähnliche Überlegungen gelten auch für Bodenstruktur, Kultivierungstiefe, Winterdecke und alle die anderen Fragen, die bei der Bewirtschaftung eines Ackers oder eines Gartens auftauchen.

Dies ist der Punkt, an dem der Mensch umlernen muss!

4. Die Rolle des Wassers

Wasser, Träger des Lebens

Auf der Suche nach lebender Nahrung fur den lebenden, grünen Teil unserer Biosphäre wird einem erst deutlich, was im Grunde bekannt ist, aber gern in Vergessenheit gerät: Wasser ist mehr als Coca-Cola oder aufbereitetes „trinkbares Wasser" aus dem Hahn oder der Plastikflasche. Natürliches, lebendiges Wasser hat einen vollständigen Kreislauf durchlaufen: vom Regen aus der Atmosphäre über Flüsse, Seen, Meere, Wälder, Äcker und Wiesen, Wüsten und Gebirge, durch die Humussphäre hindurch zur Lithosphäre – oder über Beton und Asphalt hinab in den Gully – und hinaus ins Meer. Durch die Humussphäre gefiltert und durch die unermüdliche „Fressarbeit" der Mikroorganismen gereinigt, wandert es durch Geröll, Sand und Lehm und findet ganz langsam zurück zu den Quellen, die es aufs Neue verteilen an Sonnenlicht und Luft zu allen Lebewesen.
Offenes Wasser unter freiem Himmel belädt sich mit Sauerstoff und Stickstoff (!), wenn es in Wasserfällen hinunter in die Täler stürzt. Dabei nimmt es neben der Sonnenwärme auch Mikroorganismen und Partikel aus der Luft und den Flussufern auf. So wird es zu einer „Lebenssuppe" fur alle Mikroorganismen, die die Humussphäre dringend braucht, um ihre Aufgaben erfüllen zu können zur Stabilisierung der Erdstruktur, zur Erosionssicherung, Trinkwasserreinigung und schließlich als Lebensmittel aller grünen Pflanzen, ohne die wir gar keinen Sauerstoff zum Atmen hätten. Wasser ist also Träger wirklichen Lebens!

Schon mehrfach habe ich die außerordentlich hohen Ernteerträge historischer Kulturen, meist Wasserkulturen, angesprochen (s. Farbtafeln 4 und 5). Auch dafür reicht das Modell der chemische „Mineralisation" als Erklärung nicht aus. Um zu verstehen, wie diese Ernteerträge möglich sind, die fünf- bis fünfzehnmal höher sind als mit konventionellen Methoden, bedarf es natürlich einiger für heutige Verhältnisse „ungewohnter" Bedingungen.
Die großen Ernten finden wir sozusagen fast im Steinzeitalter, nämlich bei so gut wie allen alten Überflutungskulturen und bei allen anderen alten Wasserkulturen sowie bei den ursprünglichen Urwaldkulturen. Im Boden bzw. im Grundwasser gelöste Salzionen in nennenswerten Mengen findet man weder dort noch in heutigen „unberührten", d. h. von menschlichem Einfluss und anthropogener Bearbeitung noch nicht berührten und damit unbelasteten Böden. Die wenigen Salzionen, die es natürlich gibt – beispielsweise aus dem Urin –, werden sehr schnell von Mikroor-

ganismen verarbeitet und damit biologisch gebunden, um nicht (da sie ja wasserlöslich sind) von Regenwasser und Bodenwasser fortgespült zu werden. Aus dem gleichen Grunde findet die von der Agrarchemie postulierte Mineralisierung – der Abbau aller organischen Substanzen bis zu den Grundelementen oder zumindest zu wasserlöslichen, nichtlebenden Verbindungen – nicht oder nur in ganz begrenztem Umfang statt. Unter diesen Umständen hätten sich auf diesem wässrigen Planeten niemals Proteine und lebende Strukturen bilden und ansiedeln können.

Wasser ist nicht gleich Wasser

Welche Bedeutung hat die Art des Wassers für die Pflanzen und eventuell für die Landwirtschaft? Vielleicht ist *Francé* bislang der Einzige, der Wasser und Boden als Biozönose, als Lebensgemeinschaft des gesamten Lebens in der Biosphäre durchdacht und verständlich beschrieben hat. In diesem Zusammenhang möchte ich außerdem auf *Viktor Schauberger* hinweisen. Mit seiner Hilfe findet man Zugang zu einer weiteren Welt, die viele nicht kennen: zum Beispiel in dem Buch „Naturenergien verstehen und nutzen" (*Coats* 1999), aber auch bei *Schauberger* selbst (2006, 2012, 2016).

Regenwasser

Früher wurde Regenwasser als das reinste Wasser angesehen, das man finden konnte. Luft, Wolken und Regen haben jedoch zu allen Zeiten große Mengen Wüsten- und Vulkanstaub, Pollen (Blütenstaub) und Mikroorganismen (= Protein in lebenden Strukturen!) sowie alle möglichen Gase mit sich herumgetragen. Da jeder kleinste Kondenstropfen, aus dem sich die Wolken bilden, einen Kondenskern benötigt und sich diesen aus den Luftverunreinigungen „auswählt", kann man ahnen, was heute alles auf die Erde niederregnet. Unter unendlich vielem anderen auch etliche Kilogramm Stickstoff pro Hektar, also „Kunstdünger". Dabei sind aber auch nicht einmal unwesentliche Mengen „lebendes Zytoplasma", das man mit gutem Grund als „Luftplankton aus der Atmosphäre" mit in Betracht ziehen muss. Wie hoch dieser Eintrag ist, konnte ich noch nicht herausfinden.

Industriewasser

Damit meine ich nicht Prozesswasser, also Wasser, das unmittelbar für die Herstellung von Produkten aufgewendet wird, sondern „Trinkwasser", das nicht mehr so genannt werden darf. Es ist mechanisch und chemisch „aufbereitetes" Abwasser, das als „völlig ungefährliches trinkbares Wasser" von den Wasserwerken an die Haushalte geliefert wird. Es soll frei von Mikroorganismen sein, ist deshalb aber reich an Chlor, einem Biozid.

Grundwasser

Dies kann das reinste Wasser sein, das wir finden können, wenn wir „natürlich reines Wasser" meinen. Es ist aber heutzutage in vielen Regionen so stark mit Verunreinigungen belastet, dass es äußerst sorgsam behandelt werden muss. Außerdem erreicht uns das Grundwasser heutzutage fast nirgendwo mehr in seiner ursprünglichen Form, sondern es wird an die Oberfläche gepumpt und durch Rohre transportiert.

Quellwasser und Bodenwasser

Quellwasser ist Grundwasser in seiner ursprünglichen Form. Es durchläuft als verunreinigtes Regen- und Oberflächenwasser (s. u.) einen ganz bestimmten, geschlossenen Kreislauf durch die Humussphäre und die Lithosphäre, aus der es als hochwertiges Quellwasser wieder an die Erdoberfläche dringt. Dieses Wasser, das einen vollständigen natürlichen Kreislauf durchlaufen hat, enthält von Natur aus keine gelösten Salzionen: „Die Gehaltszahlen der heute üblichen chemischen Bodenanalyse haben zwar keine Beziehung zu der Bodenfruchtbarkeit, geben aber wichtige Hinweise auf Störungen im Boden. Bodenwasser muss biologisch rein sein, ohne lösliche Mineralien. Sind Mineralien nachweisbar, ist die Wasserreinigung gestört. Je mehr Minerale nachweisbar sind, umso schlechter ist die Arbeit der Pufferungsgruppen, umso höher aber auch die Belastung des gesamten Bodenlebens." (*Preuschen* 1991, S. 70). Hier wird der Begriff „Mineral" wie überall sonst in der üblichen, traditionellen Definition verwendet, die ich obenstehend kritisiert habe (s. S. 18 u. 60 ff. und Glossar) – und man merkt sofort, dass offen bleibt oder sogar missverständlich ist, was denn nun eigentlich im Wasser gelöst ist.
Das brachte mich noch auf einen anderen Gedanken: Wasser, das aus gebohrten Tiefbrunnen mit technischer Hilfe heraufbefördert wird, hat lediglich den halben Weg durch den Untergrund zurückgelegt. Das beim Quellwasser selbstständige Aufsteigen wird hier maschinell erzwungen. Könnte es nicht sein, dass dabei wichtige Reinigungs- und Energetisierungsprozesse verlorengehen? (vgl. dazu die Publikationen von *Gerald H. Pollack* [2015] und *Viktor Schauberger* [2006, 2012, 2016])

Oberflächenwasser

Oberflächenwasser kommt aus unterirdischen Quellen, nach einem langen natürlichen Kreislauf durch die Lithosphäre, oder es sammelt sich aus Regenwasser in Gebirgen, Seen, Wäldern und Mooren und vereint sich nach und nach zu offenen Quellflüssen und schließlich zu Flüssen und Strömen.

Gletscherwasser

Dieses Wasser, das aus (vulkanischen) Gebirgen kommt, weist eine Besonderheit auf: Es enthält echte Mineralien in Form von Steinstaub oder Steinmehl – die Gletschermilch, abgeschmirgelt durch die tonnenschweren Gletscher von der Felsoberfläche und der Geröllunterlage. Der Begriff „Gletschermilch" bezieht sich auf das milchig-trübe Aussehen dieses Wassers. Aber möglicherweise hat es diesen Namen schon in der Frühgeschichte der Ackerwirtschaft erhalten aufgrund der hohen Fruchtbarkeit, die die Gletschermilch den Talböden verschaffte, denn sie lagert sie in den fruchtbaren Tälern ab.

Grundlage der Wasserkulturen

In der Agrar- und der Gartenkultur wurden mit ähnlichen, oft mechanisch produzierten „Steinmehlen" zahlreiche Versuche gemacht. Diese bestenfalls natürlichen Steinmehle können die Lebensgrundlage für die u. a. von *Annie Francé-Harrar* und *Lynn Margulis* beschriebenen Lithobionten, also die „Steinfresser" unter den Mikroorganismen, darstellen. Diese Steinbewohner gehören wahrscheinlich mit zu den allerersten Urbakterien. *Francé* schreibt es ganz ausdrücklich: „Die letzte Auflösung der Bodenmineralien erfolgt nicht, wie früher angenommen wurde, nur auf rein chemischem Wege, sondern Hand in Hand damit durch die Zersetzungsarbeit von Mikroben. Letztere ist die bedeutsamere in dem Prozess. Von ihr hängt die Humusbildung aus den Bodenmineralien ab. Die Erdkruste verdankt buchstäblich den Mikroben die Erlösung aus dem Stein." (*Francé-Harrar* 1957, S. 46)

Mit der Beschreibung dieser Prozesse nähert sich *Francé-Harrar* ganz dicht der Beschreibung an, die *Margulis* von ihrer Endosymbiontentheorie formuliert hat. **Diese Steinmehle als echte, feinste Mineralteilchen (und nicht als „aufgelöste" Mineralbestandteile!) sind es, die nach der Endozytose-Theorie direkt sowohl von den Mikroorganismen als auch von den Wurzelhaarzellen der Pflanzen aufgenommen und verdaut werden können.** (*Rateaver* 1993) Und von diesem Schritt an wird nur noch sehr, sehr wenig weiter abgebaut in dem Sinne, wie es nach der „Mineraltheorie" postuliert wird. Das Allermeiste wird entweder vollständig lebend oder so frisch wie möglich (das heißt: so nahe am Leben wie möglich) durch das Prinzip „fressen und gefressen werden" als Stoffwechselvorgänge mit größtmöglichen Molekülen weitergegeben. Dies ist nicht nur der Prozess, der ständig neues Leben entstehen lässt – sondern dies ist gleichzeitig der Prozess, der die gesamte Revitalisierung in der Biosphäre leistet.

5. Auf dem Prüfstand: Wie ökonomisch ist die Landwirtschaft?

Eine ehrliche Effizienzanalyse

Oft hört man das Argument: „Umweltschutz und giftfreie Landwirtschaft, das ist ja alles schön und gut – aber es ist viel zu teuer." Lassen Sie uns in diesem Kapitel einen Blick auf die ökonomische Effizienz der verschiedenen Methoden werfen. Sie werden staunen, was dabei herauskommt. Meine Überlegungen gehen nicht nur dahin, dass wir mit der Energie der Maschinen und der Chemie das Leben aus dem Boden vertrieben haben. Sondern ich frage mich auch, wie ökonomisch unsere Systeme wirklich sind, wenn man alle energieverbrauchenden Faktoren berücksichtigt, die erst einmal aufgewendet werden müssen, bevor geerntet werden kann.

Energieaufwand für den Nahrungsmittelanbau: von der Steinzeit bis heute

Die hier genannten Autoren und Zahlen sind die hauptsächlichen Quellen meines Wissens. Bei Bedarf führen sie auch wesentlich weiter. Es gibt aber zahllose weitere Quellen zum gleichen Thema. Allem übergeordnet und alles andere bestimmend ist jedoch der Wunsch, technologische und biologische Ernährung belegbar zu unterscheiden und die Einstellung zum „Turning Point" zu untersuchen: Weiter vorwärts, in immer rasanterer Fahrt auf den Abgrund zu – oder zu einem Halt und zur Besinnung auf eine Zusammenarbeit mit der Natur. Wohin diese beiden von uns für möglich gehaltenen Wege bis jetzt jeweils geführt haben, dazu vermag die folgende Darstellung hoffentlich einen Beitrag zu leisten. Gleichzeitig meine ich damit zeigen zu können, wie wichtig die Beschäftigung mit unserem bereits vorhandenen Wissen sowohl über die nichtlebenden Stoffe als auch über die lebenden Substanzen sein kann; und wie notwendig es ist, daran weiter zu forschen.

In der Vergangenheit finden wir das intuitive Wissen unserer Vorfahren und seine Anwendung auf die Landwirtschaft. Das sind so gut wie alle alten Hochkulturen (s. S. 92, 125 u. 128), die alle ohne Ausnahme auf einer ausreichenden und sicheren Versorgung mit landwirtschaftlichen Nahrungsmitteln aufgebaut waren. Wir können hier nicht alle Kulturen untersuchen, es sind zu viele. Ich habe lediglich Beispiele

aufgezählt, von denen wir relativ sichere Angaben zur Verfügung haben. 500 Jahre alte Angaben hat beispielsweise *Vaclav Smil* für Ägypten, China, Mexiko, Europa und Nordamerika vergleichbar zusammengestellt. Die Zahlenwerte zeigen, dass sowohl Ägypten wie auch China und Mexiko eine hochspezialisierte Landwirtschaft betrieben, mit Ernteresultaten, die wir mit keiner unserer „Neuerrungenschaften" auch nur annähernd jemals erreicht haben. Man hat herausgefunden, dass diese Kulturen auf einem Hektar landwirtschaftlicher Fläche Nahrung für vier bis fünf Menschen pro Jahr angebaut haben. USA und Europa erwirtschafteten im ausgehenden zwanzigsten Jahrhundert auf der gleichen Fläche Nahrung für einen Menschen. In den USA hat sich daran wenig geändert, während Europa im ausgehenden zwanzigsten Jahrhundert nur noch ein bis zwei Menschen pro Hektar versorgte (*Smil* 1997, S. 117).
Man kann hier zwar auch anders rechnen, die Ergebnisse belegen aber immer wieder Folgendes:

Seit der Einführung der technischen und chemischen Einsatzmittel in der Landwirtschaft in der Mitte des zwanzigsten Jahrhunderts haben wir gerechnet und gerechnet und uns damit nicht nur selbst getäuscht, sondern auch uns und der ganzen Welt eine „Grüne Revolution" versprochen, die zwar insgesamt 50 Prozent Ertragssteigerung erbracht hat, aber zugleich 450 Prozent Fremdenergieerhöhung. Die „vergessenen" Großkulturen aber hatten 400 bis 500 Prozent höhere Ernteerträge pro gleicher Flächeneinheit! Außerdem waren sie um ein Vielfaches energieeffizienter, als wir es sind, wie wir noch sehen werden.

Das Verhältnis von Aufwand zu Ernte

Sehen wir uns einmal an, was wir rein rechnerisch im Bereich des Energieverbrauchs erreicht haben, seitdem wir von der Sammler- zur Ackerbaukultur übergegangen sind. Die Berechnungen sind modellhaft und, wenn nicht anders angegeben, von mir vorgenommen.

1. Prähistorische Zeit

Als Jäger und Sammler in den grauen Urzeiten wendete der Mensch **eine** Energieeinheit seiner eigenen Arbeitskraft (also seiner Lebenskraft) auf, um **zehn** Einheiten Nahrungsmittel zu fangen oder zu sammeln. **Das In-Out-Verhältnis betrug also 1:10.**
Ein ähnliches Verhältnis hat man übrigens bei Tieren festgestellt. Dabei wurde festgestellt, dass „ein Meisenpaar z. B. bei einer zweimaligen Brut mit einer Jungtierzahl

von 10 bis 13 Vögeln im Laufe des Sommers bis zu 75 Kilogramm [...] an Insekten, Eiern und Larven von Bäumen und Sträuchern [...] sammelt." (*Blotzheim, v.* 1993) Die Tiere sind noch heute damit zufrieden. Ob sie aber auch weiterhin genügend „Ungeziefer" finden, ist eine andere Frage.

2. Beginn der Sesshaftigkeit und des Ackerbaus

Als sich die Menschen vor rund 10.000 Jahren dem Ackerbau zuwandten, war dies tatsächlich eine grüne Revolution! Über Dreifelderwirtschaft, Wasserreisanbau, ausgedehnte Bewässerungswirtschaft bis hin zu den „Schwimmenden Gärten" der Azteken (s. S. 125) überschritt der Ertrag 50 Einheiten und näherte sich 100 bei immer noch gleichem Energieeinsatz von einem Menschen bzw. einer Arbeitskraft.

3. Zwanzigstes Jahrhundert, Gärtnerfamilie

Für eine Gärtnerfamilie im Europa des Zwanzigsten Jahrhunderts habe ich aus deren 10-jähriger Dokumentation sogar ein Verhältnis von eingesetzter zu „geernteter" Energie von 1:122 errechnet (jährlicher Durchschnitt Input 40.082 Kilokalorien, Output 4.877.820 Kilokalorien) (*Feist* 1954). Aber dazu später mehr (s. S. 96).

4. Zwanzigstes Jahrhundert, industrielle Nahrungsmittelerzeugung

Rechnen wir die weitere Entwicklung mit der gleichen Methode in Energieeinheiten um, so ergibt sich Folgendes:

- 1910 brauchte man in den USA **1 Einheit Arbeitsenergie, um 1 Einheit Nahrungsenergie** herzustellen.
- 1945 erreichte **man mit der gleichen Arbeitsenergie 1/2 Einheit Ernte,**
- 1970 nur noch **10 Prozent vom Einsatz,**
- und die heutige Hochseefischerei und die Rindermast erwirtschaften mit einer Energieeinheit gerade **noch 5 Prozent** einer Nahrungsenergieeinheit.

Wendet man diese Energieberechnungen weiter konsequent an, zeigt sich eine fatale Entwicklung: **Mit steigendem Fortschritt in der Industrialisierung der Landwirtschaft fällt das In-Out-Verhältnis von Energieeinsatz zu Energieausbeute geradezu katastrophal aus.**
Bei der Hochseefischerei setzt man, wie bereits oben erwähnt, eine Einheit ein und bekommt 0,05 Einheiten heraus; das gleiche Verhältnis gilt für die Produktion von Hamburgern. Für die Tomatenproduktion in Treibhäusern liegen Berechnungen vor, die zeigen, dass für eine produzierte Tomate der Energiewert von 120 Tomaten eingesetzt werden muss. Hier beträgt das In-Out-Verhältnis nur noch 1:0,008. Oder anders ausgedrückt:
Einsatz: 1 Energieeinheit
Ausbeute: 0,2 oder 0,05 oder 0,008 Energieeinheiten

Von einst 122 „geernteten" Energieeinheiten pro eingesetzter Einheit sind wir also einer Ausbeute von 0,008 angelangt. Wachstumstheoretiker nennen dies „negatives Wachstum". In einer Weltenergieberechnung bedeutet es jedoch eine geradezu wahnsinnige Energieverschwendung. Die Frage muss also lauten: **Sparen wir Energie, oder vernichten wir damit das Leben?** „Die Maschinen zogen aufs Feld, und die Bauern in die Fabriken", wie *Bill Mollison*, einer der Begründer der weltweiten Permakultur, uns erklärte (*Mollison* 1984).

Das Ganze nun von anderer Seite berechnet: Setzen wir die Massenproduktion von Fleischvieh rein rechnerisch mit 1 an, so ergibt sich, dass die Azteken bis zu 2000-mal energieeffizienter waren als wir heute (s. S. 125), und dass eine Gärtnerfamilie heutzutage mit rein menschlichem Energieeinsatz bis zu 2500-mal mehr erwirtschaftet als die industrielle Landwirtschaft mit all ihren Hochleistungsfahrzeugen. Sind diese Zahlen nicht mindestens so überraschend wie die Zahl „10 Tonnen lebende Biomasse pro Hektar Ackererde"?

Nun wird in jeder Beschreibung der Entwicklung der Landwirtschaft in den vergangenen fünfzig bis sechzig Jahren, also seit Beginn des massiven Einsatzes von chemischen und technischen „Hilfsmitteln", auch in denen der Ökologen, die starke Zunahme der Ernteerträge als Beweis für die Notwendigkeit der technologischen Praktiken interpretiert. Konsultiert man aber die Quellen und wissenschaftlichen Berechnungen, die diesen Aussagen zugrunde liegen, so findet man übereinstimmend, **dass die durchschnittliche Ertragssteigerung in diesen 50 Jahren bei 50 Prozent liegt, was einem Faktor von 1,5 entspricht. In denselben Untersuchungen findet man aber auch Belege dafür, dass der Einsatz von Fremdenergie um den Faktor 4,5 gestiegen ist.**

Energiebilanz:
Zehn Jahre einer sechsköpfigen Gärtnerfamilie

Die oben genannte sechsköpfige Gärtnerfamilie ernährt sich von einer Fläche von 2.000 Quadratmeter und führte darüber 10 Jahre lang genau Buch. *Oswald Hitschfeld* zitiert das in dem vergriffenen Buch „Garten, Heim und Gewinn" von *Ludwig Feist* (1954) sehr ausführlich. Natürlich ist es eine modellhafte Berechnung mit gerundeten bzw. idealisierten Zahlen und Durchschnittswerten. Aber worum es hierbei geht, sind die Größenordnungen im Vergleich zu unserer modernen Nahrungsbeschaffung mit konventionellen Methoden – und die sind beeindruckend.

Im Jahresdurchschnitt produziert diese Familie nahezu fünf Millionen Kilokalorien. Dafür arbeitet im Jahresdurchschnitt der Vater 32 Minuten, die Mutter 23 Minuten und das älteste Kind 16 Minuten jeden Tag im Garten. Das macht zusammen 71 Minuten pro Tag.
Nun sollen 2.400 Kilokalorien täglich ausreichen zur Gesunderhaltung und für das Wohlbefinden eines Menschen. Das ergibt für sechs erwachsene Menschen 5,2 Millionen Kilokalorien – für ein Jahr. Um einen Tag mit 24 Stunden zu verbringen, verbrauchen wir also im Durchschnitt 2.400 : 24 = 100 Kilokalorien pro Stunde. Um 71 Minuten im Garten zu arbeiten, brauchen wir demnach 118 Kilokalorien täglich. Diese Energie muss ein Mensch aufwenden, um den Großteil seiner Nahrung im Garten anzubauen, und das auf 333 Quadratmetern. (Unsere technologische Landwirtschaft „schafft" das Gleiche auf 2.000 bis 4.000 Quadratmetern.)
Ein Liter Benzin enthält eine Energie von rund 7.800 Kilokalorien. Einen Liter Benzin verfahren Sie leicht beim Brötchenholen an einem schönen Sonntagmorgen mit Kaltstart. Teilt man 7.800 Kilokalorien durch 118 Kilokalorien für die tägliche Gartenarbeit, erhält man die Energie für 66 Tage, die man soeben beim Brötchenholen verbraucht hat.
Und weil das jetzt zu viele Zahlen auf einmal waren, hier das ganze noch einmal in Tabellenform:

Eingesetzter Energieaufwand im Überblick:	
pro Person und Stunde:	100 Kilokalorien
pro Person und Tag:	2.400 Kilokalorien
71 Minuten Gartenarbeit pro Tag:	118 Kilokalorien
1 Liter Benzin:	7.800 Kilokalorien
1 Jahr Gartenarbeit als Selbstversorger:	43.000 Kilokalorien
6-mal Brötchenholen mit dem Auto:	46.800 Kilokalorien

Dies ist ein Beispiel aus dem täglichen Leben, das uns direkt deutlich machen kann, was ich oben beschrieben habe: **Der Mensch war einmal 2000- bis 3000-mal energieeffizienter als heute!** Und die Gärtnerfamilie zeigt uns, dass wir es auch heute noch sein können ...

Wie effizient ist die Landwirtschaft heute?

Als vor etwa 10.000 Jahren die Eiszeit in Europa ihrem Ende entgegenging, erfolgte die Bodenbildung – besser gesagt: die Humusbildung – durch die nun nacheinander auftretenden Pflanzengesellschaften (Tundra usw.) durch den Wald. Mit der im Mittelalter bis in die Neuzeit hinein erfolgten Waldrodung wurde der Prozess der Humusbildung aber großflächig unterbrochen. Die Folge war abnehmender Humusgehalt in den Ackerböden (besonders auf den Sandböden, denn Sandboden

ist ein Humusfresser). Eine weitere Folge waren abnehmende Ernteerträge; denn die Bearbeitung durch den Pflug und andere „wendende und wuhlende" Ackergeräte ließen den Humusgehalt weiter absinken.
Erst durch den Einsatz der industriell hergestellten Dünger – besonders Stickstoffdünger – und durch andere technische Maßnahmen wie die chemische Beikrautbekämpfung ließen sich die Erträge wieder hochzwingen. Diese Maßnahmen haben zwar in der Neuzeit unsere Ernährung gesichert. Doch der Nachteil wird erst in jüngster Zeit sichtbar: Die Erträge sind auf Kosten des Humus und, damit verbunden, mit dem Absterben des Bodenlebens erkauft worden. Infolgedessen verfallen unsere Böden immer mehr, und es müssen immer schwerere Geräte für eine ordnungsgemäße Bearbeitung eingesetzt werden. **Dünger- und Arbeitsaufwand stehen nicht mehr im rechten Verhältnis zum Ertrag.**

Sehen wir also einmal genau hin, wie hoch die Ertragssteigerungen unserer heutigen industriellen Landwirtschaft wirklich sind.

Innerhalb der letzten 50 Jahre hat in der Landwirtschaft in Deutschland eine Ertragssteigerung von 50 Prozent stattgefunden. Diese ging jedoch einher mit einer Vervierfachung des Energieeinsatzes, einer Verfünffachung des Stickstoffeinsatzes, einer Verzehnfachung des Pflanzenschutzmitteleinsatzes und einer Verzehnfachung des Importvolumens von Futtermitteln – und einer weitreichenden Vergiftung der gesamten Biosphäre! Oder anders ausgedrückt:
Von 1950 bis 2000 wurden 50 Prozent Ertragssteigerung und eine weitreichende Vergiftung der Biosphäre erreicht mit dem Einsatz von 400 Prozent mehr Energie, 500 Prozent mehr Stickstoff, 1000 Prozent mehr Bioziden und 1000 Prozent mehr Futtermitteln. (aus: Ökologie & Landbau Heft 116, 4/2000, S. 12)
Mit Kunstdünger, Bioziden und Genmanipulation erreichte man also durchschnittlich rund 50 Prozent mehr Ertrag als vor 50 Jahren ohne diese Mittel. Mit hunderten zugelassenen biologischen Giften, Düngerarten und Gentechnologie produzierte, „virtuelle" Nahrungsmittel müssen diesen Wettlauf früher oder später verlieren. Demgegenüber führen Schäden durch falschen Gebrauch von technischen Einsatzmitteln nicht selten zu bis zu 30 Prozent Ertragsverlust. Und jeder Landwirt hat auch schon bittere Erfahrungen damit gemacht, dass bei ungünstigem Wetter oder zu großer Druckbelastung der Ackerkrume diese Ertragssteigerung schnell auf die Hälfte, also auf 25 Prozent, sinken kann.

Tatsache ist, dass die Technifizierung der Landwirtschaft in fünfzig Jahren fast keine nennenswerte Erhöhung der Erträge pro Flächeneinheit gebracht hat. Daher muss überprüft werden, ob nicht der massive Fremdenergie- und Chemieeinsatz zusammen mit der vollständigen Missachtung aller biologischen Gegebenheiten in Wahrheit zur Reduzierung sowohl der toten organischen wie auch der lebenden Substanzen bis fast hin zum Exodus geführt hat.

Die Stagnation und der Rückgang der Entwicklung an Quantität und Qualität im Verhältnis zu früheren, handwerklich und biologisch auf Humus basierenden Ackerbaukulturen sind mit belastbaren Zahlen belegt. Diese Ergebnisse gehen aber bis heute im konventionellen Wissenschaftsbetrieb völlig unter.

Und wo bleibt hier der Nutzen?

Mit der folgenden Zeichnung will ich versuchen, den im vorigen Abschnitt beschriebenen „Energieverlust" oder Effizienzverlust über die Jahrtausende anschaulich darzustellen:

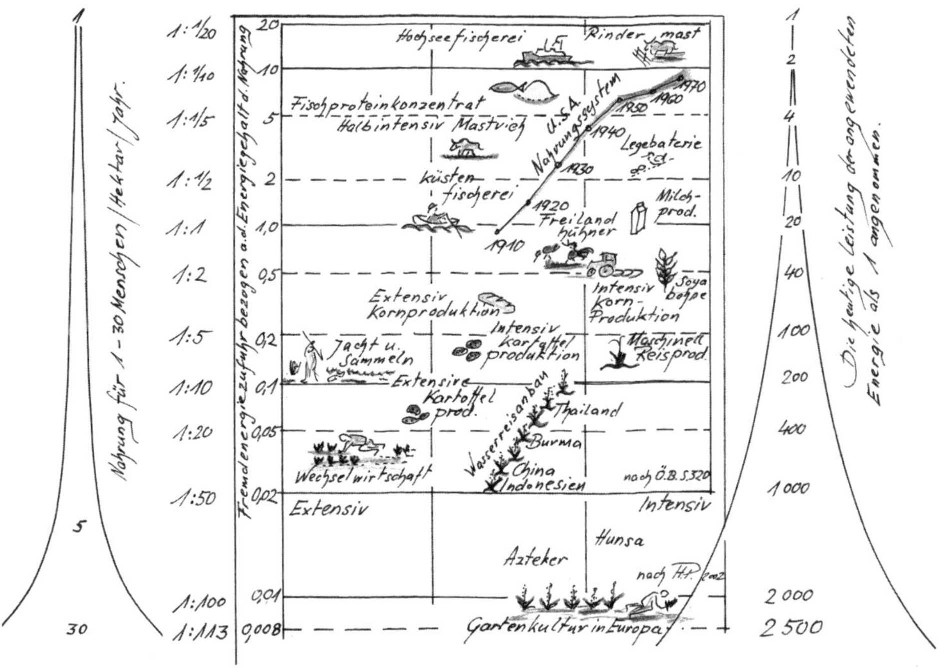

Illustration von H. Pommeresche, frei nach „Ökologisches Bauen" von Per Krusche (1982, S. 160). Die Verhältniszahlen 1:50 bis 1:113 hat der Autor im Jahr 2002 hinzugefügt.

Intensive Kartoffelproduktion und maschinelle Reisproduktion zeigt einen „Erfolg" in der Energierechnung von 1:5 – also: Eine eingesetzte Einheit (auf maschineller Basis, die deshalb als Fremdenergie betrachtet werden muss, d. h. ins System von außen eingebrachte Energie) erwirtschaftet immerhin noch 5 Nahrungsenergieeinheiten. Mit intensiver Getreide- und Sojaproduktion schrumpft das Verhältnis auf 1:2, also: Eine Energieeinheit ergibt 2 Ernteeinheiten. Die Milchprouktion in den USA im Jahre 1910 liegt dann nur noch bei 1:1 – gerade noch eine ausgeglichene Energiebilanz. Alle Werte darüber bedeuten: Die Nahrungsernte oder Energieausbeute ist geringer als die eingesetzte Energie.

Diese Darstellung illustriert zusammenfassend das oben Gesagte, nämlich,
- dass „unser" Gärtner 2.500-mal energieeffizienter produzieren kann als die Hochseefischerei oder die industrielle Rindermast der Hamburger-Ketten.
- dass man in Amerika heute einen Hektar Ackerland braucht, um an einen Menschen Nahrung zu verkaufen. In Europa schafft man es gerade noch für knapp zwei Menschen.

Fassen wir meine bisherigen Ausführungen zusammen, so sehen wir, dass die Menschen in früheren Jahrtausenden sehr effizient waren. Und ganz offensichtlich nimmt diese Effizienz laufend ab: Denn je mehr Maschinen und Chemikalien – je mehr Energie also, denn all dies muss ja unter dem Einsatz von Energie hergestellt bzw. gebaut und auf den Acker gebracht werden – wir in der Landwirtschaft einsetzen, desto weniger Nahrungsmittel pro Flächeneinheit produzieren wir. Der heute ungeheuer hohe Einsatz von Fremdenergie hat Maschinen und Chemie auf die Äcker gebracht und die Bauern in die Fabrikhallen geholt (wo sie heute allerdings mehr und mehr ebenfalls durch Maschinen ersetzt werden).

Dies ist nun das enorme negative Wachstum, das durch extrem erhöhten Einsatz von Maschinen und Chemikalien inklusive Genmanipulation zustande kommt und der Weltbevölkerung als Fortschritt präsentiert wird, der angeblich sogar das Welthunger-Problem lösen soll!

Ertrag gleich Qualität?

Was haben nun all diese Rechenbeispiele mit Biologie zu tun? Je mehr Energie (in Form von maschinellem Aufwand, Produktionsaufwand für Dünger, Biotechnologie usw.) wir in biologische Prozesse einbringen, desto weniger Ausbeute erhalten wir. Und zwar nicht nur quantitativ, sondern, wie wir später sehen werden, auch qualitativ. Oder anders gesagt: **Je mehr technische Energie, desto weniger biologischer Ertrag.**

Welcher aufmerksame, konventionell arbeitende Landwirt, welcher Agronom hat nicht schon gemerkt, dass desto mehr Probleme mit „Schädlingen" auftreten, je mehr Agrargifte angewendet werden? Nicht nur die alten, auch neue „Schädlinge" treten auf. Vor der massenhaften Anwendung von Giften in der Landwirtschaft, noch bis in die 1950er-Jahre, waren Milben kaum ein Problem, auch Bakteriosen und Virosen waren die Ausnahme. Woran aber liegt das?
Chaboussou (1987) hat gezeigt, dass Agrargifte, auch wenn sie als reine Kontaktgifte gelten, immer auch in die Pflanze eindringen und auf den Stoffwechsel einwirken. Es ist wie Sand in einem Getriebe. Selbst in niedriger Dosis kann es dabei zu empfindlichen Störungen im pflanzlichen Stoffwechsel kommen. So kann beispielsweise die Anwendung von Herbiziden zum Auftreten von „Schädlingen" führen, Fungizide können Insektenbefall auslösen oder andere Krankheiten. Auch eine unausgeglichene Mineraldüngung kann zu Hemmungen im Pflanzenstoffwechsel führen. In der modernen Landwirtschaft bekommen die jungen Pflänzchen am Anfang zu viel, dann zu wenig Dünger. In beiden Fällen wird der Stoffwechsel gestört.
Denn die nach diesen Methoden ausgebrachten „Pflanzennährstoffe" werden von der Pflanze mit ihrem „Trinkwasser" aufgenommen. Dies führt zur Destabilisierung der Pflanzen – und in der Folge wahrscheinlich auch aller anderen Lebewesen, sodass sie davon krank werden. Die bis heute beobachteten Pflanzenkrankheiten haben nach meiner Ansicht ihre Ursachen in dieser falsch verstandenen Pflanzenernährung nach klassischer landwirtschaftlicher Praxis, weil sie durch die Chemikalien geschädigt werden und somit ihre Lebenstüchtigkeit – und am Ende auch ihre Fortpflanzungsfähigkeit – einbüßen (nach *Chaboussou* aufgrund gestörter Proteinsynthese). Damit können sie ihren Anteil an „Arbeit" mit und in der Biosphäre nicht mehr ausreichend leisten.
Daraus ergibt sich aber auch die Schlussfolgerung, dass unsere Agrarpflanzen als Lebensmittel für uns ihren gesundheitlichen Wert – unbemerkt, da nach den gängigen wissenschaftlichen Methoden (noch) nicht nachweisbar bzw. bislang nicht nachgewiesen – eingebüßt haben. Meine These ist: **Wenn nun unsere Kultur- und Nahrungspflanzen trotzdem noch wachsen, obwohl die Ackerböden schwerwiegend vergiftet sind, dann nicht wegen, sondern trotz dieser falschen Methoden!** Denn die Humussphäre mit allen ihren Bewohnern überlebt so eben noch. Was im Grunde sehr erstaunlich ist!

Nun ist das, was der Mensch mit seiner eigenen Lebensenergie erreichen kann, die eine Seite der Landwirtschaft. Die andere Seite ist das, was die Natur uns bietet. Sie kann uns zur Seite stehen und uns helfen – wenn wir diese Hilfe annehmen wollen. Bis jetzt aber haben wir die Ressourcen der Natur nur ersatzlos verbraucht (und teilweise bereits aufgebraucht). Was tun wir, wenn die Ressourcen, die die Natur noch für uns bereithält, endgültig zur Neige gehen?
Selbstverständlich kann und will nicht jeder Bürger seinen Selbstversorgergarten anlegen. Aber wenn es die tun, die es können und wollen, ist auch das ein Beitrag zur Lösung der anstehenden ökologischen und agrarbiologischen Probleme – und es

macht auch noch Spaß und fördert den sozialen Zusammenhalt in unserer Gesellschaft, den wir so dringend wieder pflegen müssen. Zahlreiche Projekte von „Urban Gardening" über gemeinschaftlich gepflegte Nachbarschaftsgärten bis hin sogar zu kleinen Ackergemeinschaften, die in den letzten Jahren entstanden sind und sich großen Zulaufs erfreuen, bestätigen mich darin, dass meine Vision keine Tagträumerei (mehr) ist. Im Anhang finden Sie eine Auswahl solcher Projekte.

Vorbild Biosphäre: ein perfektes Wirtschaftsmodell

Eine gute Frage an Kinder oder von Kindern ist: „Warum ist der Wald nicht voll mit Laub bis zu den Baumwipfeln, mit so viel Laub, wie jedes Jahr neu fällt?" In Jahrmilliarden haben Mikroorganismen nach dem ökonomischen Konzept der Natur, wie es *Frederic Vester* unten beschreibt, die Biosphäre gesund aufrechterhalten – mit Nullwachstum in einem Fließgleichgewicht, ohne Zentralisierung und ohne Monokulturen, sondern mit Vielfalt in einem dezentralisierten Verband. Die Produktpalette enthält in dem gesamten Zeitraum eine ständige Weiterentwicklung von hunderttausenden verschiedenen Pflanzen, Tieren und Mikroorganismen. Die Abfälle dieser enormen Produktion sind reine Atemluft und Wasserdampf, milde warme Strahlung, Vogelgesang, Blätterrauschen und reines Quellwasser.

Jeder kennt heute den Begriff „Recycling", das haben wir der Natur abgeguckt. Jedoch beschäftigen wir uns vor allem damit, lediglich unsere eigenen Probleme zu recyceln. Denn so effizient, wie wir glauben, sind unsere heutigen Agrarmethoden mit Massenproduktion und Hochleistungsmaschinen gar nicht, wie wir im letzten Kapitel gesehen haben. Wie aber kann unsere Nahrungsmittelproduktion wieder wirtschaftlicher werden? Auch hier können wir nur von der Natur lernen, denn sie „arbeitet" wesentlich ökonomischer als wir; nicht zuletzt mit Hilfe der Mikroorganismen in der Bio-, Hydro- und Humussphäre. Um auch nur andeutungsweise eine Ahnung zu vermitteln, womit wir es bei der „Kraft der kleinsten Lebewesen" eigentlich zu tun haben, werfen wir doch einmal einen kurzen Blick in *Frederic Vesters* „Wasser = Leben" (*Vester* 1987):

Das ökonomische Konzept der Biosphäre

Stoffumsatz: Jährlich 200 Milliarden Tonnen organisches Material, 100 Milliarden Tonnen Sauerstoff, mehrere Milliarden Tonnen Schwer- und Leichtmetalle.
Verbrauch an Rohstoffen: Keine. Durch ständige Wiederverwendung ist die Masse konstant, 2000 Milliarden Tonnen Biomasse.
Energieverbrauch: Jährlich 8500 Megawattstunden als dezentral gewonnene Sonnenenergie. Das entspricht mehr als einer Million großer Atomkraftwerke.
Produktauswahl: Ständige Weiterentwicklung von hunderttausenden verschiedenen Pflanzen, Tieren und Mikroben.
Verunreinigung; Abfall: keiner; **Abgase:** Atemluft und Wasserdampf; Strahlung: milde Wärme; **Lärm:** Naturgeräusche; **Abwasser:** klares Trinkwasser.
Nullwachstum aufgrund von Fließgleichgewicht. Keine Zentraldirigierung und keine Monostrukturen, dahingegen Vielfalt in dezentralem Verband. Keine Arbeitslosigkeit.

Das ist *Frederik Vesters* Superfabrik „Biosphäre", die – vom Menschen abgesehen – weder Rohstoff- noch Abfallprobleme hat. Sollten wir uns das nicht zum Vorbild nehmen?
Es ist bereits praktisch bewiesen, dass ein Mensch auf nur 330 Quadratmeter Gartenfläche sämtliche Nahrungsmittel anbauen kann, die er für ein Jahr braucht (*Hitschfeld* 1995; s. auch S. 96 u. 133). Er schafft das mit dem Energieeinsatz in Form eines kleinen Teiles seiner menschlichen Lebensenergie. Zur Erinnerung: Die Menge, die er dazu anwenden muss, entspricht der Energiemenge, die in einem Liter Benzin enthalten ist.
Diese Fakten hat uns die Wissenschaft geliefert, alles ist belegt und nachgewiesen. Trotzdem haben wir uns eine Gesellschaftsordnung geschaffen, in der diese Fakten ignoriert werden – und diese Gesellschaftsordnung nenne ich selbstmörderisch, denn sie missachtet nicht nur die Prinzipien der Lebenskreisläufe, sondern zerstört sie auch. Wie lange kann das noch gutgehen?

Aber kann man den Boden tatsächlich ohne Anwendung von NPK-Dünger und sogenannten Pflanzenschutzmitteln bestellen?, höre ich Sie fragen.
Man kann: Indem man das Edaphon pflegt und vermehrt, damit die Pflanzen gesundes, lebendes Zytoplasma „zu fressen" haben und damit ihren Pflanzenkörper selbst gesund aufbauen können, ohne unter dem ständigen, regelrecht narkotisierenden Druck der in ihrem Trinkwasser gelösten, künstlich zugefügten Salzionen stehen zu müssen. Und indem man versucht, von der Natur zu lernen! Die Beispiele im Abschnitt „Praxis" (ab S. 139) möchten Sie dazu anregen, es im Kleinen einmal selbst zu versuchen.

6. Die Landwirtschaft der Zukunft

Der Beginn der „Anderen Agrikultur"

Die Pflanzenernährung und damit die gesamte Ackerbaukultur muss anders gehandhabt werden.

Lassen Sie mich unsere Erkenntnisse zusammenfassen: Ohne die „Betreiber im Ackerboden", ohne lebende Substanzen würde mit den Düngersalzen nichts passieren, sondern der Boden würde verfallen. Das heißt: Wenn wir unsere Ackererde ausschließlich mit nichtlebenden Stoffen versorgen, werden wir sie – soweit sie überhaupt noch in gesunder Form vorhanden ist – ohne es zu ahnen oder zu wollen, auf die Dauer vernichten. Der vollständige Kreislauf der lebenden Substanzen erstreckt sich durch die Humussphäre, in der das Edaphon – das „Plankton des Erdbodens" – mit seiner Krümelstruktur die Erde aufbaut und damit alle Funktionen der Humussphäre erhält und gleichzeitig die Nahrung für den Acker, die Wiese und den Wald des Bauern ist. Die Humussphäre bestimmt damit also den Ertrag nicht nur mengenmäßig, sondern auch qualitativ – in Form von entweder lebendem, gesundem oder eben zerstörtem, minderwertigen Erntegut. Das Allerwichtigste ist, was Hans Peter Rusch als Mikrobiologe und als Arzt ausdrücklich gefordert hat und was bis heute in der Landwirtschaft nicht beherzigt wird: **Beendet eure betriebseigene Giftproduktion!** Das versteht man aber nur, wenn man sich mit den mikrobiologischen Lebensvorgängen befasst.

Die wichtigsten Veröffentlichungen

Das Modell vom Kreislauf der lebenden Substanzen muss mit allen Mitteln ausgebaut und bekannt gemacht werden. Die wichtigsten Arbeiten dazu findet man

- bei *Hugo Schanderl* (1947, 1964, 1970) unter „Remutation" von Zellbestandteilen zu lebenden, vermehrbaren Mikroorganismen (er legte hunderte von Experimenten zu seiner These vor),
- bei *Hans Peter Rusch* (1955, 1960, 1968–991, 1969) unter „Erhaltung und Kreislauf lebendiger Substanz",
- bei *Bargyla Rateaver* (1993) unter „Endozytose bei Pflanzen",
- *Lynn Margulis* und der Gaia-Theorie (1999) unter „Endosymbiontentheorie, die andere Evolution",
- bei *Volker Rusch* (1999) unter „Mikrobiologische Therapie"
- sowie bei *Günther Enderlein* (*Krämer* 2006).

Und auch in jüngster Zeit beschäftigen sich immer mehr Wissenschaftler mit diesem Thema (jüngst z. B. *Kroymann* 2010).

Nach allem, was die hier genannten Forscher, denen man bis heute kaum Gehör geschenkt hat, wissen, benötigen fast alle Lebewesen auf diesem Planeten – also Pflanzen, Tiere, Pilze und einzellige Organismen – organische Moleküle, also Substanzen, die bereits von anderen Organismen zusammengesetzt bzw. aufgebaut wurden (*Margulis* 1993). Wir dürfen also annehmen, dass der Kreislauf der Substanzen, die aus lebenden Organismen stammen – z. B. Proteine, aber auch ganze, lebende Mikroorganismen –, essenziell für die Erhaltung des Lebens ist.
Alle historischen Agrarkulturen (s. S. 125 f. u. 128 ff.) waren abhängig von künstlicher Wasserversorgung für ihre ausgedehnten Ackerkulturen. Man kann sie mit Blick auf den Plankton- und Edaphongehalt des Wassers und der Erdsubstrate untersuchen (bzw. rekonstruieren) und die zur Verfügung stehenden Mengen an lebendem Zytoplasma, an Edaphon in der Ackererde zu den erreichten Erntemengen zueinander in Beziehung setzen. Gleichzeitig kann man heutige Ernterekorde sammeln und auf zur Verfügung stehendes lebendes Edaphon untersuchen. **Man wird in allen Fällen erhöhte Mengen an in lebendes Substrat eingebettetes Protein finden,** was direkt verfügbare Pflanzennahrung (durch Endozytose) bedeutet, und desgleichen ein stark erhöhtes Porenvolumen, höhere Wasserkapazität und Erosionssicherheit, und nicht zuletzt höhere Ernteergebnisse pro Flächeneinheit.
Dazu kommen biologische Qualitäten der geernteten Nahrungsmittel, die sich nicht mit rein chemisch-analytischen Methoden definieren lassen – wie Geschmack, Krankheitsresistenz, Lagerfähigkeit und vor allem ein höherer Gesundheitswert. Die mikrobiologische Landwirtschaft kann solche Lebensmittel produzieren, wie sie von der mikrobiologischen Therapie längst eingesetzt werden, nämlich in Form von Probiotika.

Eine auf dem mikrobiologischen Modell begründete Vorstellung der lebenden Zusammenhänge der Pflanzenernährung würde den Stand der Biologischen Landwirtschaft in unserer Gesellschaft wesentlich verbessern und nicht zuletzt in der Folge unsere gesamte Ernährungslehre reformieren. Ich zitiere nochmals (wie im Eingangskapitel) *Hans Peter Rusch* (*Rusch* 1974) unter dem Titel „Mineralisation" der lebenden Substanz: „Die Auffassungen vom Stoffwechsel haben sich im Laufe der Jahrzehnte bis heute grundlegend gewandelt. Wer heute noch von einer totalen Aufspaltung aller Nahrungssubstanzen bis zum Mineralsalz redet, hat entweder die ganze, ereignisreiche Zwischenzeit verschlafen, oder er verfolgt gewisse, merkantile Zwecke, die mit echter Wissenschaft nichts mehr zu tun haben."
Wie kommt es, dass diese Erkenntnisse heute, im Jahr 2016, noch immer kaum Eingang in die Landwirtschaft gefunden haben – und das, obwohl die Forschungen von Rusch und Schanderl aus den 1920er- bis 1940er-Jahren mittlerweile mehrfach bestätigt wurden (z. B. bei *Kroymann* 2010, *Paungfoo-Longhienne* et al. 2010 und 2013, *Samaj* et al. 2006).

So schwierig dieses Thema wissenschaftlich zu handhaben ist – vor allem, weil es gegen ein sehr solide manifestiertes und niemals hinterfragtes Lehrgebäude anzutreten gilt –, so einfach ist seine praktische Erprobung. Dazu ist es lediglich notwendig, das Edaphon ausreichend und regelmäßig zu „füttern" und dabei weitestgehend auf chemische und mechanische Eingriffe in die Humussphäre zu verzichten. Praktische Kleinversuche und Quellen zu historischen und heutigen Projekten in größerem Maßstab werden im letzten Abschnitt dieses Buches (ab S. 124) beschrieben.

Auch die pflanzenphysiologische Forschung muss aufgrund der Kenntnis von der Endozytose durch Pflanzenwurzeln (*Rateaver* 1993) ein neues Verständnis von der Pflanzenernährung zu ihrer Basis machen. Daraus ergeben sich zwangsläufig völlig andere praktische Methoden beim Umgang mit dem gesamten Lebenssystem, das aus Pflanze, Erde, „Dünger", Nahrung, Tier und Mensch besteht. Ein geschlossener Kreislauf der lebenden Substanzen und der lebenden Mikroorganismen in der Humussphäre lässt sich somit beschreiben. Dies war immer schon das Bestreben der, wie ich es nenne, wirklich lebenslogisch arbeitenden Biologen. Sie fanden nur leider bis heute kein Gehör.
Früher konnten die Landwirte fünf bis fünfzehn Menschen pro Hektar und Jahr versorgen (*Feist* 1948). Heute kann in den USA – trotz Spitzentechnologie und Genmanipulation! – ein Hektar Anbaufläche nur noch eine Person ernähren (*Smil* 1997). Noch heute liegen Dokumentationen aus dem Gartenbau vor, die genannten Ernteergebnisse aus dem Altertum bezeugen (*Hitschfeld* 1984, 1995 und *Lange* in *Lau* 1990 und 2017). Aus dem Blickwinkel der traditionellen landwirtschaftlichen Lehrmeinung scheint das außerhalb denkbarer Möglichkeiten zu liegen. Wer aber einmal das Prinzip der Endozytose der Pflanzenwurzel verstanden hat, kann diese Zahlen ohne Weiteres nachvollziehen.

So wie das Plankton als die Grundlage allen weiteren Lebens im Wasser, in der Hydrosphäre, als Lehrmeinung akzeptiert ist, so stellt das Edaphon, das Plankton der Erde, in der Humussphäre die Grundlage allen weiteren Lebens auf der Erde dar. Gar ein Zusammenwirken beider unter optimalen Lebensbedingungen spricht doch eindeutig für eine optimale Pflanzenernährung durch Endozytose und entsprechende Ernten.

Worauf warten wir noch?

Befunde wie die Zusammensetzung eines ungestörten (und als ideal definierten) Urwaldbodens, oder die Berechnung der Kontaktoberfläche zwischen Wurzelgewebe und Erde von 635 Quadratmetern, ermittelt bei einer einzigen Roggenpflanze (*Jurzitza* 1987, s. S. 60), sollten doch Hinweis genug darauf sein, welche Ertragsmöglichkeiten sich bieten, wenn das Prinzip vom Kreislauf der lebenden Substanzen Eingang in die Lehr- und Denkmodelle von Landwirtschaft und Nahrungspflanzenanbau findet.

Hierin sehe ich das Potenzial, endlich eine fachlich begründete, wirklich auf biologischen Prinzipien basierende Landwirtschaft zu etablieren. Auch meine ich, dass alle anderen Forschungs- und Fachrichtungen (zu denen ich mich bewusst nicht weiter äußere) durchaus als Bereicherung zum mikrobiellen Verständnismodell weiterverfolgt und mit einbezogen werden sollten. Wir müssen auch unsere chemisch-analytischen Modelle jetzt nicht vollständig verwerfen. Aber diese müssen neu und sehr kritisch betrachtet und hinterfragt werden unter dem Aspekt, dass nur Leben neues Leben erzeugt und dass die Schädigung oder gar Vernichtung von lebenden „Teilnehmern" des lebendigen Stoffkreislaufs in der Humussphäre schädlich ist und sich gegen biologische Gesetzmäßigkeiten wendet!

Die „mikrobiologische Therapie" von Garten und Acker

Die chemisch-technische Landwirtschaft hat zur Vergiftung der gesamten Biosphäre geführt, unsere Nahrungsmittel und uns selbst eingeschlossen: Wir finden DDT in der Muttermilch, diverse Schadstoffe lassen sich Eis der Polkappen nachweisen – weitab von jedem Ackerbau und jeder Siedlung –, und inzwischen lassen sich in den ersten tiefliegenden Süßwasservorräten Pestizide oder deren Abbauprodukte nachweisen, die über das Grundwasser nach Jahrzehnten nun einsickern – um nur wenige Beispiele zu nennen. **Eine mikrobiologisch begründete Landwirtschaft dagegen wäre nicht nur in der Lage, unsere Böden und unser Grundwasser zu regenerieren. Sie würde uns auch enorme Ertragssteigerungen bescheren und hat damit sogar das Potenzial, das Welthungerproblem zu lösen.** Wenn das Modell des Kreislaufs der lebenden Substanzen angewendet wird, ist eine durchgreifende „mikrobiologische Therapie" unserer Ackerböden möglich – und damit auch unserer Ernährung. Diesen Aspekt hat auch die Ökologische Landwirtschaft bislang noch nicht berücksichtigt, weil selbst hier das Thema „Endozytose bei Pflanzen", das Pflanzen als heterotrophe Lebewesen erkennen und verstehen lässt, noch nicht grundlegend diskutiert wird.

Zur „Therapie des Bodens" nur ein einziges Beispiel von vielen: Viruskranke Kartoffeln heilen auf gesunden, lebendigen Böden aus; nach spätestens drei Jahren ist die Viruskrankheit nicht mehr nachweisbar (*Chaboussou* 1985, S. 77 ff).

Mag es dem Gärtner und dem Landwirt auch im ersten Augenblick gleichgültig erscheinen, ob sich seine Pflanzen von Salzionen oder von Amöben und Algen ernäh-

ren, so sind die Auswirkungen und die Möglichkeiten, die sich aus diesen Erkenntnissen ergeben, für die Praxis der Landwirtschaft und des Pflanzenbaus sowie für die Erde, in der unsere Nahrungsmittel erzeugt werden, von revolutionärer Bedeutung.
Wenn man die Heterotrophie der Pflanzen voraussetzt, muss man zum Schluss kommen, dass die Versorgung des Bodens mit künstlichem Mineraldünger im Grunde eine sehr spezielle, aber synthetische „Zwangsernährung" ist. Sie hat katastrophale Folgen nicht nur für die Humussphäre, sondern auch für die gesamte Biosphäre und damit für das Leben an sich. Sie sollte daher zugunsten einer wirklich biologisch verstandenen Landwirtschaft reduziert und letztlich aufgegeben werden.

Auf den Punkt gebracht: Was müssen wir anstreben?

Das Modell vom Kreislauf der lebenden Substanzen liefert uns das biologische Verständnis für einen schonenden Umgang mit der Biosphäre, und es ist das Fundament für die Entwicklung der zukünftigen Landwirtschaft sowie für eine gesundheitsfördernde Ernährung und Lebensweise. Mit Hilfe der in diesem Buch gesammelten und dargestellten mikrobiologischen Kenntnisse müssen wir anstreben, ein Humusmedium zu schaffen, das sich (als Endziel) größenordnungsmäßig wie folgt zusammensetzt (in Gewichtsanteilen):
20 Prozent Edaphon (statt 0,1 Prozent)
65 Prozent organische Substanz (statt 6 Prozent)
15 Prozent Mineralsubstanz (statt 94 Prozent)
50 Prozent Luftporenvolumen (statt 10 Prozent)

In der landwirtschaftlichen Praxis müssen dafür zwei Mindestforderungen realisiert werden:

1. Es dürfen keine Maßnahmen angewendet werden, die den Kreislauf lebender und nichtlebender Substanzen hemmen, unterbrechen, stören oder schädigen. Deshalb müssen die organischen Dünger möglichst ohne Lagerung und ohne Einarbeiten oder gar Tiefpflügen aufgebracht werden, weil damit die Schichten der Humusbildung weitgehend geschont werden. Natürliche Mineralien samt Spurenelementen dürfen nur unter Direktive des Bodenlebens zugeführt werden, und auf jede Treibdüngung wie synthetische Stickstoffe, Superphosphate etc. muss verzichtet werden.
2. Keine Pflanze darf als Nahrung oder Futter Verwendung finden, die nicht ohne künstlichen Giftschutz am Ort oder nach Züchtung lebensfähig wäre.

Vielleicht schaffen unsere Landwirte diese notwendige Umstellung gar nicht mehr. Dann müssen wir uns an die Gärtner wenden ... oder einen ganz neuen Berufsstand etablieren.

Modelle wie „Jedermann Selbstversorger" (*Migge* 1918) und „Der Gärtnerhof" (*Schwarz* 1974, s. auch S. 132) sowie „Ökologisches Bauen" (*Krusche* 1982) haben zusätzlich zur Neuen Biologie und Physiologie der Pflanzen bereits Ideen entwickelt für die Andere Landwirtschaft, für die wirklich Biologische Landwirtschaft, für die Symbiotische Landwirtschaft der Zukunft. Mehr dazu finden Sie im letzten Abschnitt dieses Buches ab S. 139.

Perspektivenwechsel für „Bio"

Warum wendet die Ökologische Landwirtschaft (Forschung, Lehre und Praxis) das mikrobiologische Verständnismodell vom Kreislauf der lebenden Substanzen nicht an? Meiner Überzeugung nach ist „Bio" noch nicht wirklich „Bio", solange der Ackerboden nicht auf der Basis dieses Modells bewirtschaftet wird.

Echt Bio – was heißt das eigentlich?

Heute hat der Ver-Braucher keine Möglichkeit mehr, seine Nahrungsmittel wirklich auszuwählen, der Landwirt hat keine brauchbaren Handlungsanweisungen mehr für die Produktion, und der Forschung fehlt das Verständnismodell vom Kreislauf der den lebenden Substanzen, um wirklich „ökologische", biologische Lebensmittel herzustellen. Ich stelle daher folgende These auf:

Kritisch hinterfragt

Landwirte und Wissenschaftler, aber auch die Nichtfachleute unter uns Mitbürgern, haben eine falsche Vorstellung davon, was ökologische Produkte, biologisch angebaute bzw. hergestellte Lebensmittel wirklich sind. Es genügt nicht, das Augenmerk auf die Inhaltsstoffe wie Mineralien oder Vitamine, Enzyme oder Antioxidantien zu richten. Diese Stoffe ernähren unseren Organismus, aber genügt das? Das Ganze ist mehr als die Summe seiner Teile!

Bio heißt: Leben. Was dies wirklich bedeutet, haben wir heute vergessen. Denn der grundlegende Fehler, der in der Geschichte der (Ökologischen) Landwirtschaft gemacht wurde, ist: **Die Unterscheidung von toter und lebender Substanz wurde außer Acht gelassen.** Ohne die Kenntnis und ohne die Berücksichtigung dieses Grundsatzes vom Kreislauf der lebenden Substanzen ist aber eine echte ökologische oder biologische Ernährung nicht möglich. **„Echt Bio", das ist gesunde, lebendige Nahrung, die durch ihre Lebendigkeit – und nicht nur die Summe ihrer Inhaltsstoffe – Lebenskraft weitergibt.**

Biologische Landwirtschaft ist Humuslandwirtschaft

Wer also verstehen will, was Biologische Landwirtschaft wirklich ist, kommt nicht daran vorbei, sich mit den Arbeiten von *Hans Peter Rusch* zu befassen. Und wenn der Biologische Landbau die Rettung vor dem weltweit drohenden Hunger sein will – was er nach meiner Meinung auch sein kann, ja sogar sein muss –, dann muss der Umgang mit dem Humus neu uberdacht werden: Denn Biologische Landwirtschaft ist Humuslandwirtschaft!

In einer Buchbesprechung fand ich den Satz: „*Lynn Margulis* (Gaia) hat der Biologie das Leben zurückgegeben." Besser kann man meine Beobachtung nicht zum Ausdruck bringen, dass die Biologie heute so umfassend biochemisiert und biomechanisiert ist, dass sie ihrem Anspruch, das Leben zu beschreiben, im Grunde gar nicht mehr gerecht wird. Die Geschichte der Anderen Agrikultur hingegen ist die Geschichte vom Kreislauf der lebenden Substanzen. Meine Hoffnung ist, damit auch die Ökologische Landwirtschaft wieder auf ihr eigentliches biologisches Fundament zurückzuführen. Der substanzielle Kontakt, die materielle Verbindung zwischen Erde, Pflanze, Tier und Mensch ist uns ungefähr gegenwärtig, zumindest aus der Sicht des chemischen Modells der Grundelemente. Mensch und Tier sind von der Pflanze direkt oder indirekt abhängig, die Pflanze selbst wiederum vom Boden, in den Ausscheidungen und Reste aller Lebewesen zurückkehren und damit den Kreislauf der Substanzen und der Energie in der Natur schließen.

Lebende Substanzen sind aber nicht als bloße Summe aus einer Anzahl nichtlebender Stoffe, Moleküle und Ionen zu verstehen – auch wenn es immer wieder so zu hören und zu lesen ist. Lebende Substanzen bauen sich auf, organisieren sich, vermehren sich, verwesen zu neuen Organisationen von Organismen, in einem Kreislauf durch die Humussphäre hindurch. Mit der Idee vom Kreislauf der lebenden Substanz ist viele Male und auf unterschiedliche Weise versucht worden, ein solches Verständnismodell zu errichten. „Der Kreislauf der Bakterien als Lebensprinzip" von *H. P. Rusch* (1950) ist ein Beispiel. „Die traditionelle Zell- und Gewebslehre ging von der Hypothese aus, dass zwischen der Nahrung aller Organismen und ihrem Endverbraucher, der Gewebszelle, mehrere chemisch-physikalisch wirksame Schranken liegen, die nur von leicht löslichen, auf jeden Fall nur von mikromolekularen Stoffen durchschritten werden können. Diese Hypothese ist niemals direkt bewiesen worden."
Nein, sie wurde lediglich nach und nach als Tatsache angesehen. Lesen wir weiter bei *Rusch*: „Tatsächlich hat sich seit Jahrzehnten die gesamte Ernährungslehre für Pflanzen, Tiere und Menschen nach diesen Auffassungen ausgerichtet. Auch die vorangetriebene Aminosäuren-, Vitamin- und Enzymforschung hat daran nichts Grundsätzliches ändern können." (*Rusch* 1960)

Nach den Vorstellungen der führenden Wissenschaft ist die Ernährung letztlich zu einem rein additiven chemischen Problem reduziert worden: Sie ist dann gewährleistet, wenn der Organismus ein bestimmtes Gemisch aus Aminosäuren, Monosacchariden, verschiedenen Fetten, Vitaminen, Enzymen und Spurelementen bekommt.
Auch heute noch, im Jahr 2016, ist die Agrarchemie aus verständlichen ökonomischen Gründen nicht weiter als bis zum Nährstoffmodell „NPK" und einigen Spurenelementen gekommen und scheint sich davon auch nicht wegbewegen zu wollen. Die Herkunft dieser sogenannten „Nähr"stoffe ist dabei prinzipiell gleichgültig. Falsch ernährt wird der Organismus nach dieser Theorie nur, wenn essenzielle Nährstoffe fehlen, die aber lediglich durch Analyse identifizierbare, nichtlebende chemische Verbindungen darstellen.

Die Stoffe der dritten Stufe

Was an diesem, uns gewohnten Modell jedoch fehlt, hat *Hans Peter Rusch* (1969) auf den Punkt gebracht:

„Man kann die ganze Entwicklung, die die Stoffwechsellehren bis jetzt genommen haben, vereinfacht etwa so zusammenfassen:
1. Stufe: Nähr- und Betriebsstoffe (Mineralstoffe, Eiweißstoffe, Kohlenhydrate (zuckerartige Stoffe), Fette, Spurenstoffe in größeren Anteilen.
2. Stufe: Wirkstoffe (Vitamine, Fermente/Enzyme, Hormone und die selteneren Spurenelemente).
Zu diesen Nähr-, Betriebs- und Wirkstoffen hat nun aber inzwischen die Wissenschaft eine dritte große Stoffgruppe entdeckt, nämlich die
3. Stufe: Lebendige Stoffe oder Bausteine lebenden Gewebes. Alle Organismen aus lebenden Zellen und Geweben."

Diese Stoffe der dritten Stufe sind schon seit Langem bekannt, nur hat man sie aus dem Stoffkreislauf ausgeschlossen in der Annahme, ein jeder Organismus sei wohl angewiesen auf Nähr-, Betriebs- und Wirkstoffe der ersten und zweiten Stufe, mache daraus aber ausschließlich selbst seine eigene lebende Substanz. Diese Meinung bestimmt unsere gesamte Vorstellung von Stoffwechsel, und alle Ernährungsmodelle für Pflanzen, Tiere und Menschen sind danach konzipiert. Es sind aber diese lebenden Stoffe der dritten Stufe, die bestimmen, was mit den toten Stoffen geschieht. Sie sorgen für die Nutzung ihrer Wärmeenergie, für die Umsetzung in Muskeltätigkeit, für die Umsetzung der Sonnenenergie in den grünen Pflanzen usw. Sie sorgen also praktisch für den ganzen Betrieb, den wir Leben nennen. **Die lebendigen**

Substanzen sind die maßgeblichen Initiatoren, ohne die es kein Leben gibt, auch keinen Stoffwechsel. Sie sind die „Bewohner" der Stoffe, die wir von der Chemie her kennen. Sie sind die Betreiber und Verwalter, sie sind die eigentlich Regierenden unserer Biosphäre.
Das Wichtigste für diese Substanzen der dritten Stufe ist, dass sie lebend im Stoffwechselkreislauf weitergegeben werden müssen, um ihre Aufgabe der Lebenserhaltung und -steuerung erfüllen zu können. Daraus ergibt sich dann das grundlegende Verständnismodell vom Kreislauf der lebenden Substanzen.

Oder anders ausgedrückt: Alle lebenden Organismen benötigen Materie und Energie, so, wie wir es in der Schule lernen. Aber mit größter Wahrscheinlichkeit benötigen sie ein Drittes, das sich mit unseren Methoden weder sichtbar machen noch messen lässt: **Eine organisierende, steuernde Kraft, die Materie und Energie sinnvoll zusammenwirken lässt.** Wir müssen davon ausgehen, dass sich diese Kraft, diese „Steuerungsinstanz" in der lebenden Substanz befindet, und nach dem heutigen Wissensstand kann sie nur in lebendiger Form, von Lebewesen zu Lebewesen, eben durch Lebewesen als lebende Nahrung weitergegeben werden. Zu wenig davon führt zu Schwächung und Degeneration. Wenn sie ganz fehlt, führt das zum Tod. Nur Leben erwirkt Leben! Ein Ackerbau bzw. eine Lebensmittelproduktion, deren praktische Umsetzung auf diesen Erkenntnissen basieren und die entsprechend mit der Humussphäre umgehen, sind die eigentliche und ursprüngliche Biologische Landwirtschaft.

Natürliche Nahrung enthält zwangsläufig organische Großmoleküle aus den Zellen, Geweben und Flüssigkeiten der Nahrungsspender, vorwiegend Organellen und Mikrosomen aus dem Zytoplasma, Zerfallsprodukten der Blutkörperchen und dem Chlorophyll der grünen Pflanzen. Bei dieser makromolekularen oder lebendigen Substanz aber handelt es sich keineswegs um biologisch indifferente, uniforme Stoffe, sondern um Komplexe, die ihrer Herkunft entsprechend formiert und biologisch aktiv sind, also Leben als Funktion weitergeben! Sie sind, wenn sie aus einer biologisch intakten, gesunden Zelle stammen, zweckentsprechend ausgestattet für die Leistung, Nahrungsmittel zu sein, die sie intrazellulär zu vollbringen haben. Entsprechend können sie diese Aufgabe nicht erfüllen, wenn sie aus biologisch nicht intakten, kranken (z. B. mit Pflanzen- oder Tierschutzchemikalien im wahrsten Sinn des Wortes verzogenen) Zellen stammen.
„Somit ist die Herkunft der Nahrung unter keinen Umständen gleichgültig. Wenn die Nahrungssubstanzen aus intakten Zellen, Geweben und Organismen stammen, so wird sie dem Ideal gesunder Zellen entsprechen und im Stande sein, Zellen, Gewebe und Organismen physiologisch zu ernähren, ja sogar im Stande sein, die biologische Wertigkeit jener Zellen aufzubessern, deren Substanz nicht mehr dem Ideal entspricht, die krank sind. Stammt sie dagegen aus einem kranken oder schwachen Organismus, der nur Salzionen erhalten hat und sein Leben lang ‚geschützt' werden musste, so wird sie zwangsläufig das Niveau der biologischen Wertigkeit senken,

die Konstitution der Zelle, der Gewebe und damit des Organismus abwerten." (*Rusch* 1960, S. 51).

Bei der heute hergestellten Pflanzen- und Tiernahrung wird nicht danach gefragt, ob diese Organismen – als Kriterium für ihre hohe biologische Wertigkeit – überhaupt noch ihre natürlichen Aufgaben der Selbsterhaltung und Fortpflanzung ohne all die eingesetzten künstlichen Hilfsmittel erfüllen können.
Rusch schreibt weiter: „Die Hypothese, dass an den 'Engpässen' der Stoffwechsel stets nur in Wasser, schwachen Säuren oder Laugen lösliche Mikromoleküle auftreten, dass die Zellmembranen vollends unüberwindliche Schranken für organische Riesenmoleküle darstellen, hat die konsequente Weiterentwicklung zur wahrheitsentsprechenden Ernährungslehre verhindert. [...] Wenn aber die Makromoleküle der lebenden Zellsubstanz am Nahrungskreislauf teilnehmen, so setzt das vor allem voraus, dass alle lebenden Gebilde von Gewebszellen beim natürlichen Tode der Gewebe erhalten bleiben, als zellfreie organische Gebilde am Kreislauf der Substanzen teilnehmen und auf diese Weise zu den Stätten neuer Zellbildungen und zu neu aufzubauenden, wachsenden Geweben und Organismen gelangen. [...] Hiermit wird die wissenschaftliche Voraussetzung für die ganzheitliche Betrachtung aller Organismen im Lebenskreis des Menschen, also die eigentliche Grundlage der wissenschaftlichen Lenkung der menschlichen Lebensordnung geschaffen. [...] Wenn funktionell intaktes, biologisch aktives, organisch zellwirksames und nicht nur lebloses, mikromolekulares, herkunftsmäßig indifferentes Nährmaterial von Organismus zu Organismus übertragen wird, dann hängt die gesamte Lebensgemeinschaft der Organismen auf der Erde bezüglich ihres gesundheitlichen Schicksals auf die Dauer absolut voneinander ab. Dann muss der, der sich als Nahrung Substanz von biologisch minderwertigen Nahrungsspendern – ganz gleich ob von Pflanzen, Tieren oder Mikroben zuführt, selbst zwangsläufig biologisch minderwertig werden, weil der Einbau abwegiger Austauschsubstanz die einzelne Zelle mehr und mehr biologisch-funktionell abwertet." (*Rusch* 1960, S. 53 und 56)

Normalerweise gelangen die Nahrungssubstanzen mitsamt den lebendigen Bestandteilen niemals direkt von Organismus zu Organismus, sondern auf dem Umweg über zahlreiche Arten von Mikroorganismen als Zwischenstation, oder „Nahrungsvermittler", wenn wir so wollen (Mikroorganismen der Darmschleimhaut bei Mensch und Tier und der Wurzelschleimhaut bei den Pflanzen).

Forschungsansätze der Zukunft

Lassen Sie mich noch einmal den entscheidenden Unterschied zwischen dem „Mineralmodell" und dem Modell vom Kreislauf der lebenden Substanz auf den Punkt bringen:

Liebigs Mineraltheorie geht davon aus, dass eine vollständige „Mineralisierung" aller Stoffe vorausgehen muss, bevor Pflanzen sie als Nahrungsstoffe von Neuem aufnehmen können. Das bezeichnet man als autotroph: sich nur von anorganischen Stoffen ernährend.
Ruschs Theorie dagegen hält diesen Gedanken für unwahrscheinlich. Der Biologe konnte sich nicht vorstellen, „[...] dass die Geschöpfe mit Mühe komplizierteste Substanzen aufbauen, um sie am Ende ihres körperlichen Daseins wieder zu regungslosem Staub zusammenfallen zu lassen." (*Rusch* 1955, S. 106) Dieser Gedanke musste früher oder später dazu führen, Pflanzen auch als heterotroph, d. h. bei der Ernährung auf lebende Körpersubstanz oder Stoffwechselprodukte anderer Organismen angewiesen, zu behandeln.
Will man chemische und Biologische Landwirtschaft und deren Produkte eindeutig auseinanderhalten, so muss man diesem Unterschied allergrößte Bedeutung zumessen und darf ihn nie außer Acht lassen!

Es bedarf einiger Anstrengungen, diese Unterschiede mit Inhalt und Bedeutung zu füllen. Erst wenn wir technologische und biologische Vorstellungen auseinanderhalten können, ergibt es einen Sinn, sich über ökologische (den Naturhaushalt betreffende) Fragen Gedanken zu machen. Halten wir sie aber nicht sorgfältig voneinander getrennt, enden wir unweigerlich in fruchtlosen Diskussionen, die unsere landwirtschaftlichen Probleme und Herausforderungen nicht lösen werden.

Gärtnern, ackern und sich ernähren im Kreislauf der Natur

Die Landwirtschaft ist eine Kultur, mit der der Mensch in den gesamten Kreislauf der toten und der lebenden Stoffe eingreift und ihn maßgeblich beeinflusst. Bis jetzt haben wir lediglich versucht, aus den toten Stoffen dieses Kreislaufs unter Einsatz von immer mehr Energie Nahrung für uns zu gewinnen. Wenn man nun aber an die Frage der menschlichen Ernährung unter dem Blickwinkel der Idee der lebenden Substanzen herangeht, so wird man schnell erkennen, dass die bisherige, konventionelle Form der Nahrungsgewinnung im Grunde brutale Gewalt ist, die wir an lebenden Systemen anwenden. Wird man da nicht doch ein wenig neugierig darauf, wie es wohl die Azteken geschafft haben, barfuß, von Booten aus und ohne eine solche Leben zerstörende Gewaltanwendung ihre Landwirtschaft sechsmal erfolgreicher zu führen als wir – und zugleich um den Faktor 1.000 energieeffizienter (s. S. 125 f.)? Kann man das wirklich als „Unwissenheit", „primitive Kultur" oder „Dunkles Zeitalter" bezeichnen?

Es ist eminent wichtig, dass vor allem der Landwirt weiß, ob er mit nichtlebenden Salzionen oder mit lebenden Mikroorganismen umgeht. **Der Unterschied zwischen diesen beiden grundlegenden Methoden liegt im Verständnis für und im Schutze und der Stärkung der einzigen syntropischen, aufbauenden Kraft, die die gesamte Biosphäre zusammenhält und vor einer „alles mineralisierenden" Zerstörung schützt und bewahrt.** Der Unterschied liegt in der Anerkennung der wundervollen Lebenskraft des Bodens, die – auch wenn wir sie nur ansatzweise verstehen –, tote wie lebendige Stoffe und Substanzen in einem Lebenskreislauf von Organismus zu Organismus in lebender Form weiterreicht: diese Lebenskraft nenne ich die **Erdkraft.**
Wenn wir das verstehen und unser Denken und Handeln danach richten – dann nähern wir uns vielleicht „Echt Bio"!

Die symbiotische Landwirtschaft

Wenn wir ein Erklärungsmodell für die Wichtigkeit der lebenden Substanzen für die gesamte Biosphäre – und hier speziell für die Humussphäre, die äußerst dünne Schicht Muttererde – sowie für die Ernährungsphysiologie von Pflanze, Tier und Mensch glaubwürdig und belegbar vermitteln und in Unterricht und Ausbildung für zukünftige „Erdverwalter" einsetzen könnten, so sehe ich noch Hoffnung für eine gewaltfreie und unvergiftete Landwirtschaftspraxis, für die „Andere Landwirtschaft", die wir auch eine symbiotische Landwirtschaft nennen können.
Die technologische Landwirtschaft ist leider weit davon entfernt, etwas mit Ökologie gemeinsam zu haben. Solche Aussagen zeigen lediglich eine erschreckende Inkompetenz. Was aber auch Sorgen macht, ist, dass die sogenannte Ökologische Landwirtschaft fast schon wieder so gut wie technologisch ist.
Von den Ökologen heute leider nicht (mehr) bemerkt, kann die ökologische Wissenschaft die an der Chemie orientierte Landwirtschaft überhaupt nicht grundsätzlich angreifen. Sie hat fast keine tragenden Gegenargumente, weil sie nämlich mit dem gleichen chemischen NPK-Ernährungsmodell arbeitet wie die Disziplin, die sie eigentlich widerlegen möchte. Das beeinflusst die gesamte Ökologische Landwirt-

schaft, und es ist das, was eine zukunftsgerichtete Forschung und Praxis so verwirrt und ineffektiv macht. Darüber hinaus hat die technologische Landwirtschaft mittlerweile so stark mit ökonomischen Problemen sowie mit Umweltproblemen zu kämpfen, dass sie auf Kritik nur unzureichend reagieren kann oder diese völlig totschweigt.
Die Bewegung der Ökologischen Landwirtschaft befindet sich seit eh und je in der Defensive, denn sie muss bis heute noch permanent um ihre Akzeptanz kämpfen – nach wie vor liegt ihr Anteil an den landwirtschaftlichen Flächen in den europäischen Ländern kaum höher als zehn Prozent (mit Ausnahme von Österreich mit rund zwanzig Prozent). In Deutschland liegt sie mit derzeit rund sechs Prozent sogar weit darunter, und das trotz des „Bio-Booms" der letzten Jahre. Sie wagt es nie, dem großen „Moloch" der ökonomischen und technologischen Land- und Ernährungsindustrie wirklich selbstbewusst entgegenzutreten.
Dennoch: Viele Jahre fachübergreifende Studien haben mich davon überzeugt, dass der Regenwurm auch heute noch eine Chance hat, die Technologien herauszufordern. Die „One Straw Revolution" von *Fukuoka* (*Fukuoka* 1996, 1998, 1999, 2013) hat viele dazu gebracht, in eine neue Richtung zu denken. Die „One Earthworm Revolution" muss noch geschrieben werden.

Der Biologisch-Dynamische Landbau

Noch eine Theorie muss hier genannt werden. Sie war die erste deutliche Reaktion auf die Anwendung der rein analytischen Chemie auf die landwirtschaftliche Praxis. 1924 wurde *Rudolf Steiner* von bekümmerten Agronomen aufgefordert, seinen Kurs für Landwirte auszuarbeiten und durchzuführen (*Steiner* 1979). *Rudolf Steiners* umfassendes Weltbild und der Einsatz für die Landwirtschaft hat zur weltweiten Verbreitung der Biologisch-Dynamischen Landwirtschaft geführt. Dass die eine Theorie immer das Gegenstück einer anderen sein muss, lässt sich nicht verallgemeinern und blockiert zudem eine Lösungsfindung. Wir müssen vielmehr Methoden entwickeln, um das Wesentliche aus den unterschiedlichen Denk- und Praxismodellen herauszufiltern sowie die Schnittmenge daraus zu bilden. Hier liegt im Grunde meine Hoffnung für ein neues, zukunftsfähiges Agrarsystem.

Worum sich der Biologisch-Dynamische Landbau bemüht: Die europäische Gesellschaft befindet sich heute in einem schon seit 500 Jahren währenden Fall in den reinen, exakt wissenschaftlichen Materialismus, bei dem es ausschließlich um Zahl, Maß und Gewicht geht (*Hemleben* 1981). Schon *Rudolf Steiner* und die Biodynamiker heute versuchen, diesen Sturz zu bremsen und seine letztlich katastrophalen Folgen zu mildern. Die Richtung dieses Falls war und ist immer noch die gleiche:

von der Ganzheit zum Einzelnen, von der systemischen Gesamtheit zum bloßen Fragment. Ein Beispiel von vielen sei hierzu genannt:
„Als man erkannt hatte, [...] dass alle Organismen aus Organen und alle Organe aus Zellen bestehen – also der Mensch auch –, lag die Zellpathologie als Lehre gleichsam in der Luft. Denn unschwer ließ sich mit Hilfe des Mikroskops zeigen, dass die Zellen eines entzündeten Organes [...] andere Gestaltung annehmen als die eines gesunden. Diese Beobachtungen legten nahe, den ärztlichen Blick umzukehren. Die Deformation einer Zelle ist nicht [...] die Folge der Krankheit – sondern: Die Krankheit ist eine Folge der missgebildeten Zelle."
Hier wird sehr deutlich und prägnant beschrieben, wie die (bloße) Änderung des Blickwinkels die gesamte, doch angeblich so exakte Wissenschaft völlig verändern kann.
Und weiter: „Nicht wie einst in Griechenland [...] oder in Rom [...] gingen die Ärzte [...] vom Ganzen des Menschen aus und suchten die im Teil-Organ sich spiegelnde Krankheit [...]. Nein, jetzt nahm das Denken seinen Ausgang vom Teile und bleibt zumeist dabei stehen. ‚Das Ganze' des kranken Menschen trat in den Hintergrund. Als dann die Bakterien und Bazillen [...] entdeckt wurden, wandte sich der Blick noch eine Stufe tiefer. Jetzt wurde in den Bakterien die Ursache der Krankheit gesehen. Die umgekehrte Frage: ‚Sollten vielleicht die Bakterien Folgeerscheinungen eines Krankheitszustandes sein?' gilt auch heute noch für viele Ärzte als unwissenschaftlich und absurd." (*Hemleben* 1981)

Genau dasselbe gilt für die Agrarwissenschaft. Das biologisch-dynamische Modell bietet meines Erachtens vermutlich die einzige heute etablierte Möglichkeit, die Probleme kritisch zu hinterfragen (und letztlich zu lösen), die in der fachlichen Praxis der Landwirtschaft und des Gartenbaus entstehen, wenn man sie ausschließlich an einem materialistisch-reduktionistischen Weltbild orientiert.

III. Gärtnern und ackern mit der Humussphäre: Die Praxis

8. Mit der Humussphäre arbeiten – nicht gegen sie: von der Steinzeit bis heute

Erfolgreiche Bewirtschaftungsbeispiele

Bevor ich Ihnen einige mutmachende Projekte schildere, die bereits erfolgreich unter Beweis gestellt haben, dass Garten- und Ackerbau auf der Basis des Lebenskreislaufmodells funktionieren kann, lassen Sie sich kurz auf eine Forschungsreise entführen:

Ein Paradies für Mikroorganismen

„Auf vielen Reisen habe ich das Glück gehabt, manchmal wirkliche Natur zu sehen. Ein Eindruck blieb mir in besonderer Erinnerung. Er zeigte mir, dass man unter Umständen Kulturgewächse hochbringen kann, die denen eines Urwalds nicht nachstehen.
Es war an der äußersten Südspitze der Baja California, fern von allem Straßenverkehr und nur durch einen eben errichteten Flugplatz mit dem Festlande verbunden. Das Ganze war ein weiter offener Kessel, sonnenheiß, ganz typisch eine riesige, nun fast ganz ausgetrocknete Lagune. Eine Landschaft, wie sie für das einst wasserreiche Mexiko charakteristisch ist. Oben am Rand wucherte die übliche Kaktusflora. Schon bildeten sich kleine Flugsandstellen, und die Erde bestand aus völlig erodiertem Tonsand, glitzernd von Millionen Silikatsplittern. Denn von der Kaktusformation bis zur Halbwüste und Wüste waren es nur ein paar Schritte.
Direkt unter dem Kesselrand lagen Maisstriche, etwas magerer Alfalfa, niedrige und sehr trockene Weizenfelder. Gegen die Mitte zu waren die Böden merklich besser, und auf den unbebauten Streifen hörte die Kaktusmacchia auf. In der tief eingesenkten Mitte aber tauchte dunkles Grün urwaldähnlich empor. Diese Stelle kennzeichnete zweifellos den Rest der einstigen Lagune.
Es war ein Paradies. Das Paradies bestand aus alten Mango- und Aprikosenbäumen und Zuckerrohr. Winzige grüne Inseln wurden durch schmale, klare Bäche verbunden, auf denen smaragdene Algenpolster schwammen und deren Ränder voll von frischen Wasserkräutern waren.
Man erzählte mir, zwei- bis dreimal im Jahr würde das Zuckerrohr geschnitten, sonst geschähe nichts. Niemand kümmere sich um diesen schwarzen, herrlich lockeren Boden, der weich und luftreich wie ein Schwamm dalag. Die Zuckerrohrhalme wuchsen an die vier Meter hoch und schossen fast armdick auf, mit ganzen Bündeln von junger, natürlicher Bestockung. Von den riesigen, dunkel beschatteten Mangobäumen regneten die reifen Früchte, die um diese Zeit niemand pflückte. Der Boden war überdeckt mit einer an manchen Stellen halbmeterhohen Schicht pflanzlicher Reste, faulender Früchte, von Zweigen, dürren Blättern und Halmen. Ich bekam einen überwältigenden Begriff von dem, was ich das 'Zellulosekapital der Erde' nennen möchte.

Was aber wird dagegen heute noch im Garten und auf dem Felde von der Landwirtschaft sinnlos vertan.
Zellulose ist nach dem Tod der Pflanzen ein Reichtum, den man so lange nicht würdigte, als er in der Natur überall vorhanden war. Heute kennen wir ihn nicht mehr in solchen Ausmaßen. [...] Die biologischen Untersuchungen des auf der Baja California gefundenen unvergleichlichen Naturhumus förderte denn auch entsprechenden Überfluss an organischer Substanz, belebt von unzähligen Organismen, zutage. Es war alles vertreten, was man zum Edaphon gehörig ansieht. Dieser Boden war Leben bis in die kleinste Krume. Er zeigte ein harmonisch geordnetes und abgestuftes Leben, in dem der Abbau sich unmittelbar wieder in Aufbau umwandelte. Es war eine einzige oligosaprobe Riesenbiozönose, alles im Bereich pH 7-7,5. [...] Eingebettet in dieses Mikro-Schlaraffenland lagen einzelne Silikatsplitter (während die Böden oberhalb des Kesselrandes nur aus ausgewaschenen Silikaten bestanden), aber auch sie waren mit Kolonien von Bodenalgen und lithobiontischen Zersetzern völlig überkrustet.
Die Nachprüfung ergab, dass das Verhältnis der Organismengruppen untereinander fast dem Idealzustand nahekam, der etwa folgendermaßen charakterisiert ist:

Bakterien	27 %	
Bodenalgen	20 %	
Diatomeen	9 %	
Bodenpilze	9 %	
Rhizopoden und Amöben	11 %	
Infusorien (Flagellaten und Ciliaten)	6 %	
Rotatorien	3 %	
Nematoden	2 %	
autochthone Mikroflora	8 %	
Zysten und Sporen	5 %	
Bodenleben zusammen	= 100 %	Edaphon

Nach diesen Verhältniszahlen hat sich jede Humusproduktion zu richten!
Die menschliche Besiedlung und Bodenbewirtschaftung haben das Bodenleben verändert. Stallmist- und Jauchedüngung, auch die mit Ammoniaksalzen, vermehrt stets die Bakterien. So ist es zu erklären, wenn eine mehrfach bestätigte Angabe in einem Gramm gutem Boden eins bis fünf Milliarden Bakterien nennt, aber nur 50.000 bis 100.000 Bodenalgen und nur 10.000 verschiedene Protozoen. Die polysaproben und Fäulnisbakterien, die mit jeder Stallmistdüngung in den Boden einwandern, halten sich noch lange Zeit aufgrund ihrer Resistenz. Sie herrschen heute auf allen Kulturböden vor und lassen in ihrer Abbaubiozönose nur schwer eine andere Biozönose eindringen. Dagegen schließen sich immer Unmengen meist fakultativ anaerober Bakterien an, deren Tätigkeit noch gar nicht durchschaut ist [...]." (*Francé-Harrar* 1957, S. 68-70)

So berichtet uns *Annie Francé-Harrar*. Wenn dieses Potenzial optimal biologisch mobilisiert wird, im Gegensatz zur heutigen Bodenbearbeitung mit ihren destruktiven Auswirkungen, dann ist es denkbar, wieder fünfmal so viel zu ernten, wie wir es heute schaffen!

Fruchtbare Agrokulturen von damals bis heute

So gut wie alle alten Hochkulturen haben bei ihrer Landwirtschaft Ernteresultate erzielt, an die wir mit keiner unserer heutigen modernen Methoden heranreichen. Ich meine, wir sollten unser Augenmerk darauf richten, welche Rolle die Ökologie der Mikroorganismen und ihre Erforschung künftig in der Landwirtschaft spielen werden. Schon 1995 wurden in China und Japan über 100.000 Tonnen Mikroorganismen als „lebender Dünger" mit Erfolg angewendet. Und wir sollten auch nicht die praktischen Ackerbau- und Gartenexperimente vernachlässigen, die ich im letzten Kapitel vorstelle (ab S. 139), die zum einen für uns selbst nützlich sind und zum anderen beweisen, dass sie wirklich mehr Ertrag sowie bessere und vor allem giftfreie Ernten bringen.

Dieses Buch spricht aber auch die viel weitreichendere Frage an, ob wir sieben oder eines Tages vielleicht auch zehn Milliarden Menschen auf dieser Erde werden ernähren können. Die Hoffnung, dass eine Lösung möglich ist, möchte ich mit den folgenden Beispielen erneut zeigen.

Die Hochkulturen am Nil

Die chemische Zusammensetzung der Schwemmstoffe des Nilschlammes (s. Farbtafel 5) wurde immer wieder analysiert. Selten oder nie liest man etwas über Ansätze, die sich mit den ungeahnten Möglichkeiten beschäftigen, die dieses schwemmstoffhaltige, sauerstoffreiche, sonnenwarme und lichtdurchstrahlte Wasser für das Wachstum von Plankton und Edaphon bietet. Bei *Annie Francé-Harrar* (1957, S. 128) jedoch finden wir eine biologische Analyse:

Auszug aus einem Forschungsbericht

(Nilschlamm von überschwemmten Feldern von Bedraschein bei Sakkara, 21.10.1936)

Struktur: locker, fast nur aus organisch-anorganischen Zoogloen bestehend

Mineralsplitter: fast ausschließlich Silikate, viele Feldspate (Plagioklas), pH-Wert = 7

In 1 Kubikzentimeter Schlammsediment enthaltene Organismen:

92.000	Protozoen
75.000.000	autochthone Mikroflora
2.000.000	Bodenpilze, Sporen und Cysten
150.000.000	Bakterien
227.092.000	

Lithobionten und Bakterien überwiegen (Oligosaprobe Dominante).

Bei den günstigen Wachstumsbedingungen, die die jährlichen Überschwemmungen zur Folge haben, kann man mit Recht auch von einer gewaltigen Vermehrung der mikrobiologischen Organismen ausgehen. Diese standen den Kulturpflanzen schon im Altertum unmittelbar und frisch zur Verfügung. Die Mikroorganismen selbst hatten reichlich Zugang zu echten mineralischen Gebirgsstaubpartikeln, dem nichtlebenden stofflichen Anteil des Nilschlamms. Wenn man sich eine dicht verwobene Symbiose zwischen „Steinmehlen", sauerstoffreichem Wasser, Sonne, Wärme, Plankton, Edaphon und der Endozytose der Pflanzenwurzeln vorstellt, erscheinen die damaligen und später „nie wieder erreichten" hohen Ernteerträge realistisch.
Dass die Ägypter teilweise um das Wirken des Edaphons wussten, haben Historiker in Berichten über den Regenwurm gefunden: „Cleopatra war sich klar [...] über den Beitrag, den der Regenwurm zu Ägyptens Agrikultur gab, indem sie das Tier als heilig erklärte. Ägypter durften keinen einzigen Regenwurm von ägyptischer Erde entfernen, und sogar den Bauern war es nicht erlaubt, einen Regenwurm zu berühren, aus Angst, der guten Fruchtbarkeit zu schaden." (*Minnich* 1977, S. 66)
Ich bin davon überzeugt, dass auch alle anderen Urstromkulturen sowie die Terrassenkulturen eine enge Verbindung zum Plankton des Wassers und zur Proteinernährung der Pflanzen hatten.

Die Azteken

Um 1300 n. Chr. wanderte ein Indianervolk in das heutige Mexiko ein und gründete eine Stadt auf einer sumpfigen Insel mitten im Texcocosee. Im Laufe von 200 Jahren wurde diese zum Zentrum des Reiches der Azteken, das wir heute mit mehr und mehr Bewunderung als das „Venedig Amerikas" erforschen. Das Zentrum, Tenochtitlan, wuchs zu einer mächtigen Hauptstadt mit 300.000 Einwohnern heran, „viermal so viele wie in London zur selben Zeit unter Heinrich VIII". [Die Überreste dieser Stadt sind fast vollständig von der heutigen von der heutigen mexikanischen Hauptstadt Mexiko-Stadt überbaut; *Anm. d. Red.*] (Video BBC 1996)
All diese Menschen wurden zum größten Teil von einer Landwirtschaft ernährt, die nach heutigem Stand der Forschung mit geflochtenen, schwimmenden Körben begann. Diese Körbe wurden gefüllt mit Pflanzenresten und Schlamm, der aus dem flachen See in die Körbe geschöpft wurde, und in diesen schwimmenden Beeten wurden hauptsächlich Bohnen und Mais angebaut. Im Laufe der Zeit wurden diese „Schwimmenden Gärten" (*Francé-Harrar* 1957) zu Inseln, die zusätzlich mit einer Randbepflanzung von Weiden am Boden des Sees verankert wurden. Schließlich wurden diese neu geschaffenen Inseln zu einer Kanallandschaft, die, mit Booten und menschlicher Arbeitskraft betrieben, zur erfolgreichsten Landbewirtschaftung führten, die uns bis heute bekannt ist (vgl. Farbtafel 5 und 6). „Die Azteken betrachteten Seen und Flüsse als Götter und wurden dafür mit einem fruchtbaren Boden gesegnet, mit einer Qualität, die wir seitdem nicht wieder erreicht haben, selbst nicht mit den modernsten landwirtschaftlichen Methoden." (Video NRK 1997)

Der zur damaligen Zeit riesengroße Texcocosee war Nahrungsreservoir für bis zu 50 verschiedene Zugvogelarten. Der See muss sehr nährstoffreich gewesen sein, wenn er Nahrung – Plankton – für so viele Vögel bieten konnte. Manche Archäologen sind der Ansicht, dass die Azteken aufgrund von Proteinmangel kannibalische Bräuche entwickelten, während andere dies zurückweisen. Sicher hingegen ist, dass sie mit feinmaschigen Netzen aus dem See große Mengen kleinster Wasserinsekten und Plankton fischten, wenn die Vögel weitergezogen waren. Hieraus bereiteten sie eine sehr nahrhafte Proteinpaste, die als Delikatesse galt.

In unseren Tagen ist die inzwischen berühmte Spirulina-Alge ständig in der Diskussion und auch im Handel. „Spirulina, eine nahrungsreiche Alge, einst ein wichtiger Rohstoff in der Ernährung der Azteken, könnte viele der hungernden Menschen in der Welt ernähren." (*Furst* 1978). „Die Azteken in Mexiko und die Afrikaner um den Tschadsee herum haben unabhängig voneinander den Nahrungswert und das Ernährungspotential der Blaugrünalgen Spirulina entdeckt. [...] Die Ernten in Trockengewicht per Hektar und Jahr liegen bei der Spirulina 12,5-mal höher als bei Weizen und 8,3-mal höher als bei Sojabohnen. Der entsprechende Proteinertrag ist bei der Spirulina 70-mal größer als bei Weizen und 14,6-mal größer als bei Sojabohnen. Der Proteinertrag per Hektar und Jahr ist bei der Spirulina 78,6-mal so groß wie der bei Fleisch, das auf Futter in Form von Weizen basiert, oder 27,8-mal so groß wie der bei Fleisch, das auf Grünfutter basiert." (*Hubendick* 1988, S. 168)

Wenn man weiß, dass Pflanzen lebendes Zytoplasma direkt als Nahrung aufnehmen, liegt es ja nahe, einmal zu untersuchen, ob man dort, wo viele Pflanzen gut gedeihen, eventuell auch viel Zytoplasma findet. Bei den Azteken fand man es. Worauf ich hinweisen möchte: Indem die Azteken den Schlamm des Texcocosees als Grundlage für ihre erfolgreiche Landwirtschaftsmethode einsetzten, wirkte natürlich auch das ungewöhnlich reiche und vielfältige Plankton direkt als Pflanzennahrung!

Reiskrabben-Landbau

Ein Video aus meinem Archiv (*Sakura* 1984) zeigt folgendes Bild: Reiskulturen, auf unendlich mühselig aufgebauten, ununterbrochen gepflegten Wasserkulturen auf endlosen Terrassen (vgl. Farbtafel 5). In diesem flachen, schlammreichen, fast stillstehenden, sonnendurchstrahlten Wasser leben Reiskrabben. Sind sie vorhanden, so versprechen sie eine gute Reisernte. (Ähnliches ist nachzulesen bei *King* 1911, Neuauflagen 1984 und 2004.) Die Tiere schwimmen und krabbeln über den lehmigen Grund der überschwemmten Reisfelder und wirbeln somit ununterbrochen die Bodenpartikel auf. Auf diese Weise vermischen sie ständig Teile des Bodenschlamms mit dem Wasser und verhindern somit, dass sich „Unkrautsamen" festsetzen und keimen können. Die Reispflanzen selbst sind fest genug eingepflanzt. Diese Wasser- und Schlammbewegungen, die ununterbrochen vor sich gehen, bereiten in dem lichtdurchstrahlten, lauwarmen Wasser, das voll von echten Mineralpartikeln und organischen Schwebeteilchen ist, ein Biotop für das Wachstum von Plankton. Von diesem Plankton leben die Reiskrabben, die Reispflanzen – und die Chinesen! Gleichzeitig bilden die kilometerlangen bewachsenen Randzonen mit ihren Wurzeln die notwendige Armierung der gesamten Terrassenkonstruktion, wobei die oberirdischen Pflanzenteile ständig Sonnenenergie sammeln und deren Wurzeln so wiederum das Edaphon des Erdbodens ernähren. Kunstdüngersalze werden das alles zerstören.

Nettelnburg 1928

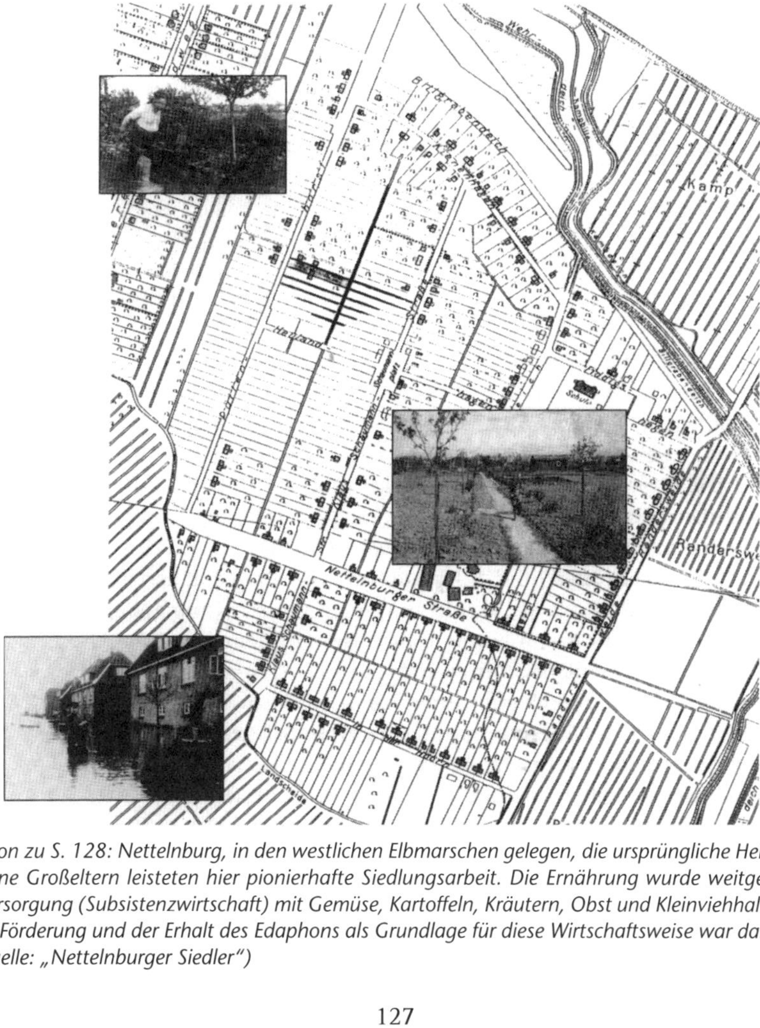

Illustration zu S. 128: Nettelnburg, in den westlichen Elbmarschen gelegen, die ursprüngliche Heimat des Autors. Seine Großeltern leisteten hier pionierhafte Siedlungsarbeit. Die Ernährung wurde weitgehend durch Selbstversorgung (Subsistenzwirtschaft) mit Gemüse, Kartoffeln, Kräutern, Obst und Kleinviehhaltung bestritten. Die Förderung und der Erhalt des Edaphons als Grundlage für diese Wirtschaftsweise war dafür unerlässlich. (Quelle: „Nettelnburger Siedler")

Das Elbetal bei Hamburg

Das Elbetal bei Hamburg ist ein zehn Kilometer breites Überbleibsel aus der letzten Eiszeit und mit festem Lehm ausgefüllt. Die außerordentliche Fruchtbarkeit dieser Gegend wird diesem Lehm zugeschrieben. Die ganze Region ist dicht an dicht mit kleinen und großen Gräben und Kanälen durchzogen und wird streng reguliert mit Schleusen, die bei Elbhochwasser geschlossen werden sowie geöffnet werden, um das Drainagewasser ablaufen zu lassen.
In einem dieser Gräben habe ich bei meinen Großeltern in Bergedorf, Ortsteil Nettelnburg meine Kaulquappen, „Stikkel", Wasserflöhe und Amöben gefangen. Meine Großeltern waren Aussiedler aus der Großstadt Hamburg auf 1.000 Quadratmetern Elbetallehm, Marschboden, mit dem bezeichnenden Namen Nettelnburg (abgeleitet von „Nessel", der Pflanze, die auf den Böden dieser Region besonders gut gedeiht) im Jahre 1928. Erst fünfzig Jahre später habe ich verstanden, dass die Fruchtbarkeit dieser Landschaft mit größter Wahrscheinlichkeit mehr auf den großen Mengen an Plankton, Pflanzengrünmasse und Wurzelmasse beruht, die jährlich in und an den kilometerlangen Gräben produziert wurden, als allein auf den Lehm. Ich erinnere mich auch, dass der Überlauf unserer Jauchegrube in einen dieser Gräben ging. Dort fand ich immer das fetteste Kaninchenfutter, aber es roch immer auf ein paar Meter Länge von der Grube entfernt im Graben nach Jauche, bis der Geruch in gewöhnlichen Erdgeruch und den von Gras und Gundermannkraut *(Glechoma hederacea)* überging.
Die Reinigung und die Pflegearbeiten des ganzen Grabennetzes war streng reguliert, und sie brachten uns regelmäßig einen wertvollen Zuschuss an Schlamm, Wasserpflanzen, Gras und wilden Kräutern sowie Wurzeln, Plankton und Edaphon direkt in den Gemüse- und Obstgarten. Heute sind die Gräben verrohrt.

Die Hunza

Das Volk der Hunza im Himalayagebirge praktiziert bis zum heutigen Tag eine Landbewirtschaftung, die über alle Maßen Bewunderung und Respekt hervorrufen sollte. Obwohl es, rein technologisch gesehen, das einfachste ist, was man an technischem Aufwand betreiben kann (s. Farbtafel 4 oben).
Nach der Landwirtschaftslehre des Hunzavolkes paaren sich grauschwarze Geröllhalden mit schneeweißen Gletschern hoch oben im Himalayagebirge und gebären so neue Gletscher und neues Geröll. Das Hunzavolk ist absolut abhängig von diesen Gletschern. Aus ihnen entspringt die „Gletschermilch", das ist Schmelzwasser mit einer milchartigen Trübung, die aus unzähligen, mikroskopisch kleinen Steinpartikeln gebildet wird, die die tonnenschweren Gletscher vom Felsmassiv abreiben. Dies

sind echte Minerale, d. h. Steinstaub in allerfeinster Form, der so gut wie alle Grundelemente enthält, die wir auf der Erde kennen. In Bezug auf die Endozytose heißt das: Pflanzen können diese Steinpartikel durch ihre Wurzelhaar-Zellwände direkt in ihr Zytoplasma aufnehmen und dort je nach Bedarf verarbeiten.

Aber unterhalb der mächtigen Gletscher im Himalaya befindet sich nur Steinwüste – es gibt keine Pflanzen. Von hier aus haben die Hunza kilometerlange „Gravitationskanäle" zum Teil in überhängende Felswände gebaut, in denen die Gletschermilch 1.000 Meter auf ein ursprünglich nacktes Felsenplateau geleitet wird. Diese schmalen, nur der Gravitation folgenden Kanäle führen das steinmehlhaltige Wasser. Dabei muss das Gefälle genau berücksichtigt werden: Fließt zu viel Wasser zu schnell, reißen die nur mit Lehm abgedichteten Kanalwände ein, fließt zu wenig Wasser zu langsam, werden die Schwebstoffe vorzeitig als Schlamm abgelagert und verschlämmen das ganze System. Es funktioniert – und das auf viele Kilometer Länge und mit einem Höhenunterschied von 1.000 Metern – ohne Zweifel hohe Ingenieurskunst! Auf diesem nackten Felsplateau haben die Hunza nun vollständig künstliche Ackerareale angelegt und einen „Garten Eden" geschaffen, von dem das gesamte Volk lebt. Auch auf diese Form der Bewirtschaftung lassen sich die in diesem Buch diskutierten Überlegungen anwenden, dass Plankton und Edaphon in sauerstoffreichem, sonnenwarmem, lichtdurchstrahltem, mineralhaltigem Gebirgswasser die Lebensgrundlage für die Pflanzen darstellen und von den Menschen der Vorzeit in einer Weise genutzt wurden, für die uns in unserem heutigen technischen Weltbild jegliches Verständnis abhandengekommen ist.

In all den oben genannten alten Wasserkulturen finden wir Unmengen von lebendem Zytoplasma sowie Protein und von Plankton, und immer besonders günstige Bedingungen für deren Vermehrung: Gebirgsflüsse führen Gletschermilch oder Vulkanaschen mit echten Mineralpartikeln als sauerstoffreiches Wasser über lange, lichtdurchflutete Kanäle zu langsam fließenden, flachgründigen und sich daher erwärmenden Lagunen. Sie stellen ideale, sich üppig vermehrende sogenannte Infusorienkulturen dar, deren lebendes Zytoplasma durch Endozytose von den Pflanzen direkt als Nahrung aufgenommen wird. Die Pflanzen saugen das Zytoplasma direkt aus den Kleinstlebewesen, wie *Hamaker* es ausdrückt (*Tomkins* und *Bird* 1998, S. 188). Wie das Salzwasserplankton bekanntermaßen die Grundlage allen weiteren Lebens im Meer darstellt, so nehme ich an, dass das Süßwasserplankton die Grundlage der alten Wasserkulturen gebildet hat. Dieser bedeutend hohe Anteil an „edaphischen Organismen" und der ebenfalls enorm hohe Anteil an organischer Substanz in ursprünglichen Bodenarten als Nahrung eben für dieses Edaphon (*Francé-Harrar* 1957) legten nahe, diese „alten" Wasserkulturen auf ihren Inhalt und ihr mögliches Potenzial für das Wachstum von Wasserplankton als direkte, lebende Nahrung für Pflanzen zu untersuchen.
Zahllose weitere Beispiele lassen sich finden, in denen echte mineralische Steinsubstanz als Gletschermilch, Vulkan- oder Erosionsstaub, organische Nahrung, Mikro-

organismen, Wasser, Sauerstoff, Licht und Wärme zu hervorragenden Ernten führen. Kilometerlange Drainagekanäle oder Bewässerungsanlagen, jährliche Überschwemmungen und Schlamm aus notwendigen Pflegemaßnahmen versorgen Land und Pflanzen mit bislang unerkannten Mengen lebenden Planktons samt seiner Proteine. Reiskrabben in China versprechen eine gute Reisernte, die Schwimmenden Gärten der Azteken weisen einen Überfluss an Spirulina-Algen auf, Brennnesselwasser ist die reinste Infusorienkultur, und *Francé-Harrars* Edaphon-Impfmasse, *Ruschs* „Symbioflor" sowie die durch *Higa* bekannt gewordenen Effektiven Mikroorganismen (-Präparate), ebenso sowie alle anderen mikrobiologischen Präparate, die heute erhältlich sind, bauen auf den gleichen Grundvoraussetzungen auf. **Kein Forscher, keine Institution aber untersucht hierbei jemals die Vorgänge der Pflanzen-Endozytose!** Alle diese Methoden werden lediglich chemisch analysiert auf ihre Anteile an den bloßen Elementen Stickstoff, Kalium und Phosphor (NPK).

Die Roggenfinnen

„Eine Volksgruppe wandert aus, mit Saatkorn in einem Handschuh." Drei Jahre habe ich gebraucht, um herauszufinden, was hinter diesem Spruch steckt. Der Handschuh war eine Vogelhaut, wahrscheinlich von einem Alkenvogel (Alcidae), die etwa einen halben Liter Saatkörner fasst. Damit auszuwandern, war gewiss nicht zu viel für eine ganze Volksgruppe. Das war vor 350 Jahren. Es waren die Roggenfinnen, die ihr Heimatland verließen. Sie wanderten um die ganze Ostsee herum, bis sie sich kurz vor Oslo niederließen, wo ihre Nachfahren heute noch in „Finnskog", im Finnenwald, wohnen. Diese Finnen betrieben eine Landwirtschaft, die sie *„huuhta"* nannten, die Brandrodung. In relativ kleinem Maßstab und bei ständiger Wanderung über große Entfernungen durch damals fast endlose Waldgebiete hielten sich die Schäden vielleicht in Grenzen, und der Wald bekam nach der Rodung und einer kurzen Zeit der Bewirtschaftung auch seine gewohnte Ruhe zurück.
Ein Anthropologe aus Norwegen, *Per Martin Tvengsberg*, hat eine Modell-*huuhta* in kleinem Maßstab rekonstruiert. Er schrieb mir Folgendes: „Der Waldroggen gab bis zu 12.000 Körner von einem Saatkorn. Meine Kultivierung in einer künstlich angelegten *huuhta*, die ich seit 1986 studiere, hat gezeigt, dass ein Saatkorn 12.000 Körner als Ertrag ergibt. Jedes Saatkorn ergab eine große Staude von 150 bis 180 Halmen, die 2,3 Meter hoch waren, mit 60 bis 80 Körnern auf jedem Halm."
Siegfried Lange (*Lau* 1990 und 2017) erwirtschaftete nach dieser Methode bis zu 16.000 Körner aus einem Saatkorn (s. Farbtafel 16 oben).

Die Roggenfinnen-Methode heute

Hier ein Bericht von einem, der die Roggenfinnen-Methode ausprobiert hat:

„Wie man aus einem einzigen Roggenkorn mindestens 10.000 Körner ernten kann:

Man nehme gute, keimfähige Roggenkörner und lege sie in den ersten zwei bis drei Wochen nach der Sommersonnenwende einzeln in einem Abstand von 50 Zentimetern in die Erde oder in entsprechende Töpfe. Nach etwa drei Wochen müssen die Pflanzen aber unbedingt ausgesetzt werden, da ihnen sonst der Topf in den meisten Fällen zu eng wird.
Dieses Korn wird sich nun in der Wärme des Sommers bis weit in den Winter hinein außerordentlich stark bestocken und sehr gut den Winter überstehen. Anfang Mai kann man dann schon die ersten Halme zählen. Es sollten mindestens hundert Halme pro Korn gezählt werden. (Die beste Pflanze brachte mir genau 196 Ähren.)

Abstand: 50 cm
Aussaat: Ende Juni/Anfang Juli (in Skandinavien gern mehrere Wochen früher)
Ernte: August des nächsten Jahres
Mögliche Erträge pro Hektar:

- 1 Korn ergibt 100 Ähren (oder bis zu 200)
- 1 Ähre hat rund 100 Körner
- 1 Pflanze hat dann 100 x 100 = 10.000 Körner
- 4 Pflanzen pro m^2 ergeben 40.000 Körner (mit einem Tausendkorngewicht (TKG) von etwa 50 g)
- 40.000 Körner ergeben dann 2 kg pro Quadratmeter
- Pro Hektar sind das 10.000 m^2 x 2 kg = 20.000 kg oder 20 t

Da aber der Kornertrag pro Pflanze noch höher liegt oder liegen kann, ist dieser oben genannte Ertrag eigentlich eine Missernte!"
(*Lange* 1996; s. a. Farbtafel 16 oben)

Hier stehen wir nun direkt vor dem „Unmöglichen"! Woran liegen diese Resultate? An den Alkenhandschuhen der Finnen, oder am Aussaattermin? Was meint man heute, was wohl in den skandinavischen Wäldern geschah, 200 Jahre bevor *Justus von Liebig* „die Chemie" auf die Landwirtschaft anwandte? Man liest natürlich überall, dass die Asche der verbrannten Wälder so viel wasserlösliche „Nährsalze" enthielt, dass das Korn derart wachsen konnte. So stellt sich heute, 170 Jahre nach *Liebig*, lediglich die Frage, warum heute niemand zu solchen Erträgen fähig ist, wo wir doch geradezu in NPK-Dünger schwimmen?
Das „Geheimnis" von *Siegfried Lange* liegt in der Verwendung von Hobelspänen. Sein Garten war 600 Quadratmeter groß. Hier verarbeitete er im Laufe von drei Jahren 25 Kubikmeter Späne: Hobelspäne, Sägespäne, aber ohne Spanplatten, ohne Imprägnierung, Farbe, Leim oder Formalin. „Rinde jedweder Art hat nach meiner Erfahrung noch mehr wert als Späne", schrieb er mir. Also im Endeffekt alles fein geraspelter Wald.

Er sammelte seine Späne zwischen Winter und zeitigem Frühling ein, um sie dann unter freiem Himmel in etwa ein Meter hohen Haufen zu lagern. Den Sommer über hielt er diese leicht durchfeuchtet, was gar nicht so leicht ist. Noch besser ist es, wie er herausfand, einen Teil Späne mit einem Teil Jauchewasser zu vermischen. Auch 10 Prozent Erde kann eingemischt werden. Jauche und Erde sind voll von Mikroorganismen! Die Rinde muss ähnlich behandelt werden, nur muss sie zwei Jahre liegen bleiben.

Es handelt sich hier also um einen gewissen Grad an Vorkompostierung, die mit Hilfe von Erde und Jauche mikrobiologisch in Gang gesetzt wird und in Holz langsamer verläuft als in gewöhnlichem Kompost, sodass hier weniger Energie und weniger Nahrung verlorengehen und wahrscheinlich als lebendes Zytoplasma eingesetzt werden kann. Nach ein oder zwei Sommern wird dann die Mischung 10 Zentimeter dick als Mulch ausgebracht.
Mein Zweifel an der Asche-Theorie und der gesamten NPK-Theorie hat mir wahrscheinlich geholfen, eine andere mögliche Erklärung zu finden: Plankton, Edaphon, Mikroorganismen. Der Wald hat sich durch Jahrhunderte Rohhumus aufgebaut; saures, fast fermentiertes Laub, Nadeln und Holz. Wurde vielleicht mit der basischen Asche ein Wachstum von Mikroorganismen in Gang gesetzt, das dem Finnenroggen, jedenfalls für eine Wachstumsperiode, zu jener unglaublich hohen Körnermenge verhalf? „Das nachfolgende Jahr wurden lediglich Rüben angebaut, das dritte Jahr ließ man nur Gras wachsen, und so zog man weiter, um ein neues geeignetes Waldstück zu finden." (*Tvengsberg*) Als ich den Anthropologen *Tvengsberg* auf die Möglichkeit einer Bodenbelebung hinwies, erinnerte er sich an ungewöhnliche Aktivität von Mikroorganismen in „alter" Waldstreu.
Auch hier kann man natürlich annehmen, dass es das Edaphon oder irgendwelche anderen Kräfte sind, die da im Spänehaufen Kunstdünger fabrizieren. Denn man erreicht die beschriebenen Resultate weder mit NPK-Dünger noch mit „fertigem" Kompost. Es kann also nur lebendes Edaphon in voller Lebenskraft sein!

Der Gärtnerhof

Der Grundgedanke des heutigen „Urban Gardening" wurde bei uns in Norwegen bereits in den 1980er Jahren mit den ersten Permakultur-Seminaren sowie dem Gärtnerhof-Modell umgesetzt. Lassen Sie mich dazu ein klein wenig in der Geschichte ausholen: Nach dem Zweiten Weltkrieg und der damit verbundenen Vertreibung aus dem Baltikum begann der Landwirt und ehemalige Großgrundbesitzer *Wolfgang von Haller* sich in einem verwahrlosten Garten eine neue, eine ökologische Existenz aufzubauen. Mit der damals notwendigen Arbeit in Garten und Küche, verbunden mit einem klaren Blick für die erschreckende Zerstörung der Welt (nicht nur durch den Weltkrieg), verband er das Ziel, „natürlich zu wirtschaften und ökologi-

sche Erkenntnisse zu kommunizieren". So gründete er zusammen mit seinem Bruder *Albert von Haller* und anderen Gleichgesinnten 1949 die „Gesellschaft Boden und Gesundheit", die später, bis zu ihrer Auflösung, ihren Sitz in Langenburg (Baden-Württemberg) hatte. Der Verein nahm sich unter vielen anderen Ideen und praktischen Unternehmungen auch der schon 1946 zusammengefundenen „Gärtnerhof-Gesellschaft" an.
In den folgenden 30 Jahren wurde die Gartenstraße des Städtchens Langenburg zu einem ökologischen Zentrum. Hier wurden seit mindestens 1962 praktisch-ökologische, gartenbauliche und landwirtschaftliche Lehrgänge durchgeführt, oft in Zusammenarbeit mit der ebenfalls durch ihr großes Engagement für eine biologische, bäuerliche Landwirtschaft bekannt gewordene Bauernschule Hohenlohe in Weckelweiler. (Hier war ein weiterer Pionier des Biologischen Landbaus und ein Freund der Gärtnerhofidee jahrzehntelang tätig, nämlich Schulleiter *Fritz Strempfer, Anm. d. Red.*). Wolfgang von Haller gab über die „Gesellschaft Boden und Gesundheit" seit 1954 regelmäßig die gleichnamige Zeitschrift mit dem Untertitel „Zeitschrift fur angewandte Ökologie" heraus (heute mit NATÜRLICH GÄRTNERN & ANDERS LEBEN vereinigt; *Anm. d. Red.*), außerdem über 70 Sonderdrucke (heute teilweise über den OLV Organischer Landbau Verlag, Kevelaer, zu beziehen; *Anm. d. Red.*), die zum allergrößten Teil aus der Zeitschrift stammten, und eine große Anzahl weiterer Schriften und Bücher. (Mit diesen Publikationen erreichte er ein fur die damalige Zeit großes Publikum, auch über die Grenzen der damaligen Bundesrepublik Deutschland hinaus, *Anm. d. Red.*)

Die historische Gärtnerhofidee von *Leberecht Migge* (1918) und *Max Karl Schwarz* (1974) wurde später durch *Per Krusche* weitergeführt, zur Permakultur durch *Margit* und *Declan Kennedy* sowie mit *Oswald Hitschfeld* (2003) in: „Der Kleinsthof und andere gärtnerisch-landwirtschaftliche Nebenerwerbsstellen. Ein sicherer Weg aus der Krise". In „Der Kleinsthof" von Hitschfeld schreibt *Kurt Walter Lau* im Vorwort: „Selbstversorger- und Nebenerwerbshöfe werden vielleicht einmal eines nicht mehr fernen Tages für manchen Mitmenschen eine Art Auffangstation sein. Vielleicht so etwas wie ganz kleine Archen im chaotischen Zeitenstrom, von denen ein neues Denken und Handeln ausgeht [...]".

Die beste Zusammenfassung all dieser Ideen und Aktivitäten habe ich bis jetzt bei *Maria* und *Per Krusche* aus dem Jahre 1978 gefunden. Im Gärtnerhof von *Per Krusche* sind viele der verschiedensten Funktionen und täglichen Arbeiten, die wir aus der technologischen Methodik kennen, wieder in kleine Einheiten heruntergebrochen und in symbiotischer Gemeinschaft einander zugeordnet. *Per Krusche* schreibt zu seiner Zeichnung, die mit „Maria/Per-78" signiert ist:
„Maßstäblicher Vergleich von Bebauung und Anbaufläche: 120 Wohneinheiten mit nur geringen Selbstversorgungseinrichtungen mit ca. 600 Einwohnern können von rund sechs Hektar (250 x 250 Meter) durch Gärtnerhöfe aus der unmittelbaren Umgebung versorgt werden (ohne Getreide und Milch). Mit Getreidevollversorgung

können 40 WE (Wohneinheiten) mit 200 Einwohnern versorgt werden. Für Milchversorgung muss mit rund einem Hektar pro Kuh bei 10 Liter Milch/Tag im Jahresmittel zusätzlich gerechnet werden. Das bedeutet, dass bei Vollversorgung einschließlich Milch (vier Kühe) ca. 16 Haushalte mit 80 Personen von sechs Hektar leben können. Bei guter Lagerhaltung entfällt durch die unmittelbare Zuordnung ein großer Teil von Aufwand und Flächen für Transport, Verarbeitung, Verpackung, Verteilung und Entsorgung.
Zugleich erhöht sich die Wohnqualität bedeutend, ohne die Vorteile städtischer Dichte zu verlieren. Werden zusätzlich noch intensive Nahrungsmittelproduktionen in den Stoffkreislauf der Wohnbereiche integriert wie Fischzucht, Gewächshausanbau, Pilze, Kleintiere, Berankungs- und Baumfrüchte, so reduziert sich der Flächenbedarf noch erheblich. Außerdem wird die biologische Vielfalt durch die verschiedensten Biotope, die durch Korridore biologisch verbunden sind, wieder aufgebaut und erhalten."

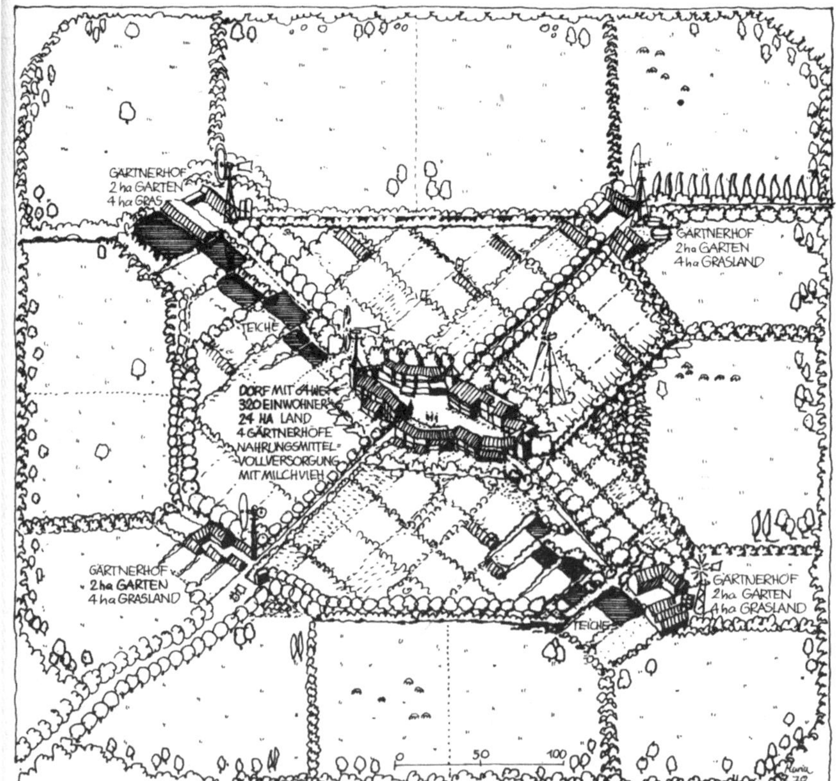

Vier Gärtnerhöfe (zwei Höfe oben links und rechts, zwei unten links und rechts; mit jeweils zwei Hektar Gartenland und vier Hektar Grasland) flankieren zur Nahrungsmittelvollversorgung mit Milchviehhaltung ein Öko-Dorf mit 64 Wohneinheiten und 320 Einwohnern auf 24 Hektar Land. (Aus: „Ökologisches Bauen" von Per Krusche)

Nicht reden, sondern handeln: Der Anteil-Gärtnerhof „Erga Gard“ in Norwegen

Auf der Basis des oben beschriebenen Modells von *Per Krusche* wurde einer seiner Gärtnerhöfe von 24 Hektar Größe auf ein Grundstück von sieben Hektar von *Ingvald Erga* übertragen und langsam, aber stetig weiterentwickelt. Bei der Etablierung dieses Ökohofes wurden und werden langjährige Erfahrungen genutzt:

> **Schutz vor rauem Klima**

Jahrhunderte hindurch wusste der Jaerbewohner (Jaeren heißt die Küstenlandschaft Südnorwegens), wie er sich vor Wind und Wetter schützen muss. Teilweise eingegrabene Häuser waren früher üblich. Das Wohnhaus auf dem *Erga Gard* ist teilweise eingegraben und damit vor kalten Winden aus Nordwesten und Osten geschützt. Die kilometerlange Windschutzpflanzung um den Sieben-Hektar-Hof besteht aus über 30 verschiedenen Blüten- und Fruchtgehölzen, die Nahrungspflanzen für Insekten und Vögel sind.

> **Passive Sonnenerwärmung**

Die Sonnenwärme wird durch thermische Lagerung in schweren Baumaterialien aufgenommen – eine jahrtausendealte Methode. Im Wohnhaus auf dem *Erga Gard* wird das effektiv ausgenutzt, mit maximaler Anzahl Fenster nach Süden und einer schweren Betonmauer als Rückwand in der Stube. Die gleiche Methode wurde im Gewächshaus angewendet, wo die Wärme von der groben, 2 Meter dicken Findlingsteinmauer aufgenommen und über Nacht wieder abgegeben werden kann.

> **Ökologische Lebensmittelproduktion**

Die vielfältige und arbeitsintensive Landwirtschaft folgt dem Prinzip der Anteilbewirtschaftung.

> **Reduzierter Flächenverbrauch**

Laut dem „Club of Rome" benötigt man 2000 bis 4000 Quadratmeter industriell betriebene Ackerfläche, um einen Menschen zu ernähren. In *Erga Gard* reichen dafür 325 Quadratmeter in professionell geführter, ökologischer Produktion (umfangreich erprobt und dokumentiert).

Darüber hinaus bietet der ökologische Hof *Erga Gard* Kurse und Seminare an zu Themen wie ökologisches Gärtnern und Teeanbau, gesundes Wohnen, alternative Energien, Permakultur. In Planung (Stand: 2012) befinden sich auch ein Rastplatz für Radwanderer auf dem Nordsee-Radfahrweg, ein Zugvogelobservatorium in einem Pavillon in einer Schilfzone sowie der Aufbau einer Wohngemeinschaft in Einzelwohnungen.

Wohn- und Wirtschaftsmodelle wie diese könnten „ganz nebenbei" neue, dem gesellschaftlichen Zusammenhalt förderliche Lebens- und Begegungsformen bieten sowie – aufgrund der arbeitskraftintensiven Bewirtschaftung – neue Arbeitsplätze schaffen; Letzteres in gewissem Umfang vielleicht auch für niedrig qualifizierte Mitbürger, die ja heute zunehmend aus dem Arbeitsmarkt und an den Rand der Gesellschaft gedrängt werden. Denn die direkte Verknüpfung der verschiedenen Bereiche Wohnen, Freizeit, ökologische Abfallverwertung usw. und Arbeit/Ausbildung, unmittelbar eingesetzt für die tägliche Ernährung und für gesellschaftliche Hilfeleistungen, kann den Ausgangspunkt für ein neues soziales Verständnis für die Generationen von morgen bilden.

Doch um solche Ideen zu realisieren, müssen noch viel mehr Menschen umdenken.

Urbanes Gärtnern und Gemeinschaftsgärten

Doch es müssen gar keine ganzen Siedlungen neu gebaut werden, um mehr Menschen neue Formen des gesunden Gartenbaus zu ermöglichen. Im Kleinen geht das auch in den Städten. „Growing Cities, Growing Food" – Städtische Landwirtschaft, uns älteren Menschen wohlbekannt aus den Kriegsjahren, den Jungen als Anachronismus oder als Herausforderung angeboten. „Die Wiederkehr der Gärten. Kleinlandwirtschaft im Zeitalter der Globalisierung", von *Elisabeth Meyer-Renschhausen* und *Anne Hall* (2000) noch als Vision beschrieben, ist erfreulicherweise inzwischen von der Realität überholt worden in Form der zahlreichen „Urban Gardening"-Projekte, die in vielen Großstädten, aber auch in kleineren Orten in den letzten Jahren wie Pilze aus dem Boden schießen.

Kompostgroßbeete

Und noch ein ganz anderes Beispiel: „organopónicos", Kompostgroßbeete in Havanna auf Kuba (*Hoffmann* 1999). Es sind Intensivgärten, die als hektargroße Anlagen an den Hauptausfallstraßen von Havanna liegen. Sie sind auf zuvor nicht landwirtschaftlich nutzbaren Flächen aufgebaut. Einen Meter Breite, 30 Zentimeter Tiefe und 100 Meter lange Wannen aus Beton oder Fertigteilen werden mit einem 1:1-Gemisch aus Boden und organischer Substanz aufgefüllt, womit jede weitere Düngung entfällt.
Hier aus einem Bericht von *Elisa Claro* von 1999: „Vor vier Jahren hat die Familie *Valero* auf einer kleinen Parzelle angefangen, und heute unterhalten sie einen der größten sogenannten ‚*organopónicos*' (Gemüsegarten) der Gemeinde. ‚Alles, was mit Herz angebaut wird, trägt reichlich', lautet ihr Motto, und tatsächlich liegen die *Valeros* mit 25,79 Kilogramm pro Quadratmeter Erzeugerquote deutlich über dem nationalen Durchschnitt von 20 Kilogramm [...]"

Düngen mit Fischabfällen

Auf der winzigen Insel Tristan da Cunha im südlichem Atlantik zwischen Afrika und Südamerika legt man heute noch Fisch- und Krabbenabfall wechselweise mit Pflanzkartoffeln, genauso wie man früher in Norwegen *„la eit sildahove attmed kvart froeple"*, das heißt: „einen Heringskopf an die Seite einer jeden Pflanzkartoffel" legte (s. Farbtafel 10)! Ähnliche Berichte über eine traditionelle Methode, Fischabfälle als Pflanzendünger zu verwenden, gibt es übrigens auch von nordamerikanischen Indianerstämmen.

Optimale Lebensbedingungen für das Edaphon schaffen

Wie schaffen wir nun die besten Bedingungen und damit auch das meiste Edaphon als Strukturbereiter für den Acker- und den Gartenboden und als lebende Nahrung für unsere Kulturpflanzen? Das Edaphon braucht Luft, Futter, Feuchtigkeit und Wärme sowie Raum, um sich entfalten zu können, und Schutz vor Wind und Wetter. Da dies in einem ständigen, sich stets wiederholenden Kreislauf geschehen muss, kann man mit dem Prozess an jeder beliebigen Stelle beginnen. Früher oder später kommt man immer wieder dort an, wo man begonnen hat, wenn man nur durchhält.

Es gibt zahllose Beispiele dafür, wie man seinen Garten pflegen kann und sollte. Ich habe einmal versucht, zusammenzustellen, wo der Gärtner Futter für das Edaphon bereitstellen kann. Sie werden überrascht sein, wie viele Möglichkeiten es da gibt. Die Besiedlung des Regentonnenwassers mit grünen Algen, die Brennnesseljauche voller Plankton und eine nahrungsreiche Bodenbedeckung sind schon ein guter Anfang.

Unsere Gartenerde ist überzogen mit einem dünnen, fast unsichtbaren Rasen, aufgebaut aus Grünalgen. Regenwürmer (unter anderem) „grasen" nachts auf diesen Algenwiesen. Außerdem sammeln sie lose Pflanzenteile und ziehen sie zu kleinen „Komposthaufen" über ihrer Wohnröhre zusammen. Wer diese Zusammenhänge einmal erkannt hat, kann gar nicht mehr anders als zu erkennen: Diese Vielfalt an Leben, dieses perfekte Zusammenspiel der Naturkräfte kann man doch nicht einfach gedankenlos mit künstlichem Mineraldünger und „Pflanzenschutzmitteln" vernichten!

Mein Appell an Bildung und Wissenschaft:

Bitte widmen Sie sich diesem Thema!

Ich appelliere an die Agrarforschung, an Hochschulen und Landwirtschaftsschulen, an alle Verbände und Vertreter der Landwirte: Orientieren Sie sich an den zahlreichen im letzten Abschnitt vorgestellten „alten" Modellen ebenso wie an den in der Praxis immer mehr werdenden, bereits nachweislich funktionierenden Unternehmen, die die Methoden schon auf die Landwirtschaft übertragen. Forschen Sie intensiv daran, damit unsere Böden, unsere Pflanzen, unsere gesunde Ernährung und nicht zuletzt unsere Bauern und wir Verbraucher – und damit wir alle – eine Zukunft haben!

9. Praktische Beispiele und „Rezepte"

Ein großes Anliegen ist es mir auch, dieses Thema in der Umweltbildung an Schulen und Kindergärten, aber auch in der außerschulischen Erwachsenenbildung zu etablieren. Wenn Sie, liebe Leserin und lieber Leser, nach der Lektüre des letzten Kapitels nun neugierig geworden sind und Lust bekommen haben, die Anbaumethoden nach dem Prinzip des Kreislaufs der lebenden Substanzen selbst auszuprobieren, dann finden Sie hier Erfahrungsberichte aus meinen eigenen Versuchen, praktische Tipps und „Rezepte". Ich wünsche Ihnen viel Freude beim Gärtnern und reiche Ernte!

Die hier beschriebenen Beispiele sind alte, aber auch sehr neue Methoden für den Gartenbau, doch ebenso anwendbar für den Ackerbau. All diese Beispiele sind in weiteren Schriften und Artikeln sowie in **meinem „Kleinen Humussphärenmuseum" in Norwegen, außerdem in *Jochen Kollers* „Humuseum" im Allgäu und bei der Gut-Neuenhof-Stiftung am Niederrhein** ausführlich dokumentiert (siehe Adressen im Anhang). Sie müssen so weiterentwickelt werden, dass sie auch auf größere Flächen übertragbar und handhabbar sind. Dann könnten sie die gesamte Wirtschaftsstruktur der Höfe und unserer Nahrungsmittelerzeugung sowie unsere Ernährung verändern. Hier liegt noch ein riesiges Forschungs- und Entwicklungsfeld vor uns!

Der gute alte Kompost

Vom Kompost müssen wir uns ein ganz neues Bild machen. Traditionsgemäß wird vom Selbstversorgergärtner alles Futter für das Bodenleben in Form eines Komposthaufens gesammelt. Und es feiert dort große Feste, so turbulent, dass dort zunächst einmal überhaupt nichts sprießen oder wachsen kann. Später dann, wenn der Kompost reifer geworden ist und sich beruhigt hat, gilt er als mild und wird, mit Sand vermischt, für die Aussaat und konzentrierter für die erste Anzuchtphase verwendet. Gewissenhaft und ausdauernd angewendet, unterstützt ausgereifter Kompost auch eine nahezu krankheitsfreie Landwirtschaft (*Chaboussou* 1985; *Howard* 1943, 1979, 2005; *King* 1911, 1984, 2005; *Seifert* 1948, 1991; *Sheffield-Oliver* 1949, 1970, 2016; *von Haller* 1978). Doch in Topfkulturen erleben wir bisweilen, dass ausgereifter Kompost auch die Grenzen seiner Kraftreserven erreichen kann.
Der Kompost bringt in der Tat nicht genug Reserven mit, um im begrenzten Erdvolumen eines Pflanzgefäßes den kleinen Pflanzen Energie und Nahrung für ihr Wachs-

tum zur Verfügung zu stellen. Ganz klar: Diese Kraft hat er nämlich bereits an seinem schattigen Platz hinten im Garten auf seinen anfänglichen „wilden Festen" vergeudet (s. Farbtafel 12 links oben)! Die neue Erkenntnis ist also:

Beim Kompostieren bis zum reifen Kompost entsteht zwar eine milde und gesunde Erde, wichtige lebende Umbauprozesse und Energien fehlen dem fertigen Kompost jedoch, denn sie haben schon vorher, während seines Reifungsprozesses, stattgefunden.

Deshalb lautet eine Grundforderung der Organisch-Biologischen Wirtschaftsweise: **Frischestes, nahrungsreichstes, organisches Material als „Futter für das Edaphon" dorthin, wo das Bodenleben den Pflanzenwurzeln am nächsten ist, d. h. als Bodendecke um die Pflanzen herum.** Die Funktion des reifen Kompostes kann dann, zumindest teilweise, von gut ernährter Gartenerde übernommen werden. Dies ist wohl, außer eben der Vorstellung vom Kreislauf der lebenden Substanzen, das zweitwichtigste, was von *Müller-Rusch*, auf Basis der organisch-biologischen Verständnisweise, für alle Wirtschaftsmethoden empfohlen werden kann.
Damit kommen wir vom Kompostieren zur nächsten Methode: dem Mulchen.

Gründüngung? Mulchen Sie!

Die Wirkung von gesätem Gründünger ist schon lange bekannt und anerkannt: Die Aussaat dient nicht der späteren Ernte, sondern die aufgelaufenen Pflanzen verbleiben auf dem Feld und werden – frisch! – untergepflügt oder gemulcht zum Zweck der „Bodenverbesserung". Eigentlich hat man also schon immer gewusst, was dem Boden guttut …
Decken Sie also die Erde lose und luftig mit allem frischen Pflanzenmaterial ab, das bei der Gartenarbeit anfällt, und machen sie daraus eine Futter-Mulch-Decke für Ihr Edaphon. Dass es hierbei nicht auf den NPK-Gehalt des Mulchmaterials ankommt, sondern auf die Qualität und die Frische der verwendeten Pflanzenreste, dürfte unmittelbar nachvollziehbar sein. Jede grüne Pflanze ist eine Sonnensammlerin und zur Gründüngung geeignet – somit auch alle Beikräuter!

Noch ein paar Gedanken zu den konventionellen Methoden des Mulchens. Hier wird wieder deutlich, wie sehr die Theorie das weitere Vorgehen bestimmt:

Wenn man sich an der Salzionen-Theorie orientiert, so mulcht man mit schwarzem Plastik. Orientiert man sich aber am Erdleben, am Edaphon, dann wird sofort deutlich: Ohne Löcher im Plastik bekommen Pflanzenwurzeln zu wenig Wasser und Sauerstoff. Die verbrauchte, kohlendioxidhaltige Atemluft (des Edaphons) kann die Humusschicht nicht verlassen, sondern wird zurückgehalten und vergiftet das Edaphon und die Pflanzenwurzeln. Zudem wird es direkt unter dem Plastik sehr heiß, sodass das Edaphon reduziert wird.
Mulcht man mit Abfallprodukten, z. B. mit nichtgrünem Laub oder Stroh, so bleibt alles dies doch Abfall mit verringertem Nährwert, denn das Laub hat seine Energie zum größten Teil an den Baum zurückgegeben, das Stroh an das Korn, und Exkremente sind nur die Überreste von dem, was Tier und Mensch nicht im Körper verwerten konnten. Aber es ist trotz allem besser als Plastik, und das Wachstum im Edaphon wird dadurch gefördert; allerdings nicht optimal, denkt man an Leben und seine Aufrechterhaltung. Hat man eine Kuh, ein Schaf oder ein Meerschweinchen, so wirft man diesen Tieren ja auch nicht nur einen Strohballen oder eine Handvoll Sägespäne pro Jahr hin und erwartet ein quicklebendiges Meerschweinchen, Zwillingslämmer oder 6.000 Liter Milch. Man muss seine Tiere schon ganz regelmäßig und mit den notwendigen Nahrungsmitteln versorgen. So auch das Edaphon!
Auch mit Heu, Zweigen und Blättern sowie (geringen Mengen) Holz und Stroh lässt sich das Edaphon füttern. Die frischen grünen Teile sind reich an Chlorophyll und lebendem Zytoplasma; doch die angeblich „toten“ Teile (wie Holz) werden ebenfalls von Mikroorganismen – meist langsamer – „gefressen“ und wieder voll und ganz den lebenden Organismen einverleibt. Allerdings muss man hierbei auf das richtige Mischungsverhältnis zum frischen Material sowie auf eine Ablagerungsphase achten. Näheres dazu ist auf S. 131 u. 141 beschrieben.

Mulch ist für das Edaphon ein vollständiges Biotop

Oder anders ausgedrückt: eine klimaregulierende Nahrungsschicht für so gut wie alle Erdbodenbewohner. Je frischer und nährstoffreicher, je vitaler und schadstoffärmer, desto besser.

Die Grasmulchmethode nach Åkerstedt

Der Schwede *Nils Åkerstedt* hat die Mulchmethode systematisiert. Er baut alles, Blumen wie Gemüse, in reinem Sand und mit einer zweimaligen Gras- und Krautdecke pro Wachstumsperiode an – mit Erfolg. Da sie in sterilem Sand wirkt, kann man sie gut anwenden, wenn man nur Sandboden hat oder aufgrund von Bodenkrankheiten eine Notlösung braucht. Zwar geht *Åkerstedt* davon aus, dass die Wirkung im

„Mineralisieren" des Grases besteht. Ich nehme aber an, dass diese Frischgrasdecke, die auch nach Åkerstedts Anleitung luftig und immer leicht feucht gehalten werden muss, eine hervorragende Mikroorganismenkultur ist, die zu den Pflanzenwurzeln im Sand selbstständig hinunterwandert. Das luftige, leicht feuchte Gras und die darin sich in Unmengen vermehrenden Mikroorganismen sind direkte Verwandte der Erdflora, also des Edaphons.
Wenn diese Grasmulch- oder Frischgrasmethode in reinem Sand – also auch ohne Erde um die Wurzeln der eingepflanzten Setzlinge – anspricht, so kann man das als ein Indiz dafür verstehen, das *Schanderls* Modell von der Remutation bestätigt, wonach Wurzeln, untergegrabene frische Pflanzenreste sowie eigentlich alle Samen, wenn sie zu keimen anfangen, ihre eigenen Bewohner, die Endophyten, gewissermaßen „aussenden", um Nahrung zu finden und durch ihre eigene Vermehrung zu produzieren.
„Das Buch vom Mulch – und über das Gärtnern in Sand" von *Nils Åkerstedt* (1995) gibt es leider nur in schwedischer Sprache. Das erste und einzige Gartenbuch, das nachvollziehbar beschreibt, wie man, lediglich mit grünem Gras und Sand, alles zum Wachsen bringen kann. Auf Seite 8 schreibt *Åkerstedt* unter der Überschrift „Vereinfachte Anbaumethode" Folgendes:
„Es hört sich vielleicht unglaublich an, dass man alle Typen Düngemittel, die man im Handel führt, ersetzen kann mit bloßem Gras oder klein gehackten grünen Gewächsen. Aber für alle die, die daran zweifeln, ob sie zu dieser Dünge- und Anbaumethode übergehen sollen, will ich ein kleines Anbauexperiment vorschlagen; und warum sollen wir das nicht ‚Forschung innerhalb vereinfachter Anbaumethoden' nennen? Nimm zwei kleine Pflanzen, z. B. Pelargonien, Petunien oder Tagetes, und setze die eine Pflanze in einen Blumentopf mit handelsüblicher Erde, und die andere Pflanze in einen Topf mit reinem Sand. Die Pflanzen sollen einen kleinen Erdklumpen um ihre Wurzeln haben, wenn du sie in ihre Töpfe setzt. – Die Pflanze, die in Blumenerde steht, wässerst du mit gewöhnlichem Düngemittel, aber die andere Pflanze, die in reinem Sand steht, erhält als Nahrung lediglich eine drei bis vier Zentimeter dicke Lage frisches, zerschnittenes Gras. In monatlichen Abständen legt man eine neue Lage Gras auf die vorige." Allerdings muss man aufpassen, dass die Graslage nie ganz austrocknet! Der Sand soll gewaschen und grob sein, wie man ihn zum Mauern verwendet.

Diese einfache Beschreibung reizte mich, es einmal selbst auszuprobieren. Für meinen Versuch nahm ich halbgroße Salatpflanzen vom Spargelsalat 'Grüner Stern'. Die Pflanzen zeigten schon nach einer Woche ein gesundes, kraftvolles Wachstum. Der Vorsprung gegenüber der Kontrollpflanze in gewöhnlicher Erde war überraschend! *Nils Åkerstedt* geht davon aus, dass die Pflanzen aus dem Grasmulch auch die Elemente Stickstoff, Phosphor und Kalium aufnehmen – in den Formen, in denen sie es verwerten können.
Mit dem oben von *Åkerstedt* ausdrücklich empfohlenen „kleinen Erdklumpen", mit dem die Pflanzen in den Sand gesetzt werden sollen, überführt man auf scho-

nendste Weise Wurzel, Wurzelschleimhaut, die Mikroorganismen der Schleimhaut und einen Teil des Edaphons in den gewaschenen, ansonsten „reinen" Sand. Das weitere Futter kommt als Infusorien, wie beim Heuaufguss, von oben und vermehrt sich fortlaufend in dem leicht feucht gehaltenen, luftigen Gras.

Das ist aber noch nicht alles. *Nils Åkerstedt* lagert Grünmasse auch ein: Gras und Beikräuter, klein geschnitten, zu 40 Prozent, 40 Prozent Sand, 20 Prozent torffreies Jungpflanzenaufzuchtsubstrat werden mit der Hand oder mit einer Maschine gemischt, luftdicht in einem schwarzen Plastiksack oder Eimer eingeschlossen oder in größeren Mengen aufgesetzt wie ein Komposthaufen. Dann wird die Masse, mäßig feucht, möglichst fest zusammengepackt, im Freien und zugedeckt mit einem Gewebe gelagert, damit keine Fliegen darin ihre Eier ablegen können. Frühestens nach zwei Monaten, aber auch nach frostfreier Überwinterung, werden die Behälter oder Säcke geöffnet und mindestens eine Woche ausgelüftet. Der beigemischte Sand verhindert eine Verfilzung der Masse. *Åkerstedt* verwendet dieses Gemisch „wie Naturdünger". Um daraus Pflanzerde herzustellen, mischt er 30 bis 40 Prozent gelagertes Gras-Sand-Gemisch, 30 bis 40 Prozent Sand und 20 bis 40 Prozent Torf (anstelle Letzterem verwenden wir aus Gründen des Biotopschutzes aber besser ein torffreies Jungpflanzenanzuchtsubstrat! s. auch oben; *Anm. d. Red.*). Für die Langzeitlagerung mischt er aber keine Erde ein.
Dies ist wieder ein Prozess, der die Theorie vom Kreislauf der Bakterien stützt: Milchsäurefermentierung und verlustarme Lagerung des größten Teils der wertvollen Nahrungsstoffe über zwei bis sechs Monate (vergleichbar mit Grassilage oder der Herstellung von Sauerkraut) als Vollwertnahrung für das Bodenleben.

Quod erat demonstrandum: Grasmulch auf größeren Flächen

Dass die *Åkerstedt*-Methode auch in größerem Maßstab funktioniert, hat der Biogärtner Stefan F. zu überprüfen gewagt. Mit gutem Erfolg, wie Sie auf der Farbtafel 8 sehen können. Er wandte von 2005 bis 2010 ununterbrochen die Grasmulchmethode an und passte sie dabei an seine lokalen Gegebenheiten an. Mehrere seiner Kollegen, mit denen er in Kontakt steht, betreiben ähnliche Versuche mit dem gleichen erstaunlichen Erfolg. Im Jahr 2009 berichtete er mir von einem Schreiben der Universität Hannover, die durch Berechnungen zu dem Schluss kam, dass sein Grasschnitt keine Düngewirkung haben kann.
Die Praxis beweist das Gegenteil. Der Boden hat sich ganz offenbar nicht an die theoretischen Berechnungen gehalten.

Bedenken Sie bei allen Mulchmethoden:

Gras und andere Pflanzen, die mit mineralischem Künstdünger versorgt wurden, enthalten (und liefern damit) anderes Zytoplasma, andere Proteine und andere lebende Substanzen an das Edaphon und die Pflanzen als Gras und Beikraut, das schon viele Generationen symbiotisch mit dem von der Natur bereitgestellten Edaphon zusammengelebt und sich gesund von ihm ernährt hat. Ökologisches Futter ist immer besser, ob für Sie und Ihre Familie oder für Ihr Edaphon!

Die richtige Anwendung von Stallmist und Gülle

Mist in großen Mengen, wie er heute in der Landwirtschaft anfällt und verwendet wird, wird zuerst von den anaeroben (= ohne Sauerstoff arbeitenden) Mikroorganismen verarbeitet und muss danach erst noch von den aeroben (= sauerstoffbedürftigen) Mikroorganismen umgearbeitet werden, um in der Biosphäre gesunde Stoffkreisläufe aufrechtzuerhalten. Das Gleiche gilt für alle anderen organischen Abfälle, wie Sie in den folgenden Abschnitten noch sehen werden.
Zunächst hat der Mist eine biologische Qualität. Nach dem Wissen aus dem Kreislauf der lebenden Substanzen ist natürlicher Mist von rein biologischer Herkunft viel vitaler als Mist aus konventioneller Landwirtschaft. Die Möglichkeiten, gute oder negative Eigenschaften und Stoffverbindungen von Anbaugeneration zu Anbaugeneration weiterzugeben, sind ja gerade eine grundlegende Eigenschaft der *echt biologischen* Landwirtschaft. Bis heute ist es in der Biologischen Landwirtschaft zugelassen, dass gewisse Mengen an Mist aus konventionellen Betrieben zugeführt werden dürfen, wenn die Biobetriebe selbst zu wenig aus ihrem eigenen Betrieb haben. Darin liegt die Grundforderung der Organisch-Biologischen Landwirtschaft: Nur Leben erzeugt Leben, und das kann nur durch den geschlossenen Kreislauf der lebenden Substanzen geschehen – nicht durch das pausenlose Einbringen gelöster Kunstdüngersalze in den biologischen Kreislauf.
Doch Mist muss bestmöglich verarbeitet werden. Dafür gibt es mehrere Möglichkeiten.

Man kann ihn so frisch wie möglich, bevor er zu stinken beginnt, in einer dünnen Schicht auf die Erde bringen, der Luft aussetzen und ihn, oberflächlich eingearbeitet, mit der Erde in Kontakt bringen, damit das Edaphon ihn schnellstmöglich – bevor er austrocknet oder ausgewaschen wird – verarbeiten und sich dabei effizient ver-

mehren kann. So stehen das Edaphon selbst und seine Stoffwechselprodukte den Pflanzen als Nahrung zur Verfügung.
Muss Mist gelagert werden, stapelt man ihn auf und tritt ihn sehr kompakt zusammen, sodass er möglichst luftarm wird (sogenannter Stapelmist). Dann setzt eine Fermentierung ein, die die Reste an Luft verbraucht, danach zum Stillstand kommt und somit eine Lagerung ohne nennenswerte Verluste ermöglicht (*Preuschen* 1991, S. 156). Man kann auch bewusst Luft zuführen, um eine aerobe Vermehrung der Mikroorganismen zu fördern, z. B. mit einer kleinen Aquarienluftpumpe in einer Brennnesselwasserkultur oder mit Rührwerk und Lüftung in großen Gülletanks.
In all diesen Fällen vermeidet man die Entstehung eines anaeroben, sauerstoffarmen Fäulnisprozesses, der immer mit unangenehmen Gerüchen verbunden ist, die auch auf giftige Stoffe hinweisen.
Auch eine Heißkompostierung gehört zu diesen Methoden. Alle anaeroben Verfahren, außer der Fermentierung, sind „Spezialverfahren der Natur" für Fälle von extremer Anhäufung von organischer Substanz unter einem Mangel an Luftzufuhr. Die Natur kann dies glücklicherweise meistern – es bedeutet aber immer einen Umweg über unverträgliche und giftige Zwischenstationen, die die aeroben, symbiotischen Verdauungsprozesse belasten, bremsen, dezimieren oder gar ganz verhindern.

Dafür aber ist Mist durchaus nicht die einzige Möglichkeit, und auch nicht die beste – wie wir jetzt gesehen und verstanden haben. **Die Behauptung, dass Viehzucht des Mistes wegen die Voraussetzung für die Pflanzenproduktion darstellt, ist somit widerlegt.** Diese Kopplung in der Landwirtschaft dient lediglich der Verwertung des Abfalls aus der Fleischproduktion, stellt aber nicht die optimalen Möglichkeiten einer Pflanzenernährung dar.

Wasser aus der Regentonne

In der Regentonne bekommt das Wasser seine laue Wärme, die die Pflanzen so lieben. Hier wird es von der Sonne beschienen und durchschienen. Hier wird es grün. Hier wachsen Algen und andere Mikroorganismen. *Annie Francé-Harrar* beschreibt die Feuchtigkeit im Humus wie folgt: „Es handelt sich dabei aber nicht um ‚Wasser', sondern um eine hochwertige, organismen- und nährstoffreiche Infusion, welche die Pflanzenwurzel optimal auswertet." (1957, S. 9)
Auch durch das Spülen der Hände, Stiefel, Gartengeräte und der Gemüsepflanzen gelangen neue Mikroorganismen in die Tonne und vermehren sich ebenfalls. An der Farbe des Wassers oder unter dem Mikroskop wird dies deutlich. Hier wird das Futter, frisch und lebenskräftig, für die Pflanzen herangezogen. Die Pflanzen „fres-

sen" das Plankton roh und lebendig. Das ist entschieden mehr als nur laue Wärme und wasserlösliche Salze!
In der Brennnesseljauche und in allen anderen Infusorienkulturen aus organischem Material wächst noch viel mehr in lebende Strukturen eingebettetes Protein heran als in der Regentonne. Wir müssen uns nur darum bemühen zu lernen, wann diese Mikroorganismenkulturen auf dem Höhepunkt ihrer Lebenskraft sind, vom Zeitpunkt ihres Starts und unter Berücksichtigung der Besonnung und Temperatur und ihrer Luft- und Nahrungsversorgung.

Die Einwinterung des Edaphons im Garten

Wenn man im Herbst die Ernte hereinholt, putzt und einlagert, wird das Beet frei, und es fällt viel guter, frischer „Abfall" an, der oft nicht viel schlechter ist als das Eingelagerte. Und nun gilt es wirklich an Nahrung und Qualität zu denken und nicht nur an Mist und Dreck (obwohl auch der mitgehen kann).
Denken Sie aber auch daran, wenn Sie Abfälle – im Keller vergessene, nicht gegessene, verdorbene Äpfel, Kartoffeln und Mohrrüben – wegwerfen wollen, dass sie zu schade für den Müll sind. Obwohl eigentlich gelten sollte: Für alle Lebewesen, auch das Edaphon, ist das Beste gerade gut genug – frisch, ökologisch, lebendig und vital, ohne künstliche Hilfsmittel. Trotzdem gehören Obst und Gemüseabfälle statt in den Mülltonne besser – liebevoll zerkleinert in zentimeterkleine Stücke – frisch direkt zu Ihren besten Helfern in den Garten. Aber nur ungekocht! Auf diese Verwertungsmethode komme ich später noch genauer zurück (S. 151 ff.).
Zum Herbst nun, nach dem Ernten, lässt man alles Beikraut auf dem Beet liegen. Man braucht es auch nicht herauszureißen. Warum soll man alle Wurzeln und all die Stoffe, die diese in einer Wachstumsperiode hergestellt haben und mit denen sie ihre speziellen symbiotischen Helfer ernähren, ausgerechnet kurz vor dem Winter aus der Erde entfernen, wo das Edaphon doch auch gerade über den Winter Nahrung und Energie braucht, um im nächsten Frühling mit frischer Kraft unseren neuen Pflanzen die Möglichkeit zu gesundem Wachstum zu geben? Denn das Grüne über der Erde ist ja nur die Hälfte der Pflanze. Die andere Hälfte sitzt in der Erde, und beide arbeiten eng zusammen als Wasserversorgungssystem und als Ernährungssystem (s. S. 59). Für uns aber geht es darum, organisches „Futter" für das Edaphon herzustellen, das als „Abfall" (für uns selbst nicht verwertbar) einen ganz besonderen Wert hat, wenn es rein und ohne treibenden Mineraldünger gewachsen ist, frisch ist und noch lebt.

Wenn also vorhanden, legen Sie ruhig noch mehr Beikraut dazu und breiten Sie Ihren Küchenabfall darüber aus.
Dann decken Sie die Flächen extra gut ab für den Winter mit Heu, Stroh oder Laub. Das ist das Futter für das Bodenleben in der dunklen Jahreszeit. In warmen Wintern wird fast alles aufgefressen. Friert es fest, ziehen sich die Lebewesen in tiefere Erdschichten zurück oder warten in Kältestarre wärmere Zeiten ab, in denen sie dann erwachen und sich rasant vermehren, wenn noch genügend Futter vorhanden ist. Und im Frühling können Sie die Überreste dieser Überwinterungsschicht beiseiteharken und haben dann sofort ein ausgezeichnetes Saat- und Pflanzbeet.

Vor dem Winter lege ich pro halben Quadratmeter Gartenfläche bis zu einen Eimer (10 Liter) frischer, roher Gemüse- und Obstabfälle aus. Diese Schicht bestreue ich dünn mit Steinmehl und decke sie dann zwei bis fünf Zentimeter dick mit Holzschnitzeln, Laub, Stroh oder Heu ab. Auch bei diesem Abdeckungsmaterial sollte man den Nährwert für das Edaphon bedenken. So enthält Heu, selbst wenn es verschimmelt oder überlagert ist, mehr wertvolle Nahrung für das Edaphon als Stroh, das seine Kraft schon an das Korn abgegeben hat, und Holzschnitzel müssen erst von Pilzen aufgearbeitet werden.

Je nach Witterungsverhältnissen müssen Sie die Methode der Edaphonfütterung modifizieren. Beständiger Schnee und eine dickere Isolationsschicht aus losem, luftigem Material hilft dem Edaphon sehr, seine Lebensfunktionen auch den Winter hindurch aufrechtzuerhalten. Bei uns in Südnorwegen, direkt am warmen Meer, haben wir meist Temperaturen um den Gefrierpunkt und fast keinen Schnee, da muss ich meine Beete warm abdecken und zusätzlich mit Fichtenzweigen (vom Weihnachtsbaum) schützen. Auch ein Geflügelnetz kann sinnvoll sein, weil Wintervögel schnell herausfinden, wo die besten „Winterwürmer" zu finden sind.
Auch Hunde, Katzen, Mäuse und Ratten sollten Sie nicht außer Acht lassen. **Fleisch, Fisch, Milchprodukte und gekochte Essensreste können hier zum Problem werden und dürfen deshalb nicht zum Einsatz kommen!**
Entscheidend ist, dass Sie dem Edaphon für den Winter optimale Lebensbedingungen bereitstellen. Sie können die Ausbringung von frischem Küchenabfall systematisch den ganzen Herbst und Winter hindurch fortsetzen. Kommt eine Frostperiode, lässt man die Abfälle draußen im Eimer einfrieren, verteilt sie beim nächsten Tauwetter und deckt sie wieder gut zu, wie oben beschrieben. Auf diese Weise kann ein Zweipersonenhaushalt pro Woche einen halben bis einen Quadratmeter Gartenfläche mit Edaphonfutter versorgen (s. Farbtafel 11).

Erdisieren: gesunde Erde selbst herstellen

Aus dem Schwedischen „Jordisering“ (*jord* = Erde) wurde die deutsche Bezeichnung „Erdisieren“ abgeleitet. *Börje Gustavsson* hat einen Erdbohrer entwickelt, mit dem man 30 bis 60 Zentimeter tiefe Löcher (etwa 8 bis 30 Zentimeter im Durchmesser) im Garten bohren kann, beispielweise um Bäume herum:
„Im Herbst und im zeitigen Frühling ist die wichtigste Zeit für einen Garten. Da muss das Versorgungslager für die Gartengewächse unten in der Erde aufgefüllt werden. Dies geschieht durch ‚Erdisierung‘, das will sagen, dass man Küchen- und Gartenabfall sowie Naturdünger direkt und frisch, in 30 bis 60 Zentimeter tief gebohrte Löcher um Obstbäume und Büsche sowie im Gemüsegarten, in Rabatten und im Gewächshaus hart einpackt. Wenn der Abfall durch Verrotten abgebaut und die Pflanzennahrung freigesetzt ist, sinkt der Inhalt zusammen und kann mit frischem Abfall nachgefüllt werden. [...] Die Löcher eignen sich auch gut für die Wasserversorgung. [...] Aus älteren Löchern kann mit dem Bohrer Erde für die Blumentöpfe heraufgeholt werden. [...] Die weltbeste Pflanz-, Anbau- und Wiedergewinnungsmethode. [...] Maximalernten mit dem Erdbohrer.“ (*Gustavsson* 2001, 2016)

Dieses Verfahren, das man sich als direktes „Füttern“ des Edaphons vorstellen kann, sobald man die Resultate sieht, kann man auch auf die schon von *Rusch* beschriebene Mulch- bzw. Erdbedeckung als „Oberflächenkompostierung“ anwenden. Die Haufenkompostierung wurde von *Rusch* skeptisch und praktisch als Verbrauch an „Fruchtbarkeit“ am falschen Ort beschrieben (s. auch S. 139 f.), es sollte vielmehr dort geschehen, wo die Fruchtbarkeit direkt gebraucht wird, das heißt: um die Pflanzen herum. Die Vorstellung vom Kompostieren ist aber bei *Rusch* wie auch heute noch immer an die „Mineralstofftheorie“ gebunden, wonach die Pflanzen ja „nur“ leicht wasserlösliche Salzionen aufnehmen können. Aber gehen wir einmal davon aus, dass das Bodenleben nicht das befolgt, was *Liebig* sich ausgedacht hat, sondern nehmen wir einfach einmal an, dass das Edaphon als vitale, lebende „Erdbevölkerung“ das frische, ökologisch gesunde „Futter“ gleichsam frisst und sich dabei entsprechend zu lebendem Zytoplasma mit all seinem erstaunlichen Inhalt vermehrt: Dann sollte es uns nicht gleichgültig sein, ob nun Salzionen oder Mikroorganismen die Verursacher des Wachstums sind.
Ich bin sehr geneigt, hier Fermentation zu vermuten. Ziemlich fest eingestampftes, frisches, organisches Material, mit ganz begrenztem Zugang von Sauerstoff, muss doch wohl zur Milchsäuregärung führen, wie beim Sauerkraut. Und man pflanzt bei dieser Methode nicht in, sondern neben der „Erdsilage“, genauso wie *Teruo Higa* es empfehlt für sein Bokashi (der Begriff stammt aus dem Japanischen und bedeutet „Allerlei“. Es handelt sich um mit Effektiven Mikroorganismen fermentiertes, orga-

nisches Material, *Anm. d. Red.*), sodass die Pflanzenwurzeln wählen können, wann, wie und was sie davon fressen und verarbeiten wollen. *Higa* fermentiert den Küchenabfall ebenfalls. „Nach ein bis zwei Wochen zeigt ein süß-säuerlicher Geruch eine erfolgreiche Reife an." Er gräbt das Bokashi auch neben Bäumen, Büschen und Gemüse ein (*Higa* 2000).

Rusch warnte allerdings ganz ausdrücklich vor dem zu tiefen und sauerstoffarmen Eingraben von organischem Material, weil er zur Recht die stinkende, giftstoffhaltige Fäulnis fürchtete. Mit einigem Abstand zu dem eingegrabenen Material und genügend Wahlfreiheit für die Pflanzenwurzeln sieht es jedoch so aus, als ob die Pflanze diese Behinderung zu meistern weiß. Außerdem hat *Rusch* nicht den Prozess der Fermentation mit in sein Modell einbezogen.
Mit großer Wahrscheinlichkeit ist es auch wieder unsere reduktionistische Denk- und Experimentierweise, die diese drei beschriebenen Prozesse voneinander unterscheidet und trennt. Unten im Erdboden verlaufen sie wahrscheinlich so gut wie gleichzeitig, wenn nicht sogar symbiotisch. (*Higa* 2000, S. 25: Koexistenz von anaeroben und aeroben Bakterien.)

Erdisieren im Eimer

Wenn man gute Blumenerde oder Erde zum Umtopfen von Gemüsepflanzen braucht, und das zeitig im Frühling, dann kann (oder muss) man schon im Herbst davor anfangen; entweder mit der oben beschriebenen *Åkerstedt*-Methode oder mit der hier beschriebenen. Zu diesem Zweck müssen Sie den oben genannten Küchenabfall im Keller in Eimern erdisieren oder den gleichen Prozess auf größere Verhältnisse übertragen.

Im Keller mischt man einen Eimer voll frischem, gut zerstückeltem Küchenabfall mit einem Eimer Gartenerde gut durch, lagert dieses Gemisch in Eimern, in die man zuvor Ablauf- und Luftlöcher in den Boden gebohrt hat, und deckt die Oberfläche mit Moos oder Laub lose ab. Stehen die Eimer warm, kann man schon nach zwei Wochen versuchen, ob in dem Gemisch etwas sprießt. Im kalten Keller muss man mindestens 30 Tage warten. Vergeht längere Zeit, so ist das anscheinend kein Nachteil. Man kann dann den Inhalt einmal umschütten und dabei auflockern.
Diese Methode ergibt sehr vitale Erde, mit der man schon in Drei-Liter-Töpfen versuchen kann, mit Tomaten ein bis zwei Blütenstände zur Reife zu bringen. In Sechs- bis Zehn-Liter-Töpfen wächst schon ein guter Teil Gewürzgurken heran. Zusätzlich wässert man mit Brennnesseljauche (1:10 bis 1:5 verdünnt) und legt auch eine Abdeckung frisches Kraut und Gras obenauf (s. Farbtafel 9 oben).

In ganz kleinem Maßstab geht es sogar in der Küche. Man nimmt am besten frische (rohe!) Reste von seinem ökologischen Mittagessen, roh und ohne Fleisch- und Fischreste (Schalen von Bio-Zitrusfrüchten und z. B. Kaffeesatz dürfen auch dabei sein). Dies zerkleinert man ein paar Sekunden in einer Küchenmaschine mit reichlich Wasser, bis alles zu einer noch groben Grütze geworden ist. Dann seiht man das Wasser ab und lässt die Grütze gut abtropfen. Die grobkörnige, relativ trockene Grütze mischt man mit der gleichen Volumenmenge lebender, „guter" Garten- oder Komposterde. Diese muss ebenfalls ziemlich trocken, darf aber auf keinem Fall ausgetrocknet sein! Dann vermischt man beides in kleinen Mengen, etwa ein bis zwei Liter in einem 10-Liter-Eimer, so, dass keine Klumpen übrig bleiben. Klumpen können wegen Sauerstoffmangel nur von den anaeroben Mikroorganismen verarbeitet werden, und dies führt zur Geruchsbildung, was ein Hinweis darauf ist, dass der Erdisierungsprozess falsch läuft. Man kann auch die Mischung durch ein Fünf-Millimeter-Sieb streichen oder sie zum Abtrocknen einen Tag im Keller oder im Schatten draußen ausbreiten. Sie können auch noch kleine Anteile Muschelkalk, Holzasche oder Steinmehl dazugeben (s. Farbtafel 9 unten).
Vergessen Sie bei all diesen Versuchen nie: Denken Sie an das Leben, mit dem Sie umgehen!

Nach meinen Erfahrungen kann man überraschenderweise so gut wie unmittelbar nach dem Mischen, auf jeden Fall aber nach ein paar Tagen oder Wochen, um die Konsolidierung der mikrobiellen Lebensgemeinschaft abzuwarten, in dieser „lebenskraftvollen" Erde alle Samenpflanzen pikieren und aufziehen. Man kann diese frisch gemischte Erde auch ein paar Zentimeter dick mit milderer Saaterde überdecken und darin säen, so finden die jungen Wurzeln etwas später das nahrungsreiche Edaphon.

Wie lange eine solche Erde gelagert werden kann, ohne an Lebendigkeit einzubüßen, müssten kompetente Mikrobiologen aus der Humussphärenforschung für uns herausfinden.

Warum greift die Forschung dies nicht auf?

Hier ist noch viel Spielraum für eigene Erfahrungen, mit denen diese Vorschläge modifiziert, weiterentwickelt und gegebenenfalls auch korrigiert werden können. Und erneut eröffnet sich auch ein interessantes Forschungsfeld für die Agrarbiologie und die Pflanzenphysiologie. In solchen Forschungsaufgaben wären unsere Steuergelder besser angelegt als in gentechnologischen Experimenten mit ihren unkalkulierbaren Risiken, die auch Biologen nicht wirklich einschätzen können.

Meine eigenen Versuche zum Anbau und zur Zubereitung lebender Protein-Pflanzennahrung

Hier folgt die Beschreibung meiner eigenen Versuche und Methoden mit dem Anbau von Obst und Gemüse auf der Basis der Pflege des Bodenlebens und des Edaphons. Manche davon praktiziere ich schon seit Jahren und Jahrzehnten mit gleichbleibendem Erfolg. Doch weil die Garten- und Klimaverhältnisse ebenso verschieden sind wie die verwendeten frischen, lebenden Substanzen und die mit Edaphon belebten Erde, empfehle ich eine kleine Anzuchtprobe, z. B. mit Gartenkresse.

Verwertung von Gemüse- und Obstabfällen

Als ich begann, mich mit Permakultur zu beschäftigen, führte ich zunächst kleine Experimente in meinem Felsengarten in Südnorwegen durch. Zuerst sortierte ich meinen organischen Abfall aus dem Garten und den umliegenden Heidebiotopen und aus meiner Küche in reine und wenigstens zugekaufte „ökologische" Reste einerseits und in Spezialabfall aus allem „normalen" Zugekauftem (also konventionelle Lebensmittel). Daraus entsteht entweder reiner, sauberer Kompost bzw. Erdabdeckung oder Spezialkompost als verunreinigter organischer Abfall. Alle meine hier angeführten Versuche sind ausschließlich mit den sauberen organischen Resten (also aus Biolebensmitteln) durchgeführt, wobei ich darauf achte, dass sie nicht vorher verderben, das heißt: in einen Fäulnisprozess übergehen.

Mein erster Versuch: Ich legte einen Holzrahmen auf den breiten Steinwall, der mit Steinen aus dem nahegelegenen Geröllfeld vor mehreren Generationen aufgebaut worden war. Dieser Steinwall (auf Norwegisch „steingard"), trennt nun die mit Hand- und Pferdekraft von Steinen ausgeräumte Weide von meinem Felsengarten. Den Holzrahmen füllte ich nach und nach mit ökologischen Rohstoffen aus Küche und Grundstück etwa 20 Zentimeter hoch und setzte Grünkohlpflanzen mit den Wurzelballen hinein. Zum Herbst und bis in den Frühling hinein hatte ich herrlichen Grünkohl. Nach mehr als zwanzig Jahren gedeihen heute auf allen diesen Steinen Kartoffeln, Schwarze Johannisbeeren und Topinambur.
Die Natur betreibt ihre Erdbildung mit Flechten und Moosen etwas langsamer. Aber das Prinzip ist das Gleiche.

Nach vielen Jahren solcher und anderer Experimente hat sich für mich folgende Praxis herausgeformt, die ich gerne weitervermitteln möchte:

Hocheffiziente Abfallverwertung

Wenn man etwas Zeit hat beim Zubereiten der Mahlzeiten, so kann man sich auch angewöhnen, dabei an seine besten Mitarbeiter im Garten zu denken und den „Abfall" vom Gemüse, das ja am besten direkt vom Garten in die Küche gekommen sein sollte, auch ein wenig kleinzuschneiden. Nicht nur für uns, auch für das Edaphon ist eine möglichst frische und zerkleinerte Nahrung vorteilhaft. Allerdings muss uns auch klar sein, dass wir heute so gut wie keinen organischen „Abfall" mehr haben, der noch die Qualität von gesundem „Futter" für das Edaphon besitzt. Alle unsere Nahrungsmittel sind nach jahrzehntelanger Verteilung in den Stoffkreisläufen mit Chemikalien und transgenen Bestandteilen mehr oder weniger kontaminiert. Achten Sie deshalb darauf, nur möglichst hochwertige Obst- und Gemüsereste auszubringen – am besten Bioware oder die aus Ihrem eigenen Garten.
Für zwei Personen sammle ich so alle pflanzlichen Reste – möglichst in Bio-Qualität – von fast einer Woche zusammen. Das ergibt sieben bis acht Liter Reste, die möglichst nicht so feucht und dicht zusammengepackt sein sollten, dass sie schon anfangen zu riechen.
Diese breite ich auf einem halben bis einem Quadratmeter Gartenfläche aus. Damit die Nachbarn sich nicht wundern müssen und auch für den eigenen Schönheitssinn – aber vor allem, um das Edaphon zu schützen –, decke ich die Fläche dann mit Stroh, Heu oder Gras ab. Man kann sogar ziemlich hohes Beikraut niederlegen, vier Seiten nasse Zeitung darüberdecken, den Küchenabfall darauf verteilen und abdecken. In ein Loch in der Zeitung kann man sogar anschließend schon eine Zucchini- oder Kürbispflanze, eine Erdbeer- oder Kohlpflanze mit ihrem Wurzelballen setzen. Auch eine Pflanzkartoffel kann man in das Loch legen.

Das Ganze sollte nun erst einmal ruhen. Nur austrocknen darf der Aufbau nicht, denn zum einen gehört Feuchtigkeit zu den Lebensbedingungen des Edaphons; aber auch, weil sonst das trockene Zeitungspapier die obere Schicht von der unteren absperrt, sodass kein Wechsel von Stoffen und Lebewesen vorgehen kann, bevor wieder Feuchtigkeit dazukommt.
Auf diese Weise kann man ein entsprechendes Beet vorbereiten, auf dem man Woche für Woche einen halben bis einen Quadratmeter frischen Küchenabfall ausbringt und sorgfältig abdeckt. Es kann dann der Jahreszeit entsprechend entweder sogleich bepflanzt oder auch bis zu einem späteren Zeitpunkt in Ruhe gelassen werden (s. Farbtafel 11 oben u. unten).

Dieses Verfahren kann man direkt auf allen Rasenflächen, auf allen mit Beikraut bewachsenen Flächen und – mit etwas mehr Erfahrung und etwas mehr organischem Material – sogar auf Sand, Stein, Fels und sogar Beton versuchen. Asphalt dagegen soll man meiden oder zur Not mit Plastik abdecken. Jedoch ist beides giftig!
Bedenken Sie aber, dass jede Erdfläche, die nicht mit grünen Pflanzen und deren Wurzeln bestanden ist, von der Möglichkeit, Sonnenenergie zu speichern, abge-

koppelt ist. Jedes Beikraut arbeitet wie Solarzellen. Es sammelt die Energie aus dem Licht (auch bei bewölktem Wetter), gibt diese weiter zu den Pflanzenwurzeln und „tankt" damit das gesamte Edaphon auf mit erneuter Stoffwechselkraft.

Rechnen wir mal hoch: Sieben Liter Abfall pro Woche mal 52 Wochen im Jahr, auf einer Gartenfläche von einem Quadratmeter = 52 Quadratmeter, das ergibt eine unglaublich gute Gartenerde und eine sonst wahrscheinlich noch nie erreichte Ernte.

Herwig Pommeresches Küchenzwiebelbeet

So pflanze ich Zwiebeln ohne jegliche „Erd-Wühl-Arbeit":

Ich belegte eine Fläche von ca. 1,5 x 2 Meter mit Resten und Abfällen vom Einmachen, Einlegen und Einfrieren aus der Gemüse- und Obsternte etwa zwei bis drei Zentimeter dick: Auf Farbtafel 11 sehen Sie in der Mitte des Beetes oben links Trester vom Fliederbeerensaft, oben rechts Kartoffelschalen und darunter gewöhnliche, höchstens eine Woche alte rohe Küchenreste, überstreut mit Steinmehl. Ähnliches Material ist rechts und links mit einem ein halbes Jahr lang gelagerten Zweighäckselmulch ein bis zwei Zentimeter dick bedeckt; und links zum Abschluss mit Fichtenreisig (oder einem Kükennetz) abgedeckt, denn die Vögel wissen schon längst, wo es noch Regenwürmer gibt.

Im Frühjahr wurde das Reisig abgenommen. Alles, was darunterlag, ist in den meist milden Wintern verschwunden! Wenn das Futter zu grob und der Winter zu kalt war, geht es langsamer, aber in jedem Herbst arbeitet und frisst das Edaphon. Bei Frost jedoch zieht es sich tiefer in die Humussphäre zurück oder kapselt sich ein zum „Winterschlaf". Im Frühjahr aber kommt es wieder in Gang. Diese Lebensabläufe muss man für jede Klimazone und für fast jeden Garten und Acker experimentell herausfinden. Bei zu kalten Wintern muss man zusätzlich mit trockenem Material wie Heu isolieren. Auch Schnee ist eine gute Winterdecke.

Wenn es funktioniert hat, bleibt nach dem Abdecken nur noch feinste krümelige Erde zurück: Alles ist „aufgefressen" vom Edaphon, das man nicht sieht. Sind ein paar grobe Reste zurückgeblieben, harke ich sie ab. Die feine krümelige Erde ohne jegliches Beikraut decke ich unmittelbar mit einer alten Filzdecke vorübergehend ab, damit das Edaphon nicht zu stark extremer Sonneneinstrahlung und heftigen Regenfällen ausgesetzt ist.
Ich ziehe dann nur einmal den Sauzahn (handliches Bodenbearbeitungsgerät; *Anm. d. Red.*) durch die Erde, um die vorgezogenen, stricknadeldünnen Keimlinge zu setzen. Die Zwiebeln (Sorte 'Ailsa Craig') hatte ich im Spätwinter im Keller vorgezogen. Ich setzte die Jungpflanzen dann im Abstand von 10 Zentimetern aus, Reihenab-

stand 15 Zentimeter. Dazwischen legte ich 10 Zentimeter hoch frisch geschnittenes Gras und Kraut von einer Naturwiese lose aus. Unter dieser Grasabdeckung keimt so gut wie kein Beikraut mehr.
Nach zwei Monaten sind meine Zwiebelschlotten bleistiftdick, und zwischen den Reihen ist das erste Gras fast verschwunden. Dann lege ich noch einmal eine 10 Zentimeter dicke Decke frisches Gras zwischen die Reihen und achte darauf, dass dabei die Schlotten nicht verdeckt werden. Bis zum Herbst muss nun nichts mehr gemacht werden. Nach der Ernte deckte ich das Areal für den Winter wieder mit einer 2–3 Zentimeter dicken Schicht frischem Küchen- oder Pflanzenabfall, Laub, Heu oder Stroh ab und legte darüber Tannenreis oder ein Vogelnetz.

Mit dieser Methode erntete ich sieben Jahre hintereinander rund 18 Kilogramm Zwiebeln (oder wahlweise 14 Kilogramm Porree oder 11 Kilogramm Sellerie) auf der gleichen Fläche, ohne Schwäche- oder Krankheitserscheinungen.
Ich interpretiere das so: Die intensive mehrmalige „Fütterung" des Edaphons hat eine gesunde Fruchtbarkeit des Bodens aufrechterhalten.

Meine Küchenreste-Grütze

Dazu fülle ich einen Küchenmixer zu drei Vierteln mit frischem ökologischem Pflanzenmaterial aus Küche, Garten und der freien Natur (ähnlich wie beim Erdisieren auf S. 148). Dieses Gemisch fülle ich mit Regen- oder Teichwasser auf – möglichst nicht mit Leitungswasser – und lasse den Mixer auf hoher Stufe ein paar Sekunden laufen, bis eine grobe Grütze entstanden ist. Das Wasser siebe ich ab und verwende es, im Verhältnis 1:5 bis 1:10 verdünnt, zum Blumengießen oder zum Füttern des Edaphons im Garten.
Die möglichst frische und abgetropfte Grütze vermenge ich dann zu gleichen Teilen mit halbtrockener Gartenerde oder Kompost in einem geräumigen Eimer. Dabei dürfen sich keine Klumpen bilden. Denn in diesen fehlt der Sauerstoff, was für das Bodenleben kontraproduktiv ist. Um die Klümpchenbildung zu verhindern, kann man die Gemüsegrütze zuvor in ein Tuch geben und auswringen, eventuell anschließend die Mischung auch noch durch ein grobes Sieb streichen (s. Farbtafel 9 unten).

Chlorophyllwasser

Dazu gebe ich eine Handvoll Gras und Kräuter zusammen mit einem Liter Wasser in einen Mixer, rühre einige Sekunden, gieße das grüne Wasser ab und füttere mit diesem Chlorophyllwasser Tomaten, Bohnen und Gurken bis zur Reife (s. Farbtafel 13 unten).

Zimmerpflanzen reagieren meiner Erfahrung nach so gut wie unmittelbar auf eine solche Chlorophyllwassergabe! Einige lassen schon am nächsten Tag eine sichtlich zunehmende Grünfärbung der Blätter erkennen. Andere, die zuvor in Ruhe verharrten oder sogar „kränkelnd" im Fenster hingen, fangen mit einem kraftvollem Wachstum an. Auch meine Versuche, Gemüsesetzlinge mit ihren kleinen durchwurzelten Erdklumpen in reine, fast sterile Substrate wie gewaschenen Sand zu „pflanzen" und ausschließlich mit verdünntem Chlorophyllwasser zu ernähren, brachten überraschende Resultate (s. Farbtafel 14 und 15).

Den Wald auf den Acker zurückholen: Sägemehl und Rinde im Land- und Gartenbau

Auch mit Holzabfällen wie Sägemehl und Rinde habe ich erfolgreich und mit guten Erfahrungen experimentiert (s. Farbtafel 16 unten). Sägemehl ist ein hervorragender Humuslieferant, auch Rinde hat einen hohen Wert. Beides darf aber nicht frisch ausgebracht werden, sondern muss zuvor einen Kompostierungs- beziehungsweise einen mehrwöchigen bis mehrjährigen Alterungsprozess durchlaufen, bei dem die Masse befeuchtet und umgeschichtet wird.
Nach meinen Erfahrungen lassen sich Gülle und Sägemehl sehr gut vermischen und anschließend kompostieren. Nach dem Alternlassen bringe ich sie im Herbst als Mulchdecke bis zu 10 Zentimeter dick auf und reche im Frühjahr die gröbsten Bestandteile ab. Damit habe ich die beste Schutz- und Nährdecke für das Bodenleben, die man sich denken kann.
Wichtig ist natürlich: Das Sägemehl darf nur aus einem Sägewerk stammen und von Holz, das unbehandelt ist. Sägemehl aus Tischlereien stammt meist von behandeltem Holz, wie z. B. Spanplatten, und ist Sondermüll!
Rindenkompost hat einen hohen Düngewert, frische Rinde dagegen hat herbiziden Charakter und verhindert weitgehend das Aufkeimen von Samen (weshalb ja frische, zerkleinerte Rinde auch gern als Rindenmulch unter Sträuchern und in Staudenbeeten ausgebracht wird). Weder Sägemehl- noch Rindenkompost dürfen ohne Not unter die Erde gebracht werden; denn sonst bildet sich aufgrund des Luftmangels Torf!

Weitere Experimente nach Herwig Pommeresche

In weiteren Versuchen habe ich meine Pflanzen auf vielerlei Arten mit Mikroorganismen gefüttert: mit aeroben, also immer mit reichlich Sauerstoff versorgten, niemals unangenehm riechenden oder gar stinkenden „Infusorien"-Kulturen aus

Brennnesseln oder allen möglichen anderen Mischungen aus frischen grünen und obstigen, organischen Substanzen mit Wasser. In Festmistsilage, Grassilage oder in unserem Sauerkohl, sogar mit eigenem Saft, gemischt mit lebender Erde, wachsen meine Pflanzen.

Salat, unkonventionell gezogen

Ich machte auch einmal einen Versuch mit Salat, gezogen in einer Mischung aus Sauerkraut und Gartenerde: Ein Volumenteil Sauerkraut mit Saft, mit zwei Volumenteilen fertigem, aber frischem, lebendem Kompost gemischt (s. Farbtafel 13 oben). Das Ergebnis: Die Salatpflanzen wachsen kräftig und gut. Das gleiche gute Ergebnis erreicht man mit Silage vom Bauernhof.

Aus der Küche in den Garten

Ich machte folgenden Versuch: Einmal im Monat zermahlte ich einen halben Liter Küchenabfall zusammen mit einem Liter Wasser in einem Mixer (s. S. 154) und brachte diese Menge auf einem Quadratmeter trockener Moosfläche aus – ein Jahr lang, begonnen im Oktober. Das ergab sechs Liter Küchenabfall pro Quadratmeter und Jahr, als Nahrung für das – wie ich annahm – unter dem Moos befindliche Edaphon. Ergebnis: **Die Fläche bekam wieder einen dichten, grünen Grasbewuchs.**

Rechnen wir hoch: Eine vierköpfige Familie produziert etwa 0,3 bis 0,6 Kilogramm Küchenabfall am Tag (ohne Fisch und Fleisch). Der Nahrungswert entspricht in etwa drei bis sechs Kartoffeln. Auf diese Weise lässt sich mit 100 bis 200 Kilogramm organischem Material im Jahr das Edaphon auf etwa 15 bis 30 Quadratmeter Gartenfläche, Grünfläche, Blumen- oder Gemüsebeeten versorgen – damit erreicht man außerdem eine ertragreiche Ernte und entsorgt nebenbei gleich noch seinen Küchenabfall. Es ist von Vorteil, die „gefütterte" Fläche im Gemüsegarten locker mit Gras abzudecken, um das Bodenleben und sein „Futter" vor dem Austrocknen zu schützen.

Brennnesselwasser

Fangen wir ganz klein an: Viele von uns kennen sicher noch das Experiment „Heuaufguss" aus der Grundschule oder dem späteren Biologieunterricht. Man stellt

etwas Heu oder Gras in einer Flasche mit Wasser drei Tage auf der Fensterbank auf. Dabei entsteht eine sogenannte Infusorienkultur. Auch altes Blumenvasenwasser oder Brennnesselwasser eignen sich als Nahrung für den Garten.
Letzteres enthält allerdings für gewöhnlich so viel wasserlöslichen Stickstoff und Kalium, dass man vorsichtig sein muss, sonst kann es zu Geilwuchs führen. Brennnesselwasser stinkt grauenhaft und führt zu Geilwuchs, wenn man es zu konzentriert anwendet. Zu viel „NPK-Nahrung", lautet die Begründung; so oder ähnlich liest man es in Gartenbüchern zu Ökologischem Anbau. Das habe ich auch lange geglaubt und daher jahrelang keine Brennnesseljauche angewendet bzw. Brennnesselwasser nur in kleinen Mengen zubereitet. Ich wollte doch meine Pflanzen nicht mit wasserlöslichen Salzionen überfüttern! Bis ich schließlich einen Zusammenhang zwischen Heuaufguss und Brennnesselwasser erkannte, und einen Tropfen von Letzterem unter dem Mikroskop betrachtete. Was ich sah, waren Tausende von Einzellern, Amöben und Geißeltierchen in Bewegung. Und die Millionen von (kleineren) Bakterien sieht man, wenn überhaupt, erst bei 1000-facher Vergrößerung als winzige Pünktchen, die ebenfalls in rhythmischer Bewegung sind. Das sind keine wasserlöslichen Salzionen, das sind lebende Wesen – Millionen, Milliarden lebender Wesen!
Ein solcher Aufguss ist also für einige Tage und Wochen eine „lebende Proteinsuppe" – solange Luft und Nahrung zur Verfügung steht –, die die Pflanzenwurzeln gleichsam „begierig in sich hineinschlürfen", wie es *Hamaker* in „Die Geheimnisse der guten Erde" von *Tomkins* und *Bird* (1998) beschreibt. Erst wenn es „typisch" zu stinken anfängt, ist der Sauerstoff verbraucht, und es setzen andere Stoffwechselprozesse ein mit anaeroben (ohne Sauerstoff lebenden) Mikroorganismen. Sie produzieren in der Regel Giftstoffe – ähnlich wie in unbehandelter bzw. unbelüfteter Gülle, wie sie in der Landwirtschaft verwendet wird (s. S. 76 ff.).
Seitdem verwende ich auch Brennnesselwasser. Nun fürchte ich mich nicht mehr vor den darin eventuell gelösten Salzionen. Denn sie sind bei Weitem nicht der Hauptbestandteil, soweit sie überhaupt eine Rolle spielen! Eine kleine Aquarienbelüftung in die Brennnesseltonne eingeleitet, und die von *Rusch* ausführlich beschriebene und „betriebseigene Giftfabrik", vor der er warnt, ist umgebaut in eine in höchstem Maße Fruchtbarkeit generierende Infusorienkultur mit großen Mengen von lebendem Zytoplasma, das die Pflanzenwurzeln aufnehmen. Hier findet keine Mineralisierung statt, kein Verrotten oder Kompostieren – überhaupt kein Abbau, sondern aerobes, lebendiges Um-Wesen von lebendem Zellinhalt zu lebenden Mikroorganismen, oder, wie ich es nenne: syntropischer, lebender Umbau. So etwas stinkt nicht!

Effektive Mikroorganismen als fertige Präparate

Alle im vorangegangenen Kapitel beschriebenen Methoden und Anwendungsversuche beruhen auf dem Prinzip, die natürlichen Mikroorganismen im Boden und in der Pflanze zu fördern und gesund zu erhalten. Wer für so etwas gar keine Zeit hat, kann sein Bodenleben im Garten aber auch mit fertigen Präparaten fördern.

Im Handel findet sich eine relativ große Anzahl von sogenannten Bodenverbesserungsmitteln und Pflanzenstärkungsmitteln oder Kompoststarter mit aktiven Mikroorganismen. Was ich jedoch mit einer Ausnahme noch nie gefunden habe, ist der Hinweis, dass die Pflanzen die Mikroorganismen in diesen Mitteln, soweit sie wirklich noch leben, auch lebendig als Nahrung aufnehmen und verarbeiten: „Durch eine gezielte Beimpfung mit Starterkulturen aus Effektiven Mikroorganismen von Böden und Pflanzen in Gärten, Obstquartieren und auf Ackerflächen wachsen nach Aussagen nahezu alle Kulturpflanzen nicht nur gesünder und weisen eine lange Lagerfähigkeit auf. In Kombination mit einer ausreichend großen Menge an organischer Substanz (OS), wie sie vielfach in der Garten- und Hauswirtschaft, aber auch im Landbau anfällt, lässt sich der Humusaufbau bei Kulturböden mit MikroVeda®-Effektiven Mikroorganismen beschleunigen und nachhaltig stabilisieren. Pflanzen ernähren sich hauptsächlich über ihre Wurzeln auch von lebenden Einzellern, Bodenpilzen und Bodenbakterien. Dieser Vorgang wird wissenschaftlich „Endozytose" genannt. (*Rateaver, Bargyla* u. *Rateaver, Gylver*: „The Organic Method Primer. UPDATE, 1993; *The Basics*", 1994)." (s. a.: www.mikroveda.eu/Effektive-Mikroorganismen)

IV. Schlussfolgerungen und der Blick in die Zukunft

10. Meine Vision

Mut zu neuen Denkmodellen – Mut zu neuem Handeln

Beim Versuch, wenn nicht gleich für die gesamte Landwirtschaft, so doch zumindest für den Garten praktische Anweisungen zu geben, verfällt man immer wieder in das alte Muster, das „Denkmodell Kunstdünger". Ich halte aber gerade solche „Umwege" für die eigentlichen Wege, die uns zum Verständnis des Kreislaufes der lebenden Mikroorganismen führen können. Ich erlaube mir daher noch einmal eine Zusammenfassung meiner Thesen und Gedanken:

Wir denken uns Modelle aus, mit deren Hilfe wir versuchen, „die Welt" zu verstehen, also Theorien, Weltanschauungen, Wissenschaften, Religionen usw. Diese Modelle führen uns zu gedanklichen Annahmen und zu Experimenten, mit denen wir versuchen, das jeweilige Modell abzusichern, auszubauen und zu „beweisen", wie wir es nennen. Mit Hilfe dieser Modelle bauen wir uns eine Schein-Wirklichkeit auf, an die wir glauben, die wir für wirklich halten, weil wir es mehr und mehr für das einzig mögliche, reale, konkrete Modell ansehen und deshalb alle anderen Modelle, die ursprünglich (also zu Beginn der Überlegungen zu einem Thema oder Problem) einmal gleichberechtigt waren, für falsch halten.
Außerdem geschieht Folgendes: Einige Modelle verbreiten sich mehr als andere, werden von mehr Menschen befürwortet als andere, und werden dadurch früher oder später eher für richtig gehalten als andere. **Im Laufe der Zeit werden solche „Mehrheitsmodelle" überhaupt nicht mehr überprüft.** Es wird nicht mehr hinterfragt, woher sie kamen und wie sie entwickelt wurden, wo sie derzeit stehen und wo sie hinführen. **Und somit werden eventuelle Fehler, die alle Erklärungsmodelle zwangsläufig verursachen, gar nicht mehr als solche erkannt**. Stattdessen werden sie innerhalb des als einzig richtig angenommenen Modells ständig weitergeführt, im Alltag genauso wie auf den Universitäten. Gefahren, die diese Fehler bewirken, werden oft gar nicht als solche erkannt oder so lange wie irgend möglich verharmlost oder (scheinbar) widerlegt. Speziell wenn es darum geht, Profitinteressen zu befriedigen, wird versucht, mit bezahlten Forschungsaufträgen eben bezahlte „Forschungsresultate" und Lehrbücher zu verfassen, die so lange wie nur möglich die „einzige" Lehrmeinung aufrechterhalten.

Ein solches Modell ist das der „Mineraltheorie". Im Laufe von hundert Jahren ihrer praktischen Anwendung hat man die gesamte Biosphäre mit nichtlebenden, syn-

Tafel 1

Foto: Perytsky/Fotolia

Der Regenwurm ist der bekannteste „Bewohner" der Humussphäre. Sein Bestand hat in vielen Böden erschreckend abgenommen.

Foto: Pommeresche privat

Viele Regenwürmer sind ein Zeichen für gesunden Boden und gedeihendes Edaphon.

Foto: phoopanolpics/Fotolia

Das Gold des Bodens: Regenwurmexkremente sind mehr als nur "Abfall"!

Foto: OLV-Archiv

In verdichteten Ackerböden ist kaum mehr gesundes Pflanzenwachstum möglich.

Illustration: „Die zersetzende Gesellschaft" © Carl-W. Röhrig, Hamburg

So sieht der Künstler Carl-W. Röhrig die Wohnröhren des Regenwurms.

Foto: Michael Tieck/Fotolia

Neben Regenwürmern gehören auch die Asseln zu einem ökologischen Gleichgewicht im Boden.

Foto: Dennis Tabler/Fotolia

Wir sehen ihn selten und halten ihn für tote Materie: Doch der Boden unter unseren Füßen wimmelt von Leben.

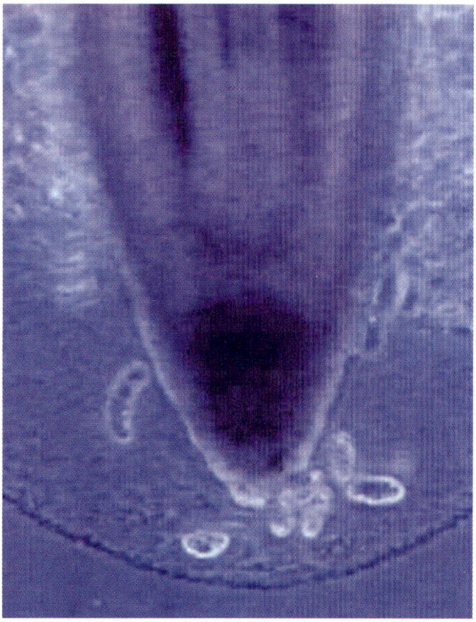

Foto: OLV-Archiv

Mikroskopische Aufnahme einer Feinwurzelspitze.

Foto: khlongwanchao/Fotolia

Im Hunzatal werden auch heute noch die nährstoffreichen, fruchtbaren Wasserkulturen angelegt.

Foto: demerzel21/Fotolia

Auch die Inkagärten zählen zu den Wasserkulturen.

Tafel 5

Foto: Hecke71/Fotolia

Schon vor tausenden von Jahren wussten unsere Vorfahren um den Wert des nährstoffreichen Nilschlamms.

Foto: DN6/Fotolia

Die Ernte im Reisanbau wird wesentlich verbessert, wenn im Substrat Reiskrabben leben.

Foto: Kokhanchikov/Fotolia

So oder so ähnlich müssen wir uns die schwimmenden Gärten vorstellen.

Foto: Archiv Pommeresche

Bericht über die Landwirtschaft der Azteken im Texcocosee.

Tafel 7

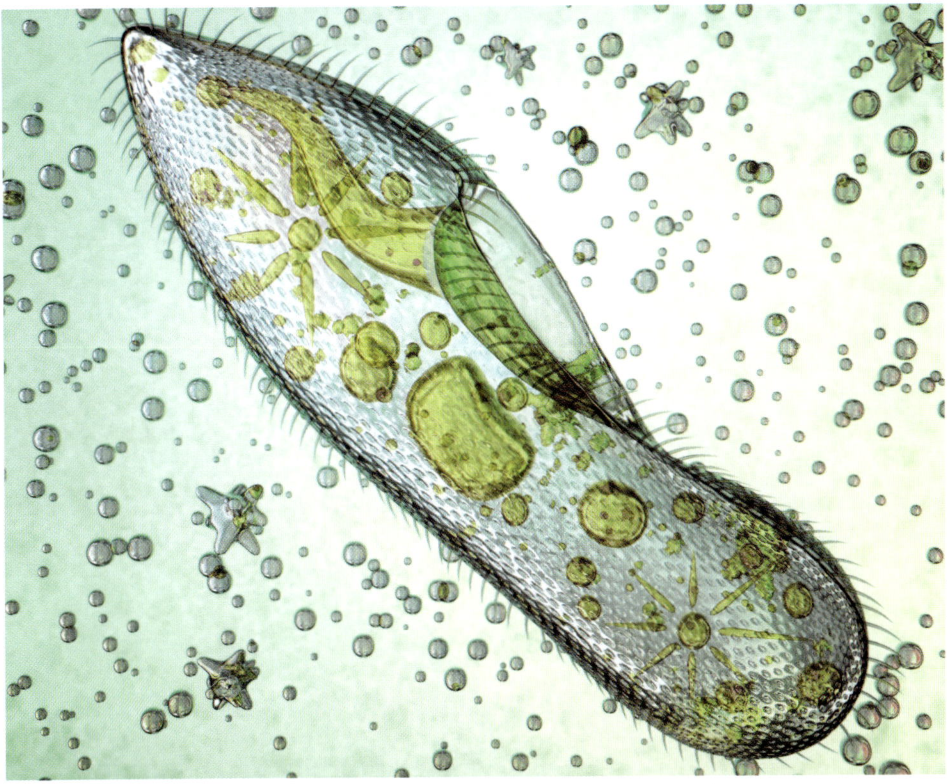

Illustration: Wire-man/Fotolia

Das Pantoffeltierchen Paramecium caudatum, *ein Einzeller und Süßwasserbewohner.*

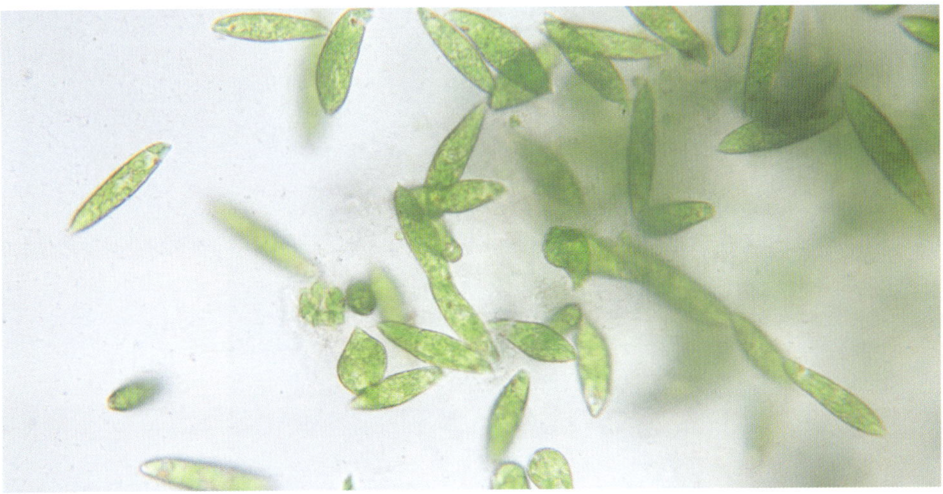

Foto: tonaquatic/Fotolia

Euglena spec., *das sogenannte „Augentierchen", ist ein Chlorophyll enthaltender Einzeller und gehört zum „Plankton des Erdbodens".*

Tafel 8

Oben: Grasmulchbeet mit Blumenkohl-Setzlingen. Links und rechts: Ernte aus dem Grasmulchbeet.

Fotos: Archiv Pommeresche

Die Grasmulchmethode nach Åkerstedt wurde auch schon auf größeren Flächen erprobt.

Tafel 9

Versuchsreihen des Autors. Links: Erdisieren im Eimer. Oben: Keimprobe mit Kresse. Rechts: Tomate und Kürbisse wachsen im „erdisierten Substrat".

Links: Herstellung von Grütze aus frischem Pflanzenmaterial und Rohkost-Küchenabfällen. 1 : 1 mit herkömmlicher Erde gemischt, ergibt das einen hervorragenden Dünger. Das abgeseihte Wasser lässt sich als Gießwasser verwenden.

Fotos: H. Pommeresche

Tafel 10

Fotos: H. Pommeresche

Traditionelle norwegische Düngemethode mit Fischabfällen, unten die Kartoffelernte aus dem Beet. Für Stadtgärten und siedlungsnahe Gärten ist diese Methode ungeeignet.

Tafel 11

Füttern des Edaphons: rechts zerkleinerte Küchenabfälle, links Reisigabdeckung.

Oben und links: Reiche Ernte im Zwiebelbeet des Autors, ohne jede „Erd-Wühl-Arbeit": bis zu 18 kg Zwiebeln pro Quadratmeter.

Im „Felsengarten" des Autors ist zu sehen, wie das Edaphon eingewintert wird: Eine Reisigabdeckung, z.B. aus Fichtenzweigen, schützt die Bodenprozesse im Winter.

Fotos: H. Pommeresche

Tafel 12

Foto: coco/Fotolia

Halbfertiger Kompost ist eigentlich auf dem Höhepunkt seines Nährwerts.

Foto: Kurt Walter Lau

So sieht gesunde Erde aus.

Foto: Kurt Walter Lau

Gemüse auf lebendigem, humosem Boden, der mit Effektiven Mikroorganismen stimuliert und dessen Edaphon mit organischer Substanz „gefüttert" wurde.

Versuchsreihe des Autors: Die Salatpflanze links wächst in „Åkerstedt-Mulch", die mittlere in Sauerkraut, die rechte in gewöhnlicher Gartenerde.

Fotos: H. Pommeresche

Herstellung von Chlorophyllwasser im Küchenmixer.

Tafel 14

Fotos: H. Pommeresche

Einblick in den Versuchsgarten des Autors: All diese Pflanzen wurden in gewaschenem Sand mit neutraler Moosabdeckung gezogen und ausschließlich mit Chlorophyllwasser versorgt.

Tafel 15

Auch dies wurde vom Autor praktisch erprobt: Schwimmende Pflanzen in Algen- und Chlorophyllwasser …

Fotos: H. Pommeresche

… und Ziehen von Salat in Blähton und Chlorophyllwasser.

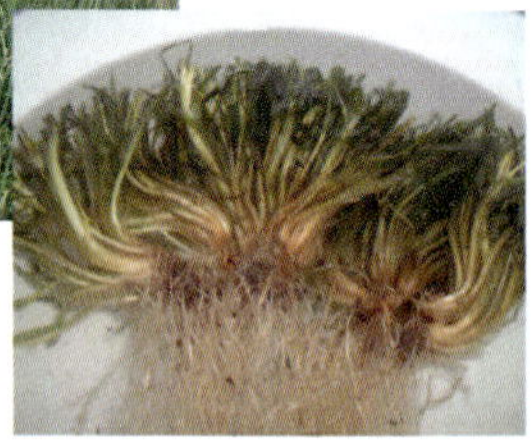

Der Winterroggen von Siegfried Lange. Links die ausgewaschenen Wurzeln einer Roggenpflanze, rechts aufgeschnitten.

Den Wald auf den Acker zurückholen: Feinhäcksel links nach 10-monatiger, rechts nach 10-jähriger Fermentierung. Der Häcksel wurde im Verhältnis 1:4 mit Gartenerde gemsicht. Danach wuchsen in dem Substrat diese Kohlrabipflanzen, die mit 20%igem, belüftetem Brennnesselwasser bewässert wurden.

Fotos: Archiv Pommeresche

thetischen Stoffen vergiftet. Ein großer Teil chemischer Katastrophen ist wohlbekannt, die meisten warten noch auf ihre Entdeckung. Eine Weiterführung dieses Modells unter der Regie der technologischen Biochemie manipuliert nun sogar lebende Substanzen und deren Vermögen zur Selbstorganisation, was mit Sicherheit zu heute noch ungeahnten biologischen Katastrophen führen wird.
Die Art, wie wir mit unseren Böden auf der Basis dieses einen Modells umgehen, hat verheerende Auswirkungen auf einen Teil der Biosphäre, die längst nicht mehr zu übersehen sind. Wir sind einem extrem vereinfachten und reduzierten Pflanzenernährungsmodell als Grundlage für die gesamte chemotechnische Landwirtschaft unkritisch gefolgt und haben damit unsere Nahrung, uns selbst und die gesamte Biosphäre vergiftet.

Wir haben in diesem Buch Möglichkeiten aufgezeigt und Methoden angeboten, mit denen wir diese Gefahren vermeiden können. Um von dieser fast tödlichen Umarmung des „technischen Welt-Anschauens" loszukommen, müssen wir unsere gesamte Lebensgemeinschaft verändern. Ob das möglich sein wird und welche Opfer es uns möglicherweise abverlangt, ist abhängig von jedem Einzelnen von uns und davon, was wir verwirklichen wollen. Hier ist mein Vorschlag:

Wir müssen eine Gesetzgebung entwickeln, die Sparsamkeit, Fürsorge und Zusammenarbeit fördert und als Wertmaßstab auch fordert, sowie Konkurrenzverhalten, unbegrenztes Wachstum, fortgesetzten Ressourcenverbrauch und Vollbeschäftigung im Sinne von bloßer Jagd nach Geld abbauen. Jeder heutige Arbeitsplatz verschleißt einen Teil unserer Biosphäre, weil wir diesen Arbeitsplatz und so gut wie alle unsere anderen Aktivitäten auf der Basis eines Modells aufgebaut haben, das Habgier und Konkurrenzdenken fördert. Die Tatsache, dass Geldverdienen mit der Möglichkeit gekoppelt ist, sich zu ernähren und zu überleben, gibt diesem so beschaffenen Geldsystem Allmacht über alles Leben – verschleißt aber gleichzeitig die Biosphäre bis zu ihrer Zerstörung.
Es gibt heute schon viele Ansätze zu einer Änderung dieses Systems. Aber weil diese Versuche eben systemverändernd sind, werden sie gegenüber der heutigen Ordnung als systemfeindlich wahrgenommen oder empfunden und dementsprechend von der heutigen Gesellschaft auch so behandelt. Außerdem müssen all diese Einzelversuche gebündelt und aufeinander abgestimmt werden, und es muss ein Konsens geschaffen werden, der Zeit braucht, um sich zu festigen. Leider sind die technische Entwicklung und der globale Transfer der Geldmacht bislang schneller als alles andere.

Für mich steht fest: Die Behauptung „Ohne Kunstdünger und Biozide, ohne Genmanipulation verhungert die Welt" ist eine reine Zwecklüge.

Wie einseitige wissenschaftliche Schulung das Erfassen komplexerer und unerwarteter Zusammenhänge blockieren kann, hat schon 1975 Professor *Dömer* von der

Universität Gießen gezeigt: Studenten mit weit überdurchschnittlicher Intelligenz konnten im konkreten Versuch das einmal gewonnene Bild einer Modellwelt den veränderten Umständen nicht anpassen. Was immer geschehen mochte, sie sammelten keine Informationen mehr und waren nicht bereit, dieses Bild zu korrigieren (*Haller* 1976).
Während wir 40 Jahre später in einer Flutwelle von Informationen zu ertrinken drohen, haben wir kaum begonnen, dieses Problem auf breiterer Front zu bearbeiten. In der Landwirtschaft – auch in der heute gelehrten Ökologischen Landwirtschaft, will ich provozierend behaupten – ist man bislang nicht bereit, diese Herausforderung anzunehmen.

An dieser Stelle möchte ich *Per Krusche* und allen seinen Mitarbeitern herzlich danken für das fantastische Buch „Ökologisches Bauen" (*Krusche* 1982), das mir so viele Anregungen gegeben hat. Ich halte dieses Buch immer noch für einen der umfassendsten, gründlich durchgearbeiteten ökologischen Wegweiser mit wirklich inspirierenden Zeichnungen, konzisen Daten und einem sehr wertvollen Quellenverzeichnis. Den gleichen Dank möchte ich in Gedanken an den verstorbenen *Wolfgang von Haller* richten, der mir die gesamten Arbeiten seines Verlags „Boden und Gesundheit" nach Norwegen geschickt hat. Zusammen mit den Schriften von *Hans Peter Rusch* und *Hugo Schanderl* haben mir die hier noch einmal genannten Forscher einen beeindruckenden Einblick in das biologische Denken des 20. Jahrhunderts gegeben, das von neuen Kräften wie *Bill Mollison, Margrit Kennedy, Lynn Margulis, James Lovelock, Teruo Higa, Sepp Holzer* und vielen anderen fortgesetzt wird.

Wir müssen bereit sein, die von *Rusch* definierte 3. Stufe der lebendigen Stoffe, die Bausteine lebender Gewebe (s. S. 113), als existent anzuerkennen und sie in den Kreislauf der lebenden Substanzen mit aufzunehmen. Solange der Kreislauf lebender Substanzen nicht als Erklärungsmodell und als Basiswissen, belegt mit wissenschaftlichen Fakten, in die Biologie- und die Ernährungswissenschaften Einzug findet – und somit auch in die Biologische Landwirtschaft –, bleibt unsere Ernährung chemotechnisch basiert und damit unzureichend.

Für mich sieht es so aus, als ob die gesicherte Zukunft unserer Kinder mehr vom Mut wirklicher Biologen als von der Verwegenheit der Technologen abhängt. Und so müssen wir endlich unsere aus dem Ruder gelaufenen, unkontrollierten und gesellschaftlich wie ökologisch schädlichen ökonomischen Systeme ändern. Und wir selbst müssen an diesen oft schmerzvollen Prozessen des Paradigmenwechsels teilnehmen wollen!

Wir müssen uns entscheiden:

Wollen wir eine globale Gemeinschaft, die mit der Umwelt konkurriert und letztendlich daran scheitern wird – oder wollen wir eine Gemeinschaft, die sich in systemischem Zusammenwirken mit der Natur friedlich und gesund erhält?

Visionär sind immer die Bilder in unseren Köpfen, die uns und unseren Kindern die Richtung fur zukünftige Wirklichkeiten weisen!

11. Konkrete Forderungen

Unsere landwirtschaftlichen Methoden müssen von Grund auf reformiert werden

Ich gebe zu, es ist nicht leicht, sich vom Modell der wasserlöslichen Pflanzennahrung zu lösen – verständlicherweise. Vor allem, wenn man seine gesamte Ausbildung und seine gesamte Lebensplanung innerhalb dieser Modellvorstellung konzipiert hat, bedarf es großer Anstrengung, und es erfordert viel Mut sowie selbstbestimmtes Denken und kritisches Hinterfragen, diese Vorstellungen loszulassen und sich mit anderen zu befassen. Vielleicht fällt es aber, ausgehend von folgendem Gedanken, leichter:

Ein neues, tiefgreifendes Verständnis der biologischen Grundlagen sowohl in Bezug auf unsere landwirtschaftliche Praxis als auch auf unsere Ernährung bedeutet: **das Zusammenarbeiten, Zusammenwirken und Zusammenleben von Pflanze, Tier und Mensch anzuerkennen und die Voraussetzungen dafür zu schaffen.**

Weil unsere technologisch orientierte Landwirtschaft viele sinnvolle Möglichkeiten ausschließt, ist sie heute derart kompliziert geworden (eine Folge aller Fehler und Unterlassungen gegenüber den biologischen Prozessen), dass nur noch hochqualifizierte Fachleute dazu in der Lage sind, sie zu betreiben und damit die endgültige Katastrophe herbeizuführen. Der Landwirt, aber auch der Politiker und der Verbraucher, sind heute de facto entmündigt und nicht mehr kompetent genug, landwirtschaftliche Themen wirklich einschätzen und beurteilen zu können. Letztlich sind sie alle nur noch Handlanger bestimmter Lobbygruppen und des „freien" Marktes.

Was ich in diesem Buch hoffentlich verständlich aufzeigen konnte: Jede biologische Erdkultur bemüht sich in irgendeiner Weise um das Edaphon. Was nach endlosen, 170 Jahre andauernden Experimenten mit Sicherheit nicht zum Erfolg führt, ist die Übernahme der längst veralteten, weil viel zu eng gefassten (zu stark reduzierten), wenn nicht gar falschen Mineraltheorie von *Justus von Liebig* in die biologischen Erkenntnisse der Pflanzenphysiologie. Das führt unweigerlich – gewollt oder nicht, wissentlich oder nicht – erst zu theoretischen und dann zu praktischen Eingriffen in lebende Prozesse. Aus meiner Sicht könnten wir all unsere Naturwissenschaften auch als „Totstoffwissenschaften" bezeichnen, denn sie haben tatsächlich nur sehr beschränkten Zugang zu den Lebensprozessen, die alle Vorgänge in der Biosphäre bestimmen, insbesondere die Landwirtschaft.

Weitaus gefährlicher aber ist die weit verbreitete, aber falsche Annahme, diese Wissenschaften könnten Lebensprozesse mit technischen und chemischen Methoden tragfähig und zukunftsweisend oder sogar „verbessernd" lenken und steuern. Diese Annahme ist, um *Jürgen Dahl* zu zitieren, wirklich nur der „Verwegenheit der Ahnungslosen" zuzuschreiben (*Dahl* 1989).

Humus sapiens: Der Boden weiß, was er zu tun hat

Die großen Gefahren, die unserer Ernährung und der Biosphäre seitens der technologischen Landwirtschaft drohen, machen es absolut notwendig, zu einem übergeordneten biologischen Verständnis- und Praxismodell zu gelangen. „Humus sapiens" (der kluge Boden) ist mein Arbeitstitel für dieses Bestreben. Hier ist ein Systemvorschlag, wie man diese schwierige Aufgabe schon mit Studenten bzw. Berufsschülern der Landwirtschaftsschulen anpacken könnte:
Ich schlage einen anderen Weg vor, nämlich, das „Entweder-Oder" zwischen technologischen Maßnahmen und biologischen Methoden zu vermeiden und stattdessen ein „Sowohl-als-auch" anzustreben.

Alle bisher genannten „biologischen Forderungen" sind erreichbar und zahlreich in der Praxis dokumentiert, von den Anfängen menschlicher Bewirtschaftung der Erde bis zu den jüngsten Versuchen heute. Nicht (mehr) erreichbar dürfte die völlige Chemie- und Giftfreiheit sein, weil heute so gut wie keine organische Substanz, ob lebend oder tot, frei von anthropogenen chemischen Verunreinigungen ist. Hier muss eine größtmöglich erreichbare Reinheit als Qualitätsmaßstab angelegt werden. Letztlich rechtfertigt keine technologische „Veredelungsmaßnahme" den Einsatz von mechanischen oder chemischen „Hilfsmitteln". **Bessere und gesündere Nahrung als die frische, auf reinem Humus gezogene gibt es nicht.**
Alle anderen Behauptungen sind Vorspiegelungen einer längst nicht mehr unabhängig handelnden Wissenschaft, die blinde Flecken hat, sowie maßloser, lebensfeindlicher Technologien und einer grenzenlos gierigen Geldwirtschaft. Wir „designen" uns heute unsere Nahrungsmittel nach den Bedürfnissen des „freien" Marktes. Wenn wir jemals wieder in die Nähe von Nahrungsmitteln kommen wollen, die man als biologisch und gesund bezeichnen darf, müssen wir unsere Gesellschaftsstruktur ändern – oder selbst gärtnern.

An der Humusschicht der Erde wird sich unsere Zukunft entscheiden

Eine intakte Humusdecke ist die einzige mögliche Grundlage für gesunde, giftfreie Landwirtschaft. Sie ist das Funktionsresultat von ein bis zwei Tonnen Edaphon pro 1.000 Quadratmeter Ackerfläche.

Welche konkreten Schritte sind also notwendig?

1. Alle Thesen und Modelle zusammenführen

Um den Stoffwechsel in der (Acker-)Erde zu erklären, können wir auf drei sehr genau definierte Theorien zurückgreifen und diese einander gegenüberstellen:

1. Die Mineraltheorie von *Justus von Liebig*, die das Resultat aus der bloßen Anwendung chemischer Grundsätze auf die Landwirtschaft und die Pflanzenphysiologie ist. Ich will sie hier **Techno** nennen.
2. Die Biodynamische Theorie nach *Rudolf Steiner*, die versucht, die Ganzheit der Objekte und Erscheinungen dieser Welt zu verstehen. Ich nenne sie abgekürzt **Biodyn.**
3. Die Organisch-Biologische Theorie, nach *Hans Peter Rusch*, dem Mediziner und Mikrobiologen, der den Kreislauf der lebenden Substanz(en) beschreibt, genannt **Orbio.**

Diese drei Modelle sollten wir den Bedingungen der Humussphäre und des Edaphons zuordnen. So kann man ungünstige und falsche Maßnahmen erkennen, und, wenn man sich dazu entschließt, ausschalten. Trotzdem kann jedes Modell, wenn darauf bestanden wird, seine Eigenart und seine Hauptaufmerksamkeit beibehalten. Solche Modelle ergeben die Möglichkeit für Forscher und Studenten, im Chaos der Informationen mit dem vorgewählten Modell eine Sortierung vorzunehmen, und so muss die Praxis, die einer Modellvorstellung folgt, erweisen, wie tauglich das Modell ist in Relation zu einem gesetzten Ziel. Die endlosen scheinwissenschaftlichen Auseinandersetzungen über die „endgültige" Richtigkeit, über den immer doch nur scheinbaren wissenschaftlichen Beweis, könnte man damit vielleicht in Grenzen halten oder gar vermeiden, und seine Kraft anderweitig einsetzen. **Auf dem Gebiet der Landwirtschaft erscheint mir eine Zusammenführung mit dem Ziel einer Edaphonmaximierung sehr erfolgversprechend.**

2. Neue Forschungsschwerpunkte setzen

a) In der Landwirtschaftlichen Anwendungsforschung

Legt man die Modellvorstellung von der Endozytose der Pflanzen einem zukünftigen Landwirtschaftskonzept zugrunde, so kann man sich zu sicher definierten Erklärungen durcharbeiten und sich endlich klar und deutlich vom rein chemisch erklärten Modell und seiner verheerenden Praxis lösen.
Im eigenen Garten kann man, wie beschrieben, sehr gut sein eigenes Edaphon heranziehen und vermehren und eben auch die beschriebenen Erfolge erzielen. Wie wir die biologischen Bedingungen für die Vermehrung der Mikroorganismen auch im großen Maßstab – nämlich flächendeckend in der Landwirtschaft – optimal herstellen können, zeigen die Kenner der Materie unter den Produzenten von Präparaten mit Effektiven Mikroorganismen nunmehr seit vielen Jahren in der Praxis.
Mehr Edaphon ergibt mehr Erdstruktur, mehr Erosionssicherung und mehr Wasserhaltefähigkeit, es ermöglicht mehr Pflanzen- und Pflanzenwurzelwachstum, eine größere Ausnutzung der Sonnenenergie durch das Blattgrün, eine höhere Energieversorgung hinunter zu den Wurzeln – und wiederum mehr Edaphon, mehr Futter für die Pflanzen, mehr Erdstruktur … und am Ende – so meine Vision – entschieden höhere Ernteerträge als nur 60 Prozent seit 1950. Und zwar bei erheblich geringerem Energieeinsatz.

Den Einsatz von organischem Material in der Landwirtschaft kann man mikrobiologisch beschreiben, erforschen und für seine Anwendung klare, praktische Anweisungen ausarbeiten, ausgehend vom gewählten Standpunkt der Erhaltung und Stärkung des Kreislaufs der lebenden Substanzen. Die Verwendung von chemischen und technischen „Hilfsmitteln" muss kompromisslos ebenfalls in erster Linie die lebenden Substanzen schonen. Jegliche Verringerung ihrer Vielfältigkeit und damit ihrer Funktionsresultate muss verhindert werden, und die Vermehrung des Edaphons muss angestrebt werden. Hier liegt nicht nur das dargestellte Potenzial für entscheidend höhere Ernteresultate, sondern außerdem für die so viel diskutierte Energieeinsparung, die bis heute nirgendwo realisiert ist. Gute Beispiele hierzu finden wir in den vergangenen Großkulturen (s. S. 93 ff., 125 f. u. 128 ff.), bei der beschriebenen Gärtnerfamilie (s. S. 96 f.) sowie bei *Siegfried Langes* Winterroggen (s. S. 130 ff.). **Die in diesem Buch beschriebenen kleinräumigen Versuche harren der systematischen Erforschung und großräumigen Umsetzung!**

b) In der Mikrobiologie

Das ausschließlich physikalisch-chemisch ausgerichtete Verständnismodell von der Pflanzenernährung ist so fest in unseren Vorstellungen verankert, dass neue Wege in Forschung wie in Praxis bislang nicht betreten wurden. Die Mikrobiologie der Humussphäre dagegen bietet ungenutzte und, wie mir scheint, noch ungeahnte Aussichten! Wir müssen deshalb bereit sein, uns über die unvorstellbare Kraft der kleinsten Lebewesen zu informieren, bis wir sie verstanden haben. Dann können wir uns zusammen mit ihnen in der Biosphäre einrichten und ein echtes ökologisches Gleichgewicht erreichen, das den Fortbestand unserer Biosphäre für die Zukunft sichert. Der künstliche Chemie- und Energieeinsatz in der Landwirtschaft schadet den bis heute nicht erkannten biologischen Prozessen der Pflanzenernährung und reduziert damit unsere Ernteresultate, unsere Energieeffizienz und die grundlegende Qualität unserer Lebensmittel. Wir müssen erkennen, dass eine einseitige Ausrichtung auf bestimmte Technologien gefährlich ist, denn diese Richtung hat immer wieder bewiesen, dass sie zu ständigen Konfrontationen mit unseren ureigensten Lebensbedingungen führt, die nun einmal biologischer Natur sind. Ich meine, es ist das, was in unserer Zeit immer öfter zu den größten Problemen, wenn nicht sogar letztlich zur globalen biologischen Katastrophe führt.
Nur auf der Basis von umfassendem biologischen Wissen – und demzufolge ausgeprägtem biologischen Bewusstsein – ist es möglich, unsere Technologien und technischen Entwicklungen nutzbringend und zum Wohle und nicht zum Schaden der gesamten Biosphäre auf diesem Planeten einzusetzen.

Die Wiederverwendung organischer Substanzen ist ein uraltes Thema, das heutzutage jedoch zu einem fast unüberwindlichen Problem geworden ist. Durch die vollständige Verseuchung so gut wie aller organischen Substanzen mit bis zu 100.000 künstlichen, synthetisch erzeugten oder getrennten nichtlebenden chemischen Stoffen führt jegliche Zurückführung organischer Stoffe lediglich zu Rückführung und Akkumulation dieser Stoffe, zusätzlich dazu, dass minderwertige Proteine und andere wertgeminderte, nährende Stoffe nur weiter zirkulieren.
Ich habe die Hoffnung, dass die Mikrobiologie, wenn sie sich mit Plankton und Edaphon beschäftigt, der Landwirtschaft relativ reine Mikroorganismenkulturen anbieten kann, die am besten als lebende Zell- und Zytoplasmakulturen zur Vermehrung des Edaphons und direkt als Nahrung für die Pflanzen eingesetzt werden können.
In der Literatur gibt es zahllose Beispiele, die in diese Richtung weisen, wie etwa die Algen *Spirulina* und *Chlorella,* die in freier Natur und in Kultur gezüchtet werden; oder *Methylococcus capsulatus,* ein Mikroorganismus, mit dessen Hilfe aus Methangas, Sauerstoff, Ammoniak und Salzen Bio-Protein in großen Mengen produziert wird; oder die Effektiven Mikroorganismen; oder die ganz gewöhnliche Entengrütze (Wasserlinsen), die nur ein Zehntel der Anbaufläche von Soja benötigt, um die gleiche Menge Eiweiß zu produzieren.

Mit allen diesen biotechnologischen Produktionen von Protein und/oder lebenden Mikroorganismen sind natürlich die oben genannten Probleme der Verunreinigung und der biologischen Minderwertigkeit der Produkte keinesfalls gelöst, aber vielleicht lassen sie sich mit Hilfe des Modells vom Kreislauf der lebenden Substanzen in eine positive Richtung lenken. Die Entwicklung der Effektiven Mikroorganismen scheint mir recht glaubwürdig zu sein, weil sie auf solidem mikrobiologischen Wissen basiert.

c) In der Pflanzen-, Tier- und Humanphysiologie

Zusammen mit der Pflanzenphysiologie muss auch das Erklärungsmodell für die Physiologie des Menschen von der Einseitigkeit des rein chemisch orientierten Weltbilds wegführen. Pflanzen- und Tierphysiologie sind viel stärker miteinander vergleichbar und miteinander verflochten, als es uns heute in den Schulen und Hochschulen beigebracht wird. Mit der Gaia-Theorie und der Endosymbiontentheorie des 21. Jahrhunderts kann die Überzeugung, die durch *Müller* und *Rusch* mit dem organisch-biologischen Erklärungsmodell geschaffen wurde, erfolgreich weiter ausgebaut und verbreitet werden. „Nur Leben erzeugt Leben.“ (*Müller* 1983)

3. Das Bildungssystem reformieren

Ich bin der Meinung, dass all diese Arbeiten Eingang finden sollten nicht nur in die Hochschullehrpläne der Agrarwissenschaften und der Pflanzenphysiologie-Forschung, sondern auch in die Schullehrpläne und den Biologieunterricht. Das Werk von *Hans Müller* und *Hans Peter Rusch* „Nur Leben erzeugt Leben“ beispielsweise eignet sich gut für den Schulunterricht. Denn diese Versuche lassen sich mit einfachen Methoden auf der Fensterbank nachvollziehen. Wenn man praktisch nachvollziehen kann, was lebende und in gesundem Umfeld gewachsene Substanzen sind, entsteht eine Wertschätzung gegenüber ihren Qualitäten, und dies ermöglicht schließlich auch die Einsicht, dass unsere rein chemotechnischen Methoden letztlich die Vergiftung unseres Bodenlebens und die Zerstörung jeglicher organischer Substanz bedeuten. Der beste Weg dazu ist zum einen das Studium der genannten Werke von *Rusch*, *Schanderl* und *Margulis*, aber auch der Selbstversuch im eigenen (Schul-)Garten. Die im Praxiskapitel genannten Beispiele eigenen sich fast alle dafür.

Meine Forschungsbibliothek für progressive Lehrer, Schüler und Studenten sieht so aus: Die Bücher z.B. von *Hans Peter Rusch*, „Bodenfruchtbarkeit – Eine Studie biologischen Denkens“ (1968, 2004) und „Naturwissenschaft von Morgen“ (1955), aber auch die gut 30 Zeitschriftenartikel aus der Zeit von 1949 bis 1974 (die meisten in der Zeitschrift „Kultur und Politik", Möschberg) machen zusammen mit *Annie Francé-Harrars* „Die letzte Chance" (1950, neu 2007) und „Humus – Bodenleben und Bodenfruchtbarkeit" (1957) eine weit unterschätzte Forschungsbibliothek aus. Sie kann für jeden progressiven Studenten oder Berufsschüler der Landwirtschaft oder des Gartenbaus und für jeden ein äußerst stabiles Fundament sein, der sich ernsthaft für den Ausbau der Gaia-Theorie nach *James Lovelock* und *Lynn Margulis* und einer tragfähigen biologischen Agrar- und Gartenkultur interessiert.

4. Neue Qualitätsmaßstäbe für Lebensmittel und Agrarprodukte festlegen

Wichtig wäre auch, dass wir unsere Vorstellungen davon, was gute und gesunde Lebensmittel sind, auf den Prüfstand stellen. Auf der Basis des in diesem Buch zusammengetragenen Wissens sollte man alle Lebensmittel auf und in der Ackererde – die, die wir selbst essen, und die, die wir als „Futter" für die Tiere und als „Dünger" für die Pflanzen verwenden – nach ihrer (noch erhaltenen) Lebensfähigkeit beurteilen, die sie weitergeben sollen. Dieser Wert lässt sich durchaus auch monetär ausdrücken – und beträchtlich erhöhen! Damit hätten wir auch eine Methode an der Hand, mit der wir sämtliche „Veredelungsverfahren" der Lebensmitteltechnologie, seien es Konservierungsmethoden oder biotechnologische Eingriffe, einer Qualitätskontrolle hinsichtlich ihre Nährwerts und ihres „Vitalitätswerts" untersuchen können. Und das könnte sogar jeder Normalbürger vornehmen, womit er unabhängig würde von der Lebensmittelindustrie.

Der Weg ist nicht neu, er ist nur verschüttet

So können wir wieder zur einstmals natürlichen organischen Betriebsweise zurückfinden, die mit neuen physiologischen und mikrobiologischen Erkenntnissen ausgebaut und gesichert werden kann und muss! *Rusch* hat uns den Weg dazu vorbereitet. Dass wir ihn nicht gewissenhafter genutzt und damit offen gehalten haben, hat dazu geführt, dass er „zugewachsen" ist und unsichtbar wurde, während die traditionelle (und teilweise leider auch die Ökologische) Landwirtschaft mehr und mehr von der Chemieindustrie beherrscht wurde und wird.
In diesem Buch habe ich versucht, diesen Weg wiederzufinden und Ihnen, werte Leserin, werter Leser, aufzuzeigen. Ich habe auch versucht zu zeigen, dass dieser Weg fortsetzbar ist und weiterführt, ganz wie *Rusch* es erhofft hat, zu einer „Wis-

senschaft von Morgen", zu einer eigenständigen Biologischen Landwirtschaft mit dem Kreislauf der lebenden Substanzen als tragendem Fundament.
Wenn die hier gesammelten Überlegungen mit den natürlichen Gegebenheiten besser übereinstimmen als die Mineraltheorie, so muss unser Ziel das sein, was Annie *Francé-Harrar* uns angeboten hat in der Beschreibung der Idealerde mit einem Gehalt von 20 Prozent Edaphon (s. S. 60 u. 66). Mit einem Prozent Rest-Edaphon ist da weder mit künstlicher Chemie und Genmanipulation noch mit anaerober, giftiger Gülle etwas zu erreichen.

Übrigens hat die Vorstellung vom Kreislauf der lebenden Substanz – wenn Sie mir diesen kleinen philosophischen Exkurs erlauben – noch einen ganz anderen Aspekt: Unsere Angst vor dem Tod könnte der Vorstellung weichen, dass jedes Lebewesen seine Aufgabe mit sich trägt, Leben so gesund wie möglich zu erhalten und es schließlich in seinen kleinsten Lebenssubstanzen anderen Lebewesen zu übergeben, um ihnen ein weiteres Leben zu ermöglichen.
Damit trägt jedes Lebewesen außerdem auch zur eigenen Begrenzung einer zu großen Vermehrung bei, und damit zu einem gesunden Gleichgewicht in der Biosphäre. Erst der Mensch mit seinen industrialisierten Methoden hat dieses Gleichgewicht in einer Weise verändert, die inzwischen für den gesamten Planeten bedrohliche Ausmaße angenommen hat.

Der Kreislauf der lebenden Substanzen als Grundlage für alles biologische Denken und Handeln

Es geht nicht darum, dass ich mit meinem Modell „recht" habe. Es kann nicht nur eine *einzige* Erklärung, ein *einziges* Erklärungsmodell für alle Wissenschaften („alles geschaffene Wissen") geben. **Das von mir hier vorgeschlagene und auszuarbeitende Modell ermöglicht es aber, für diese mehrfach höheren Ernteerträge pro Flächeneinheit eine Erklärung zu finden, die man mit einem anderen Modell nicht finden kann.** Fehlende Erklärungen sehe ich auch als Grund dafür, weshalb diese „unglaublichen" Fakten nicht zur Kenntnis genommen wurden und man ihnen bis heute nicht auf den Grund gegangen ist. Denn ohne ein Erklärungsmodell können wir Fakten, selbst wenn sie direkt vor uns liegen, nicht „fassen“, somit empfinden wir sie als nicht wahr oder gar nicht existent. Erklärungsmodelle konkretisieren Wichtiges, Richtiges – oder Falsches.

Noch einmal zurück zu *Hans Peter Rusch*, der uns als Erster auf die Möglichkeit des Kreislaufes der lebenden Substanzen aufmerksam gemacht hat. Als Zeitgenosse einer einseitig technologiegläubigen Industriegesellschaft hat er, so wie *Hugo Schanderl* und viele andere auch, gegen die fehlerhaften, rein reduktionistisch erstellten Dogmen der etablierten Wissenschaften angearbeitet. Seine Gedanken, Theorien und die praktischen Forschungsergebnisse wurden zwar von eben diesen Wissenschaften auf zum Teil diskriminierende Art und Weise abgelehnt und verbannt (z. B. bei *Vogt* 2000), aber in Bibliotheken sind sie nach wie vor zugänglich. Im Anhang habe ich eine Reihe entsprechender Literatur angeführt und in der vorliegenden Neuauflage ergänzt. Dies ist aber nur eine Auswahl!
Zum erneuten Studium von *Rusch* erlauben Sie mir folgende Anmerkungen: *Ruschs* Vorträge von 1949 bis 1954 sind kurz und leicht lesbar in „Naturwissenschaft von Morgen“, 1955, gesammelt. Sein Hauptwerk „Bodenfruchtbarkeit. Eine Studie biologischen Denkens“, das 2014 in der 8. durchgesehenen Auflage erschienen ist, ist natürlich Grundvoraussetzung für ein tieferes Verständnis. Es ist aber nicht ganz leicht zu verstehen, was *Rusch* eigentlich als „lebende Substanz“ verstanden haben will, weil deren Definition im Kontext der damaligen Zeit gesehen werden muss. Es scheint mir so, als ob Rusch in seinem Hauptwerk mehr Rücksicht nimmt auf seine mächtigen Gegner und sich vorsichtiger, aber auch schwerer verständlich ausdrückt, als er es in seinen ganz kurzen und exakten Artikeln, die er fortlaufend in „Kultur und Politik“ veröffentlicht hat, für notwendig hält. Ich möchte deshalb darauf hinweisen, dass es auf dem „Möschberg“ immer noch das Zentrum des Organisch-Biologischen Landbaus gibt und dass auch die Zeitschrift „Kultur und Politik“ immer noch verlegt wird, inzwischen im 65. Jahrgang 2017. (Der „Möschberg“ liegt in der Gemeinde Grosshöchstetten, Kanton Bern, Schweiz. Er ist die Wiege des Biologischen Landbaus im deutschsprachigen Raum. 1932 als „Bauernheimatschule“ und „Hausmutterschule“ erbaut, errichtete der damalige Leiter der Schule, der Biologe und Sekundarlehrer *Dr. Hans Müller* zusammen mit seiner Ehefrau *Maria Müller-Bigler* die Grundpfeiler zum heutigen Biologischen Landbau; von 1995 bis 1996 wurde das Haus vom „Bioforum Schweiz“ – einem vereinsmäßigen Zusammenschluss von Biobauern – aufwendig renoviert und zu einer Bildungsstätte umgebaut. Der Verein arbeitet fortgesetzt an der Stärkung des Biologischen Landbaus. Auf dem „Möschberg“ sind die schriftlichen Quellen aus der Zeit von *Müller* und *Rusch* archiviert. Heute wird der „Möschberg“ als unabhängiges Seminarhotel betrieben. *Anm. d. Red.*). Auch hier kann ich mich nur wiederholen und nochmals an die Adresse von Forschung und Wissenschaft appellieren: **Hier liegt ein weites Feld an Projekten brach, für die sich jeder Forschungs- und Entwicklungsaufwand lohnen würde!**

Zitate von Hugo Schanderl

Abschließend möchte ich Ihnen als Resümee noch einmal wichtige Textstellen von *Schanderl* zitieren, die das, was ich in diesem Buch vermitteln möchte, kurz und überschaubar zusammenfassen. Die Kernaussagen sind fettgedruckt.

„Über das Entstehen von Bakterien aus pflanzlichen Zellen.
Schon in meinem 1947 erschienenen Buch ‚Botanische Bakteriologie auf neuer Grundlage' habe ich der Bodenbakteriologie ein eigenes Kapitel gewidmet. Die ‚Neue Grundlage' war die Erkenntnis und der reichlich experimentell begründete Nachweis, da die alte Vorstellung der ‚inneren Sterilität' der höheren Pflanzen falsch ist. **Ich habe zahlreiche Methoden und Versuchsanordnungen erfunden und geschildert, die immer in gleicher Weise zu demselben Ergebnis führten,** nämlich, daß aus normalem Pflanzengewebe entwicklungsfähige Keime, in Form von längst bekannten, allgemein verbreiteten Bakterien, zu gewinnen sind."

„Alle Erkenntnisse der modernen Molekularbiologie weisen darauf hin, daβ die Mitochondrien entwicklungsgeschichtlich von Bakterien abstammen; sie lassen sich bei vielen Pflanzen heute noch mit relativ einfachen Methoden in selbständige, kultivierbare Bakterien zurückverwandeln. Auch gröβere Zellorgane, wie die Plastiden, stammen entwicklungsgeschichtlich von Bakterien ab und lassen sich im Experiment in Bakterien zurückverwandeln. Am eindrucksvollsten ist die Rückverwandlung von Chlorophyllkörnern (Chloroplasten) in Bakterien, weil die allerersten Bakterien, die aus ihnen entstehen, in den ersten Lebensstunden noch deutlich grün sind. Der ganze Vorgang der Remutation der Chloroplasten in ihre entwicklungsgeschichtliche Ausgangsform ist von Natur ‚farbmarkiert'. **Daher entfällt hier der Einwand, daß die im Experiment erzielten Bakterien irgendwie durch Infektionen eingeschleppt worden wären."**

„Der Tod einer Pflanze gebiert milliardenfach neues Leben durch Umgestaltung und Remutation der Zellorgane in entwicklungsgeschichtlich ältere Lebensformen – Bakterien."

„Wenn Pflanzenteile oder ganze Pflanzen in den Boden eingegraben oder kompostiert werden, geht wohl das Leben der betreffenden Pflanzen oder Pflanzenorgane zugrunde, aber nicht das Leben als solches. Wenn eine Pflanze eingegraben wird, wird der Boden nicht alleine deswegen an Bakterien bereichert, weil die stets in Unmenge vorhandenen Erdbakterien die ‚Pflanzenleiche' zersetzen, abbauen und sich selbst dabei ungemein vermehren, sondern der Boden wird auch von der sich selbst abbauenden höheren Pflanze mit Bakterien bereichert. Gewiß finden beim Kompostieren auch im Boden vorhandene Bakterien reichlich Nahrung, so daß sie sich vermehren können. Aber es brauchen, wie man experimentell nachweisen kann, gar keine Bakterien von außen einzudringen, um einen Abbau und eine Brutstätte neuer Bakterien zu bewirken. **Höhere Pflanzen reichern bereits während ihres Lebens den Boden mit Bakterien an.**"

„Bekanntlich haben die Wurzelhaare aller höheren Pflanzen nur eine kurze Lebensdauer, von einigen Stunden bis zu wenigen Tagen. Täglich entstehen neue Wurzelhaare und täglich gehen Wurzelhaare zugrunde, deren Zellorgane sich in die entwicklungsgeschichtlich ältere Lebensform, nämlich in selbständige Bakterien zurückverwandeln können. Daher besiedelt jede höhere Pflanze während ihres Lebens ihren Standort mit arteigenen Bakterien. Daher findet man in der Rhizosphäre jeder Pflanze mehr Bakterien als in größerer Entfernung. **Diese Tatsache ist an sich längst bekannt,** wurde aber von den Bodenbakteriologen immer so gedeutet, daß die Wurzelausscheidungen Bodenbakterien anlocken würden und deswegen die Rhizosphäre bakterienreicher wäre als der weiter entfernte Boden."

„Jede höhere Pflanze besiedelt auf diesem Wege den Boden ihres Standortes mit arteigenen, autochthonen [= ureingesessenen] Bakterien. Daher ist der Boden umso bakterienreicher, je mehr Pflanzen auf ihm wachsen oder gewachsen sind. Das Problem der ‚Bodenmüdigkeit' von Pflanzen hängt auch damit zusammen. Es gibt Kulturpflanzen, welche auf die arteigenen, selbständig gewordenen, ehemaligen Zelldiener negativ und auf einen Fruchtwechsel mit offensichtlicher Leistungssteigerung reagieren. **Hier bietet sich ein weites, dankbares Feld pflanzenbaulicher Forschung an.**"

„Wir töten damit wohl die Organisation des Gewebestückes oder des Sämlings, nicht aber das darin steckende Leben. Aus den Pflanzen- oder Gewebeleichen entwickeln sich früher oder später, sofern die Nährböden noch genügend Wasser enthalten, dieselben Bakterien, die wir aus ihnen durch aseptische Gewebeentnahmen aus ihren Samen, Früchten oder Stängeln erzielen können. Dasselbe geschieht, wenn der Landwirt lebende Pflanzen unterpflügt oder der Gärtner kompostiert. Der Boden wird von den Pflanzenleichen aus mit Bakterien angereichert. Der ‚Pflanzentod' gebiert milliardenfach neues Leben, nicht allein deswegen, weil vorhandene Bodenbakterien neue Nahrung zu ihrer Vermehrung erhalten, sondern weil auch ehemalige Organe der ‚gestorbenen' Pflanzen ihr Leben in Bakteriengestalt fortsetzen."

„Auch im Pansen der Tiere gebiert pflanzliches Chlorophyll Bakterien! Gerade die Verwandlung von Chloroplasten zu studieren, ist deswegen so vorteilhaft, weil hier der ganze Verwandlungsvorgang von Natur ‚farbmarkiert' ist. Die ersten aus Chloroplasten entstehenden Bakterien sind nämlich in der ersten Zeit noch einwandfrei deutlich grün. Von Teilung zu Teilung verdünnt sich der lipoid gelöste Farbstoff und nach drei- bis vier Teilungen sind die chloroplastenbürtigen Bakterien farblos. Ich habe 1933 derartige aseptische Gewebeoperationen [...] durchgeführt."

„... Je nach Sorte begannen sich nach fünf bis zehn Tagen die Chloroplasten auf drei verschiedene, aber immer wiederkehrende Arten in bewegliche Bakterien zu verwandeln. **Die Verwandlungsvorgänge vom noch intakten Chlorophyllkorn bis zu den ersten beweglichen Bakterien konnte ich in Mikrofarbaufnahmen festhalten.** Fünf der besten Farbaufnahmen konnte ich in meiner in der Zeitschrift ‚Weinberg und Keller' (Bd. 16, 1969) erschienenen Arbeit ‚Ein Beitrag zur Frage der Herkunft von Weinbakterien' veröffentlichen. Während dieser Studien kam mir der Gedanke, nachzuprüfen, was eigentlich mit den Chloroplasten grüner Pflanzen im Magen von Wiederkäuern passiert. [...] Ich besorgte mir den Pansen eines frisch geschlachteten Schafes, der mit frisch-grünem Inhalt gefüllt war. Zu meinem Erstaunen spielten sich im Schafspansen dieselben Umwandlungen der Chloroplasten in Bakterien, mit den gleichen Intermediärstadien ab, wie ich sie in meinen Versuchen mit Traubenbeerenchloroplasten [...] stets beobachten konnte.

Aus diesen Studien mit einem Panseninhalt [...] wurde mir klar, daß sich im Wiederkäuermagen Vorgänge abspielen, von denen wir bisher keine Ahnung hatten, daß die Pansen-Bakterienflora dauernd durch die Umwandlung von pflanzlichen Zellorganellen erneuert wird, daß sich dort die biochemische Tätigkeit der verzehrten Pflanzen fortsetzt. Zwischen Kuh und Pflanze besteht also ein weit innigeres Verhältnis, eine Art Symbiose von Tier und Pflanze. Aus dem Kot der Kuh geht ein beträchtlicher Teil der aus pflanzlichen Zellorganellen regenerierten Bakterien wieder an den Pflanzenboden zurück. Dieser Dünger ist im Gegensatz zu Kunstdünger mit Leben erfüllt und bereichert den Boden mit Bakterienleben und erhöht seine Fruchtbarkeit. **Es hat sich überall gezeigt, daß alleinige Düngung mit chemischen, biologisch toten Düngersalzen die Böden mit der Zeit unfruchtbar macht. Die Böden verarmen, wenn sie keinen lebenden Dünger in Form von Gründüngung oder Wiederkäuermist erhalten.** Die Bauern des Riesenvolkes der Chinesen betreiben seit Jahrtausenden ‚Lebenddüngung' und führen sie konsequent mit sprichwörtlichem Chinesen-Fleiß durch.

Mögen auch unsere in ferne Entwicklungsländer hinausgesandten landwirtschaftlichen ‚Entwicklungshelfer' beherzigen, daß die landwirtschaftlichen Probleme in den Tropen und Subtropen mit modernen Maschinen und Kunstdünger allein nicht zu lösen sind. Sie müssen nicht nur wirtschaftlich, technisch, sondern vor allem biologisch denken und arbeiten, um segensreich zu wirken."

„Die heutige Bakteriologie ist noch zu sehr im Monomorphismus des vorigen Jahrhunderts verwurzelt. Sie hat noch nicht evolutionistisch zu denken begonnen. Für sie sind Bakterien Pflanzen für sich, die entwicklungsgeschichtlich sehr alt sind, aber sonst nichts mit der Entwicklung der höheren Pflanzen zu tun hatten.

Indessen brauchen wir uns nur vorzustellen, daß die pflanzliche und tierische Zelle, die bisher als kleinster Baustein des Lebens betrachtet wurde, in der Natur nicht auf einmal da war, sondern selbst eine lange Entwicklungsgeschichte hinter sich hatte, ehe die Natur sie als Baustein für große Lebensformen benutzte." [s. hierzu auch *Francé*, „Plasmatik" 1923 und *Margulis*, „Die andere Evolution", 1999; *Anm. d. Autors*]

„Im Verlauf der Entwicklungsgeschichte traten [...] Urzellen [...] zu größeren Kooperativen zusammen. Die Mitglieder dieser Großzellen verloren im Verband ihre Selbständigkeit, sie bekamen in der neuen größeren Zelle Spezialarbeit zugewiesen und wurden zu dienenden Organen und Organellen." [s. *Margulis*, „Endosymbiose", 1999; *Anm. d. Autors*]

„Es wird hoffentlich bald die Zeit kommen, daß diese stets reproduzierbaren Experimente in das Programm eines jeden pflanzenphysiologischen Praktikums aufgenommen werden. **Außerdem wird bald die Zeit kommen, in der diese Bakteriologie grundlegender Bestandteil der Wissenschaft von der Zellphysiologie werden wird.** Gewiß brauchen neue Erkenntnisse immer ihre Wachstumszeiten, bis sie allgemein angenommen werden. Aber mir scheint, daß so viel Zeit, wie in meinem Falle, im Atomzeitalter nicht mehr nötig gewesen wäre."

Alle Zitate aus: „Bakterien einmal in anderer Sicht" von *Hugo Schanderl*, aus „Boden und Gesundheit, Zeitschrift für angewandte Ökologie", Nr. 45, Herbst 1964.

V. Anhang

Begriffserklärungen

Dieses Buch wendet sich an Landwirte, Gärtner und andere Fachleute – aber auch an interessierte Laien wie Hobbygärtner. Damit meine Ausführungen auch von Nicht-Fachleuten und interessierten Laien verstanden werden, sind in diesem Glossar alle wichtigen Fachbegriffe und biologischen Zusammenhänge aus diesem Buch zu finden, inklusive der von mir neu definierten bzw. vorgeschlagenen Begriffe.

aerob: auf Sauerstoff angewiesen
Agrarbiologie: Aspekt der Agrarwissenschaften, der sich mit den biologischen Grundlagen des Ackerbaus beschäftigt
Aminosäuren: Gruppe ▷ organischer Säuren, für die eine bestimmte Anordnung von ▷ Stickstoff im Molekül charakteristisch ist. Bestimmte Aminosäuren sind die Grundbausteine der ▷ Proteine.
Amöben: einzellige, im Vergleich zu anderen Einzellern große Lebewesen, die ihren „Körperumriss" ständig verändern; Vorkommen auf der ganzen Welt im Boden sowie in Süß- und Salzwasser
anaerob: im Stoffwechsel nicht auf Sauerstoff angewiesen
Andere Agrikultur, die: Mein persönlich gewählter Begriff, mit dem ich die einst klar definierte Organisch-Biologische Landwirtschaft meine, deren eigentliches Fundament in diesem Buch wieder aufgedeckt werden soll, und mit deren Vorgängern und Nachfolgern der Weg zu einer „Wissenschaft von Morgen" nach *Hans Peter Rusch* fortgesetzt werden kann. Ich habe mich bewusst für dieses im deutschen Sprachgebrauch eigentlich veraltete Wort entschieden (statt für „Landwirtschaft"), da es den Begriff „Kultur" enthält.
anorganische Chemie: umfasst (mit einzelnen Ausnahmen) alle Stoffe, die keinen ▷ Kohlenstoff (C) enthalten (s. a. ▷ organisch)
anthropogen: auf den Menschen zurückzuführen, vom Menschen verursacht
Antibiotikum (Plural Antibiotika): Substanz, die Mikroorganismen (also lebende Zellen) abtötet. Zahlreiche Organismen produzieren Antibiotika natürlicherweise zur Feind- oder Infektionsabwehr. Für den medizinischen Einsatz werden sie synthetisch hergestellt. Im weiteren Sinne ist ein Antibiotikum ein ▷ Biozid.
Antigen: Oberflächenstruktur (aus Protein- oder Zuckermolekülen) auf einer Zelle, an die ein Antikörper (ein vom Immunsystem gebildeter Abwehrstoff) spezifisch binden („andocken") kann, um die fremde Zelle unschädlich zu machen
Archaebakterien oder Urbakterien: eine bestimmte frühe Form von Einzellern
Assimilation: Umbau aufgenommener Substanzen in körpereigene Stoffe oder auch kurz: Aufbau von Körpersubstanz (das Gegenteil ist die Dissimilation = der Abbau oder das Zerlegen von Nahrung in ihre Bestandteile oder Grundstoffe)
Atmosphäre: die Gashülle um Planeten und Himmelskörper. Die Atmosphäre der Erde besteht zu 78 Volumenprozent aus gasförmigem Stickstoff, zu 21 Prozent aus Sauerstoff, das verbleibende 1 Prozent teilen sich Kohlendioxid, Edelgase, Wasserdampf und einige andere Verbindungen.

autochthon: ursprünglich oder „heimisch"; am vorgefundenen Ort entstanden
Autotrophie, autotroph: (wörtlich: sich selbst ernährend). Fähigkeit von Lebewesen, ihr Gerüst und ihre Nahrung aus ▷ anorganischen Stoffen und Energie selbst aufzubauen. Das bekannteste Beispiel sind die Pflanzen, die mit Hilfe ihres grünen Farbstoffs (▷ Chlorophyll) und der Sonnenenergie das ▷ Kohlendioxid aus der Luft aufnehmen und zu komplexen ▷ organischen Verbindungen aufbauen können.

Bakteriophagen: Viren, die auf Bakterien als Wirtszellen spezialisiert sind und diese „fressen"
Biologie: Unsere Lehre vom Leben. Was ich gemeinsam mit dem Leser versuche wiederzufinden, ist: die „Bio-Biologie" – das Leben in der Biologie.
Biologisch-Dynamischer Landbau: Landwirtschaft nach den antroposophischen Grundsätzen *Rudolf Steiners;* die strengste Form der verschiedenen Biolandwirtschafts-Richtlinien. Praktiziert und festgeschrieben unter der Marke „demeter". Nicht zu verwechseln mit der ▷ Organisch-Biologischen Landwirtschaft.
Biomineralisierung: Ausformung von Schalen und Gerüsten aus Kalk oder Silicium durch ▷ Mikroorganismen
Biomasse: Gesamtheit der lebenden Wesen, gemessen in Gewichtseinheiten
Biosphäre: die Gesamtheit des räumlichen Bereichs auf der Erde, in dem Leben vorkommt
Biotop: Lebensraum (s. a. Biozönose)
Biozid: Substanz, die unerwünschte lebende Organismen tötet, z. B. Herbizid (vernichtet Pflanzen), Fungizid (vernichtet Pilze) oder Insektizid (vernichtet Insekten)
Biozönose: Die Gemeinschaft aller Lebewesen in einem bestimmten Lebensraum, dem ▷ Biotop. Nicht zu verwechseln mit dem Ökosystem: dies bezeichnet die Gesamtheit aus ▷ Biozönose und ▷ Biotop, also den Ort und die Lebewesen zusammen.
Blaugrüne Algen: siehe Cyanobakterien
Bodengare: physischer, chemischer und biologischer Idealzustand eines gesunden, fruchtbaren Bodens
Bokashi: Im gärtnerisch-landwirtschaftlichen Sinne durch Effektive Mikroorganismen fermentierte organische Pflanzenreste aus Garten, Feld und Küche, die dadurch ähnlich dem Silage- oder Sauerkrautprinzip aufgewertet werden. Mit Bokashi wird über die „Fütterung" der Bodenlebewesen der Boden biologisch, biochemisch und biologisch im Sinne der ▷ Bodengare verbessert.
Botenstoffe: chemische Substanzen in Organismen, die der Signalübertragung bzw. der zellulären Kommunikation dienen

C: siehe Kohlenstoff
carnivor: fleischfressend (im Gegensatz zu herbivor = pflanzenfressend)
Chemoautotrophie, chemoautotroph: Stoffwechselform bestimmter Einzeller, die sich nicht von anderen Lebewesen ernähren, sondern (in der Regel hochspezi-

fisch) von chemischer Energie leben (z. B. Schwefelbakterien)

Chemolitotrophie, chemolithotroph: Stoffwechselform bestimmter Einzeller, die sich nicht von anderen Lebewesen ernähren, sondern von ▷ anorganischer Substanz leben (z. B. felsbesiedelnde Algen)

Chlor: chemisches Element (Schreibweise im ▷ Periodensystem: Cl), ein sogenanntes Halogen (= Salzbildner). Chlor ist z. B. Bestandteil des Kochsalzes, Natriumchlorid, findet sich aber auch verschiedensten ▷ organischen Verbindungen (s. a. ▷ chlororganisch).

Chlorophyll: grüner Farbstoff in der Pflanzenzelle, der die ▷ Photosynthese ermöglicht

Chloroplast: Zellstruktur oder ▷ Organell in der pflanzlichen Zelle, in dem die ▷ Photosynthese stattfindet

chlororganische Verbindungen: Stoffe aus einem ▷ Kohlenstoffgerüst (= organisch) mit einem oder mehreren ▷ Chloratomen. Viele ▷ Biozide sind oder enthalten Chlororganika. Die meisten dieser Verbindungen sind gesundheits- und umweltschädlich (z. B. ▷ DDT).

Chromosom: Molekülkomplex, der die Erbinformation enthält (s. a. ▷ DNS)

Ciliaten oder Wimpertierchen: Einzellige Lebewesen, deren Zellkörper mit Wimpern bedeckt ist. Sie dienen der Fortbewegung und/oder dem Herbeistrudeln von Nahrung. Vorkommen im Boden, im Salz- und im Süßwasser.

Cyanobakterien: (wörtlich: „Blaue Bakterien“) Eine Bakteriengruppe, die zur ▷ Photosynthese befähigt ist. Wurde früher den Algen zugeordnet und „Blaugrüne Algen“ genannt. Cyanobakterien spielen eine wichtige Rolle in der Boden- und Gewässerflora.

DDT: Dichlordiphenyltrichlorethan, ein Insektizid mit hohem Umweltschädlichkeitspotenzial und gesundheitsgefährdend für den Menschen. Reichert sich wegen seiner langen Halbwertszeit überall in der Biosphäre an. In Deutschland und vielen anderen Industrieländern seit den 1970er Jahren verboten.

Derivat: (wörtlich: Abkömmling) Chemischer Stoff, der aus einem anderen abgeleitet ist oder wird durch eine geringfügige Veränderung einzelner Atome im Molekül entsteht. Ein Derivat kann dennoch völlig andere chemische und physikalische Eigenschaften haben als die Ausgangssubstanz.

Diatomeen: Kieselalgen; einzellige Algen, die sowohl im Süßwasser als auch im Salzwasser sowie im Boden vorkommen

Dissoziation: Zerfall (z. B. eines Moleküls in seine Einzelbestandteile)

DNS: (Desoxyribonucleinsäure, international: DNA = Deoxyribonucleic acid) Molekularer Baustein, aus dem das genetische Material der Lebewesen besteht (▷ Chromosomen, ▷ Gene). Nach jüngeren Erkenntnissen ist Erbmaterial nicht nur im Zellkern in Form der ▷ Chromosomen im Zellkern enthalten, sondern kommt auch an anderen Stellen der Zelle vor, wo es spezielle Funktionen übernimmt (▷ Epigenetik).

Dunkelfeld-Vitalblut-Untersuchung: eine bestimmte Mikroskopiertechnik, die bei Blutuntersuchungen angewandt werden kann

Edaphon: Gesamtheit der in und auf dem Boden lebenden Kleinlebewesen (Pilze und andere Mikroorganismen, Pflanzen und Tiere). 1911 von *Raoul H. Francé* als „bio-coenotische Lebensgemeinschaft nach Art des ▷ ‚Planktons' definiert; also gewissermaßen das ‚Plankton des Erdbodens'." Im Gegensatz zum Wasser, das seine Struktur auch ohne Plankton beibehält, ist die Struktur des Erdbodens, die Humussphäre, vollständig vom Edaphon abhängig. *Margaret Sekera* (1984) hat das „die Lebendverbauung der Erde" bezeichnet, Ihr Ehemann, der Bodenkundler *Franz Sekera,* die „Lebendverbauung der Krümelstruktur" (*Sekera* 1951) genannt. Der gesamte Stoffwechsel der ▷ Biosphäre durchläuft die ▷ Humussphäre und wird vom Edaphon permanent betrieben.

edaphisch: siehe Edaphon

Effektive Mikroorganismen: Anfang der 1980er Jahre entwickelten japanische Wissenschaftler eine Mischung von nicht gentechnisch veränderten Mikroorganismen, die sich als große Chance für die verbrauchte, überdüngte und vergiftete Natur herausstellte und heute als „Effektive Mikroorganismen" bekannt sind. Die Wissenschaftler vereinigten mehrere Mikroorganismen, bestehend aus verschiedenen Photosynthesebakterien, Milchsäurebakterien, Hefen und fermentaktiven Pilzen miteinander. Viele dieser Mikroorganismen werden teilweise bereits seit Jahrhunderten im Land- und Gartenbau, in der Umweltsanierung, in der Medizin und in der Lebensmittelindustrie eingesetzt und sind für Mensch, Tier, Pflanze, Boden und Wasser sehr nützlich.

Die Anwendungsmöglichkeiten von Effektiven Mikroorganismen sind so vielfältig, dass sie in fast jedem Lebensbereich eingesetzt werden können. Durch die Vielfalt an Mikroorganismen und deren Anpassungsfähigkeit war es möglich, daraus unterschiedliche Präparate zu entwickeln, die für spezielle Anwendungsbereiche verwendet werden können. Da diese Technologie ursprünglich aus dem Agrarbereich kommt, liegt es nahe, dass sie dort einen gewissen Schwerpunkt hat, sie wird jedoch mittlerweile sehr vielseitig im täglichen Leben eingesetzt. Weitere Einsatzbereiche, wie z. B. die Boden- und Umweltsanierung, Abwasserreinigung und Abfallbehandlung, werden immer wichtiger. Außerdem gibt es auch immer mehr Nahrungsmittel bzw. Ergänzungsmittel sowie Pflegeprodukte für Mensch und Tier aus und mit Effektiven Mikroorganismen.

Durch eine gezielte Beimpfung mit Starterkulturen aus Effektiven Mikroorganismen von Böden und Pflanzen in Gärten, Obstquartieren und auf Ackerflächen wachsen Pflanzen nachweisbar gesünder und halten sich als Erntegut länger. In Kombination mit einer ausreichend großen Menge an organischer Substanz (OS), wie sie vielfach in der Garten- und Hauswirtschaft, aber auch im Landbau anfällt, lässt sich der Humusaufbau unserer Kulturböden mit Effektiven Mikroorganismen beschleunigen und nachhaltig stabilisieren. Effektive Mikroorganismen sind die ideale „Futtergrundlage" für die ▷ Endozytose der Pflanzen.

Eintrag: biologischer und landwirtschaftlicher Fachbegriff für die Zufuhr von biologischen oder chemischen Stoffen, beispielsweise in einen Acker, einen Fluss oder ein anderes Ökosystem

Endosymbiontentheorie: These, wonach die ▷ Organellen (bestimmte Bestandteile der Zelle) aufgrund ihrer Form und da sie eigenes Erbmaterial enthalten (unabhängig vom Zellkern) ehemalige Einzeller sind, die durch Aufnahme in die Zelle integriert wurden und dort bestimmte Aufgaben erfüllen. (s. a. ▷ Chloroplasten, Mitochondrien)

Enzym: (veraltet: Ferment) Substanz, die chemische Reaktionen beschleunigt oder überhaupt erst in Gang setzt (▷ katalysiert). Enzyme sind meist große, komplexe ▷ Proteinmoleküle. Alle Stoffwechselvorgänge in den Organismen sind von zahlreichen Enyzmen abhängig.

Endozytose: Vorgang, bei dem sich eine Zelle Moleküle oder Partikel einverleibt, indem sie ihre Zellwand um dieses Teilchen stülpt und das somit gebildete Bläschen ins Zellinnere schiebt und abschnürt (s. a. ▷ Exozytose).

Epigenetik: Forschungsrichtung, die sich mit demjenigen Erbmaterial (also der ▷ DNS) befasst, die sich nicht im Zellkern befindet, sondern an anderen Stellen der Zelle, wie z. B. den ▷ Organellen.

Exozytose: Umgekehrter Vorgang zur ▷ Endozytose: Material, das die Zelle nach außen abgeben oder „loswerden" will, wird von „Zellwandmaterial" umschlossen. Das so gebildete Bläschen wird an die Zellwand transportiert, die Bläschenwand verbindet sich mit dieser und öffnet sich anschließend nach außen. So wird der Partikel oder das Molekül gleichsam aus der Zelle geschoben, während sich hinter ihm die Zellwand wieder schließt.

fakultativ: nicht zwingend; bei Bedarf; freiwillig

Fäulnis: Abbau ▷ organischer Substanz durch ▷ Mikroorganismen unter Ausschluss von Sauerstoff

Fermentierung, Ferment: siehe Enzym

Flagellat: (von lat. *flagellum* = Peitsche) einzelliges Lebewesen mit peitschenähnlichen Gebilden, die in der Regel der Forbewegung dienen. Flagellaten können pflanzlich (Phytoflagellaten) oder tierisch (Zooflagellaten) sein.

Gärung: Abbau ▷ organischer Substanz durch Mikroorganismen ohne Sauerstoff. Im Gegensatz zur ▷ Fäulnis wird bei der Gärung Energie produziert.

Gaia-Hypothese: Von der Biologin *Lynn Margulis* und dem Biophysiker *James Lovelock* in den 1960er Jahren entwickelte These, dass der Planet Erde bzw. ihre gesamte Biosphäre wie ein einziges dynamisches, sich selbst steuerndes und sich entwickelndes Lebewesen zu betrachten ist.

gebunden, chemisch: Verbindung chemischer Stoffe an andere Stoffe, was dazu führt, dass ihre Reaktionsfähigkeit außer Kraft gesetzt wird, sie also chemisch unwirksam sind, solange sie gebunden bleiben. Durch Veränderung der Umwelt bzw. des chemischen Milieus kann diese Gebundenheit wieder aufgehoben werden.

Geilwuchs: Übermäßiger Längenwuchs von Pflanzen infolge Überversorgung mit ▷ Stickstoff. Das Gewebe ist dann typischerweise weich, schwammig und „aufgedunsen".
Genese: Entstehung; Bildung; auch „Geburt"
Gen: Abschnitt auf einem ▷ Chromosom, auf dem eine bestimmte einzelne Erbinformation verschlüsselt ist und bei Bedarf abgelesen werden kann
Gentransfer: Übertragung von Erbinformationen (= Genen) von einem Organismus auf einen anderen. *Vertikaler Gentransfer* ist die Übertragung von der Eltern- auf die Tochtergeneration, wie sie bei der Fortpflanzung stattfindet. *Horizontaler Gentransfer* ist die Genübertragung von einem Organismus auf einen anderen, d. h. dies kann auch über die Artengrenze hinausgehen.
Gletschermilch: Schmelzwasser von Gletschern, das feinste Partikel des abgeriebenen Gesteins (▷ echte Mineralien) enthält und daher milchig-trüb gefärbt ist

heteroptroph: sich von ▷ organischer Substanz und damit von anderen Organismen ernährend
Heuaufguss: Methode zur „Herstellung" von Mikroorganismen. Getrocknetes Gras wird in einem abgedeckten Gefäß mit Wasser aufgefüllt und mehrere Tage stehen gelassen. Dies führt zum Wachstum zahlreicher Mikroorganismen.
höhere Pflanzen: vielzellige Pflanzen mit einem komplexeren Aufbau aus Wurzeln, Sprossachse (Stängel) und Blüte, im Gegensatz zu den einfacher gebauten, sogenannten niederen Pflanzen, zu denen Algen (die auch einzellig sein können), Moose und Farne sowie die sogenannten Bärlappgewächse gehören. Die Begriffe ▷ Endozytose, ▷ Endosymbiontentheorie und Pflanzenernährung, um die es in diesem Buch geht, beziehen sich allesamt auf höhere Pflanzen
Humus: Die ▷ organischen Anteile des Bodens, also die Schichten, die biologisches Material enthalten. Der Humus ist immer nur die oberste Schicht eines Bodens, oft nur wenige Zentimeter stark. Die Bildung von zehn Zentimetern Humus kann unter normalen, natürlichen Umständen (je nach Klimazone und Umgebungsbedingungen) Tausende von Jahren dauern.
Humussphäre: Die Sphäre, die der gesamte Stoffwechsel der ▷ Biosphäre durchläuft. Sie liegt zwischen der ▷ Atmosphäre und der ▷ Lithosphäre. Zu ihr gehört auch die ▷ Hydrosphäre. Die Humussphäre ist der Raum, in dem sich die Prozesse des Stoffwechsels und der Pflanzenernährung, also die gesamten „landwirtschaftlichen Prozesse", abspielen. Die immer noch nicht abgeschlossene Suche nach den ▷ „totstofflichen", nur chemisch definierbaren Bestandteilen dessen, was als ▷ Humus bezeichnet wird, hat seine umfassendste Formulierung als „Funktionsresultat des Edaphons" (*Hennig* 1994) oder noch besser als Funktionsresultat der Humussphäre erfahren, wobei aber durchaus offen bleibt, ob die Suche nach bloßen Stoffen überhaupt das beste Verständnismodell ergeben kann. Ich sehe im Modell der Humussphäre und dessen Erforschung im Sinne einer selbstregulierenden, von Lebewesen betriebenen „Funktionsgemeinschaft" die größten Aussichten, mehr Verständnis für die Vorgänge in Pflanze und Boden zu gewinnen. Hilfreich sind hierfür die Grund-

prinzipien der ▷ Gaia-Theorie. Das gesamte ▷ Edaphon ist Baumeister und Pfleger, aber gleichzeitig auch direkter Teilnehmer am ▷ Kreislauf der lebenden Substanzen. Das ▷ Edaphon betreibt die Umwandlung aller Stoffe – und zwar nicht als Produzent von Salzionen zur Herstellung von Pflanzennahrung, sondern als direkter Teil eines Kreislaufes von „fressen und gefressen werden". In diesen Kreislauf ist die Pflanze mit ihren „Edaphon fressenden Wurzeln" (▷ Endozytose) unmittelbar mit einbezogen.
Hydrosphäre: die Gesamtheit aller Wasservorkommen der Erde

Indikator: (wörtlich: „Anzeiger") ein Stoff, eine Pflanze oder eine Substanz, die als Beleg für etwas gilt. So ist starker Brennnesselbewuchs ein Indikator für einen hohen Stickstoffgehalt des Bodens, da Brennnesseln diesen besonders benötigen; das Vorhandensein von Milchsäure ist ein Indikator für ▷ anaerobe Stoffwechselvorgänge oder ▷ Gärung.
Infusorienkultur: „Herstellung" von Mikroorganismen, z. B. mit einem ▷ Heuaufguss. Wird z. B. in der Aquaristik zur Herstellung von Fischfutter praktiziert.
Ion: elektrisch geladenes Atom oder Molekül
Ionenaustausch: Technisches Verfahren, bei dem ▷ Ionen durch andere Ionen gleicher elektrischer Ladung ausgetauscht werden. Bestimmte Wasserfilter funktionieren nach dem Ionenaustauschprinzip.

K: siehe Kalium
Kalium: chemisches Element (gehört zu den Erdalkalimetallen) und Bestandteil des Mineraldüngers ▷ NPK
Katalyse, katalytisch: Beschleunigung einer chemischen Reaktion. Bestimmte chemische Reaktionen würden unbeeinflusst so langsam ablaufen, dass die Katalyse sie im Grunde überhaupt erst in Gang setzt. Die meisten Stoffwechselabläufe in Organismen laufen katalytisch ab, als Katalysatoren dienen ▷ Enzyme, die man deshalb auch als Biokatalysatoren bezeichnen kann.
Knöllchenbakterien: Bestimmte im Boden lebende Bakteriengruppe, die in der Lage ist, den gasförmigen ▷ Stickstoff aus der Luft (der Bodenluft) zu binden. Pflanzen aus der Familie der ▷ Leguminosen (dazu gehören alle unsere Hülsenfrüchte wie Erbsen, Bohnen, aber auch Klee oder Lupinen) sind in der Lage, Knöllchenbakterien in ihren Wurzeln anzureichern. Von dieser ▷ Symbiose profitiert die Pflanze, für die Stickstoff ein wichtiges Nahrungsmittel ist.
Kohlenstoff: chemisches Element (Zeichen: C), das Kennzeichen der ▷ organischen Chemie und aller ▷ organischen Substanzen ist. Alle biologischen Moleküle basieren auf Kohlenstoff, häufig in Form von ketten- oder ringförmigen Verbindungen.
Kondenskern: kleinster Partikel eines festen Stoffes in der Luft, an dem sich Wasserdampf anlagert, was zur Verflüssigung des Wassers führt (so entsteht auch Nebel).
konzis: kurz, prägnant; auf das Wesentliche beschränkt
Kreislauf der lebenden Substanzen: siehe lebende Substanz

lebende Substanz (nach Rusch): alles Nährmaterial für Pflanzen, das lebt, also z. B. ▷ Mikroorganismen oder ▷ Organellen; im Gegensatz zu Salzen bzw. ▷ Mineralien oder Molekülen, die zwar Bausteine des Lebens sind, aber selbst nicht lebendig im biologischen Sinne

lebendstofflich: Großmolekulare Substanzen, die die Eigenschaften, die wir als Leben definieren, aufweisen und durch ▷ Symbiose, Vermehrung und ▷ Regeneration weitergeben können, also lebende Zellen und Zellbestandteile. So wie in unserem Alltagsleben, das aufgebaut ist aus lauter toten Stoffen (von der Straße bis zum Haus), nichts außer Verfall geschehen würde, wenn sich nicht Lebewesen (vom Menschen bis zum Schimmelpilz) dieser toten Stoffe annehmen würden, so stellt das ▷ Edaphon die lebenden Bewohner und Betreiber der ▷ Humussphäre dar, deren Tätigkeit die Fruchtbarkeit des Bodens bestimmt.

Lebendverbauung: siehe Edaphon

Leguminosen: (auch Hülsenfrüchtler oder Schmetterlingsblütler) Pflanzenfamilie mit schmetterlingsförmigen Blüten und besonders eiweißhaltigen Samen. Aus letzterem Grund finden sich in dieser Familie zahlreiche unserer Nahrungspflanzen (z. B. Bohnen, Erbsen, Sojabohnen), da der Eiweißgehalt einen hohen Nährwert darstellt. Leguminosen haben die Eigenschaft, in ihren ▷ Wurzelknöllchen stickstoffliebende Mikroorganismen, sogenannte ▷ Knöllchenbakterien, anzureichern, weshalb sie zur Anreicherung des Bodens mit ▷ Stickstoff gezielt angebaut werden (= Gründüngung).

Lithobionten: (wörtlich: Steinbewohner) Organismen, die Fels und blankes Gestein besiedeln können

Lithosphäre: die äußerste, steinerne Schicht des Planeten Erde

Lösung, löslich: „miteinander mischbar". Ein Stoff, der sich in einer wässrigen Flüssigkeit löst, geht mit den Wassermolekülen eine gleichmäßige „Mischung" ein; zu sehen ist dann wieder eine Flüssigkeit, die vielleicht ihre Farbe oder Klarheit ändert, dabei aber homogen, also gleichförmig, bleibt. Beispiel: Sie können Zucker oder Salz in Wasser lösen, nicht aber Sand. Auch Öle und Fette sind nicht in Wasser löslich, sondern setzen sich ab. Dafür sind sie untereinander löslich, d. h. Sie können z. B. Oliven- und Sonnenblumenöl miteinander homogen vermischen.

Metabolit: Molekül, das als Zwischenstufe in einer Kette biochemischer Reaktionen entsteht; z. B. beim Zellstoffwechsel

Mikrokokken: bestimmte Bakteriengruppe

Mikroorganismus: Kleinstlebewesen, das mit bloßem Auge nicht zu sehen ist. Zu den Mikroorganismen gehören Bakterien, Algen und Pilze, meist sind es Einzeller (siehe auch ▷ Plankton).

Mikrosom: Fragmente aus der Membran bestimmter Zellbestandteile

Milchsäurebildner: Mikroorganismen, deren Stoffwechsel keinen Sauerstoff braucht und die bei ihren chemischen Reaktionen, ▷ Gärung genannt, Milchsäure bilden

Mineral: (von franz. *minerale* = Erzgestein) Bausteine der Erdkruste und der Ge-

steine, überwiegend aus ▷ anorganischen Verbindungen zusammengesetzt. Das Wort „Mineral" und alle seine Begriffskombinationen stammen aus der Geologie. In diesem Buch wird der Begriff „Mineral" ausdrücklich in dieser eigentlichen, fachgerechten Bedeutung verwendet.
Ich weise auch immer wieder ausdrücklich auf seinen weitreichenden Fehlgebrauch hin: Die heute falsche Anwendung der Begriffe „Mineral" und „Mineralisierung" in der Landwirtschaft geht auf *Justus von Liebig* zurück, der vor 170 Jahren „Mineralbestandteile" in seinen Ascheanalysen fand. Doch *Liebig* versäumte es damals, den Unterschied zwischen „Mineralbestandteil" und „Mineral" herauszuarbeiten, und postulierte, dass die bloßen Minerale die Pflanzennährstoffe seien.
Diese Ungenauigkeit wurde bis heute beibehalten. Doch was *Liebig* und seine Chemiker damals fanden, waren lediglich die chemischen Grundelemente, wie sie im chemischen ▷ Periodensystem dargestellt sind. Aus chemisch-analytischer Sicht sind diese Elemente die Grundstoffe, aus denen sich alle Materie (lebende und nichtlebende) zusammensetzt. Sie sind aber weder per se Nahrungsstoffe noch Minerale, sondern stellen – noch einmal – Bestandteile beider dar.
Nach dieser differenzierten Definition können demnach Stein, Sand, Lehm, Steinmehl, Vulkanstaub und der Mineralanteil der Gletschermilch als Minerale bezeichnet werden. Alles andere muss eine andere Bezeichnung erhalten!
Mineraldünger: (auch: NPK; N (N für ▷ Stickstoff, P für ▷ Phosphor und K für ▷ Kalium) Besteht aus ▷ anorganischen Verbindungen, auch Salze genannt. Der ▷ Stickstoff dafür wird großindustriell aus Erdöl synthetisiert und dient neben der Mineraldüngerproduktion auch der Sprengstoffherstellung.
Mineralisierung: Werden Substanzen mineralisiert, so werden sie zu ▷ Mineralen: versteinerte Pflanzen und Tiere sowie Ablagerungen in der Erdkruste. Im Gegensatz zu dieser ursprünglichen geologischen Definition bezeichnet dieser Begriff in der Agrarchemie den Abbauprozess hauptsächlich ▷ organischer Stoffe, d. h. die ▷ Dissoziation der Stoffe in wässriger ▷ Lösung. Diese Vorstellung ist jedoch unzulässig vereinfacht. Zudem lässt sie alle anderen Prozesse, die in der ▷ Humussphäre ablaufen, unberücksichtigt, bezeichnet sie schlimmstenfalls sogar als unwissenschaftlich. Das heutige landwirtschaftliche Lehrgebäude und die Praxis der Pflanzenernährung sind auf diese zu stark vereinfachten und damit de facto verfälschten Begrifflichkeiten reduziert.
Mineraltheorie: Die These, dass sich Pflanzen ausschließlich von ▷ „Mineralien" (gemeint sind ▷ Salze) ernähren und nicht von lebendem Zellmaterial, und daher mit ▷ Mineraldünger versorgt werden müssen
Mitochondrien: Kleine, kugelige Gebilde und Bestandteile fast aller lebenden Zellen mit eigenem Erbmaterial (s. a. ▷ Endosymbiontentheorie, ▷ Organellen). Mitochondrien werden auch als „Kraftwerke der Zelle" bezeichnet, da in ihnen vor allem der Energiestoffwechsel stattfindet.
Monosaccharide: Einfachzucker, d. h. eine Zuckerverbindung, die nur aus einem Zuckermolekül besteht, z. B. Glucose (Traubenzucker) oder Fructose (Fruchtzucker). Disaccharide (Zweifachzucker) oder Polysaccharide (Mehrfachzucker) bestehen aus

zwei oder mehr Zuckermolekülen, z. B. Lactose (Milchzucker), bzw. Stärke oder ▷ Zellulose.

Mulch: Abdeckung der Erde zum Schutz des Bodens, um Erosion, Austrocknung oder Frostschäden an Jungpflanzen zu verhindern oder Beikrautaufwuchs zu unterdrücken. Nach den in diesem Buch beschriebenen Methoden dient das Mulchen aber vor allem dazu, das ▷ Edaphon zu füttern.

Mykorrhiza: Eine ▷ Symbioseform zwischen Pilz und Pflanze im (Fein-)Wurzelbereich der Pflanze. Dabei versorgt der Pilz die Pflanze mit Nährstoffen und Wasser aus dem Boden und erhält seinerseits Nährstoffe aus der ▷ Photosynthese der Pflanze (= sogenannte Assimilate), die er mangels ▷ Chlorophyll selbst nicht bilden kann. Die bekannteste Form der Mykorrhiza, die auch sehr spezifisch sein kann, ist das Wachstum von Hutpilzen unter bestimmten Bäumen.

N: siehe Stickstoff

Nematoden: (auch Fadenwürmer) Sehr große Gruppe im Tierreich mit mehr als 20.000 Arten. Sie kommen im Erdreich ebenso vor wie im Wasser; darunter sind auch parasitische und pathogene Arten wie der Spulwurm.

NPK: siehe Mineraldünger

Ökologie: (von griech. *oikos* = Haus, Haushaltung) Lehre vom Haushalt der Natur. Ein leider heute etwas abgenutzter Begriff. Hier möchte ich auf *Fritjof Capra* hinweisen, wie er „in einer rigorosen Diagnose verfolgt, [...] wie der moderne Mensch vergessen hat, dass die Realität nicht so real ist, wie sie scheint, sondern dass alles ein Werden ist, ein sich ständig verändernder dynamischer Prozeß. [...] In der Naturwissenschaft bietet [...] die in den letzten Jahrzehnten entwickelte Theorie lebender Systeme den idealen wissenschaftlichen Rahmen zur Formulierung des neuen ökologischen Denkens. Ich verwende daher die Begriffe ‚ökologisch' und ‚systemisch' als synonym." (*Capra* 1994)

Ökologische Landwirtschaft: Sammelbegriff für Ackerbau und Tierzucht ohne Pflanzenschutzmittel, ohne ▷ Mineraldünger und ohne Genmanipulation. Umfasst auch den ▷ Biologisch-Dynamischen Landbau, der aber strenger definiert ist.

Oligosaprobier: Bestimmte Gruppe von Lebewesen, die von toter ▷ organischer Substanz leben (s. a. ▷ Saprophyt)

opportunistisch: als Lebewesen sehr anpassungsfähig an Veränderungen der Umweltbedingungen

Orbio: Kurzform für Organisch-Biologisch. Unter dieser Bezeichnung wurde das Wirken von Hans Müller und Hans Peter Rusch in Skandinavien durch *Hans Cibulka* (Schweden) und *Ivar Torp* (Norwegen) eingeführt und verbreitet. Die entsprechende Methode wird in Deutschland vom Anbauverband Bioland vertreten.

Organellen: Kleine „Körperchen" in der Zelle; sie bilden abgeschlossene Bereiche, in denen bestimmte Stoffwechselvorgänge ablaufen. So sind z. B. die ▷ Mitochondrien die sogenannten Kraftwerke der Zelle, in denen Energie bereitgestellt wird; in den ▷ Chloroplasten der Pflanzenzellen findet die ▷ Photosynthese statt.

organische Chemie: Der Teil der Chemie, der sich mit den auf ▷ Kohlenstoff basierenden Stoffen befasst. ▷ Organische Substanzen sind das Kennzeichen lebender Organismen, mithin der Biologie (s. a. ▷ anorganisch).
Organisch-Biologische Landwirtschaft: Ökologische Landwirtschaftsweise, die aus der Reformbewegung des 19. Jahrhunderts hervorgegangen ist. Grundlage sind die Erkenntnisse des Mikrobiologen *Hans Peter Rusch*. Nicht zu verwechseln mit dem ▷ Biologisch-Dynamischen Landbau.
organische Substanzen: Alle Stoffe, deren Grundbaustein und Hauptbestandteil das chemische Element ▷ Kohlenstoff (C) ist. Alle anderen Substanzen nennt man ▷ anorganisch.

P: siehe Phosphor
pathogen: Krankheiten verursachend
PCB: Polychlorierte Biphenyle. Eine Gruppe chemischer Verbindungen (▷ Chlororganika), die u. a. als Weichmacher oder in der Elektrotechnik Verwendung finden. Wegen ihrer extrem Giftigkeit und ihres krebsauslösendes Potenzials zählen sie zu den „Dirty Dozen", den zwölf giftigsten Chemikalien, die gemäß des Stockholmer Übereinkommens heute weltweit verboten sind.
Periodensystem: das Verzeichnis der chemischen Elemente, sortiert nach ihrem Atomkern- und Elektronenaufbau
Permakultur: Übersetzt etwa „Dauerkultur", aus der Zusammenfügung der englischen Wörter *permanent* und *agriculture*, also permanente, dauerhafte Landwirtschaft. Es handelt sich um Konzepte, die verschiedene ökologische Maßnahmen miteinander vernetzen – vom einzelnen Haus oder kleineren Siedlungen bis zu größer flächigen Landschaftsräumen. Permakultur überträgt die Prinzipien geschlossener ökologischer Kreisläufe in der Natur, auf die Planung menschlicher Siedlungen. Die Initialzündung dazu gaben die beiden Australier *Bill Mollison* und *David Holmgren* (1978). Die vielleicht schönste Definition von Permakultur stammt von *Bill Mollison* selbst: „Permakultur ist der Tanz mit der Natur, bei dem die Natur führt."
Pestizid: chemischer Stoff zur Abwehr (durch Hemmung oder Tötung) unerwünschter Pflanzen oder Tiere (s. a. ▷ Biozid)
pH-Wert: Maßeinheit für den Säuregehalt einer Substanz (z. B. auch des Ackerbodens). Der pH-Wert 7 ist als neutral definiert, pH-Werte unter 7 bedeuten saures, solche über 7 basisches Milieu.
Phosphor: Chemisches Element (Symbol: P), für Lebewesen wichtig unter anderem als Bestandteil des Erbmaterials (▷ DNS) sowie des Fett- und des Energiestoffwechsels. Pflanzen brauchen Phosphor für die ▷ Photosynthese. Bestandteil des ▷ Mineraldüngers (NPK).
phosphororganisch: kohlenstoffhaltige, also ▷ organische chemische Verbindungen, die ein oder mehrere Phosphoratome enthalten
Photoautotrophie, photoautotroph: Die charakteristische Stoffwechselform von Pflanzen: Sie ernähren sich nicht von anderen Lebewesen, sondern gewinnen die Energie aus dem Sonnenlicht (▷ Photosynthese). Nach der These vom ▷ Kreislauf

der lebenden Substanzen ist dies jedoch nicht die alleinige Ernährungsform der Pflanzen.

Photosynthese: Vorgang, bei dem pflanzliche Zellen mit Hilfe der Energie des Sonnenlichts aus Wasser und dem CO_2 (Kohlendioxid) der Luft lebende Substanz und damit ihren eigenen Pflanzenkörper aufbauen. Die Photosynthese findet in den ▷ Chloroplasten statt.

Plankton: Gesamtheit der Kleinstlebewesen, die im Wasser (Salz- wie auch Süßwasser) leben und sich nicht aktiv bewegen, sondern mit der Strömung driften. Plankton besteht aus tierischen (z. B winzige Krebse) und pflanzlichen (z. B. Algen) Organismen und stellt für viele Wassertiere (Fische, Bartenwale) die Hauptnahrungsquelle dar. Auch das Bodenwasser enthält Plankton (▷ Edaphon).

Polysaccharid: siehe Monosaccharid

Polysaprobier: bestimmte Gruppe von Lebewesen, die von toter ▷ organischer Substanz leben (s. a. Saprophyt)

Porenvolumen: Gesamtheit der Bodenporen in der Erde, ausgedrückt als Anteil am Gesamtvolumen. Die Höhe des Porenvolumens spielt eine wichtige Rolle für die Bodenqualität, da sie für die Durchlüftung und den Gasaustausch sorgt.

Primärproduzenten: Lebewesen, die nicht darauf angewiesen sind, sich von anderen Lebewesen zu ernähren, sondern ihre Substanz aus ▷ anorganischem Material selbst aufbauen und damit für andere Lebewesen als Nahrung bereitstellen (wie die Pflanzen durch die ▷ Photosynthese)

Proteine: (früher auch: Eiweißstoffe) große, komplexe Moleküle, die immer ein oder mehrere Atome ▷ Stickstoff in einer bestimmten Anordnung enthalten. Proteine sind die Grundbausteine zahlreicher Biomoleküle, wie Erbmasse (▷ DNS), ▷ Enzyme oder Hormone. Ihre Grundbausteine sind die ▷ Aminosäuren.

Protoplasma: veralteter Begriff für ▷ Zytoplasma

reduktionistisch: (von lat. *reducere* = zurückführen) Lehr- oder Denksystem, das alle Phänomene grundsätzlich auf ihre kleinsten Einheiten oder Grundbausteine zurückführt und nur aus dieser Perspektive betrachtet

Regeneration: Wiederherstellung (z. B. des ursprünglichen Zustands

Remutation, remutieren: (wörtlich: zurückverwandeln) nach der These vom ▷ Kreislauf der lebenden Substanzen die Fähigkeit der ▷ Zellorganellen, sich beim Tod und Zerfall der Zelle in ihre ursprüngliche Form als lebensfähige einzellige Mikroorganismen zurückzuverwandeln

Rhizopoden: (wörtlich: „Wurzelfüßer“) bestimmte Gruppe von Einzellern

Rhizosphäre: (wörtlich: „Wurzelraum“) der Bereich im Boden, in dem sich Pflanzenwurzeln befinden

Rotatorien: Rädertierchen; Kleinstlebewesen mit einem Wimpernkranz am Kopf („Räderorgan“), das sowohl der Fortbewegung als auch dem Herbeistrudeln von Nahrung dient. Rädertierchen sind sowohl Bestandteil des ▷ Planktons als auch Besiedler des Bodens und anderer Lebensräume. Sie können hochspezialisiert sein.

Rotte: Vorgang der ▷ Humusbildung, d. h. Abbau von totem Pflanzenmaterial und

Wiederzuführung in den Boden. Bei tierischen Organismen heißt dieser Vorgang Verwesung. Ich nenne ihn Um-Wesung.

Salz: chemische Verbindung, die aus positiv und negativ geladenen ▷ Ionen besteht. Sie bilden aufgrund der elektrischen Anziehungskraft eine regelmäßige Gitterstruktur (Kristallstruktur). Es gibt ▷ organische und ▷ anorganische Salze.
Saprophyt: Lebewesen, das von toten anderen Lebewesen lebt. Saprophyten sind wichtig für die Zersetzung von toten Tieren und Pflanzen im Boden.
semipermeabel: (wörtlich: halbdurchlässig) nur für einen Teil der Stoffe oder Moleküle durchlässig
Spaltpilz: veralteter Begriff für Mikroorganismen oder im engeren Sinne Bakterien
Spontangenese: siehe Genese
Sprosspilz: Synonym für Hefe; Gruppe einzelliger Pilze, die sich u. a. durch Sprossung (Bildung von Tochterzellen) vermehren
Stamm: Überbegriff aus der Systematik der Lebewesen
Stammzelle: (noch) undifferenzierte Zelle, die die Fähigkeit hat, sich in verschiedenste spezifische Zellen auszudifferenzieren, z. B. in eine Leberzelle oder eine Blattgewebszelle. Stammzellen kommen natürlicherweise sowohl bei Pflanzen als auch bei Tieren in bestimmten Entwicklungsstadien, z. T. aber auch in bereits ausdifferenziertem Gewebe vor.
Stickstoff: Chemisches Element (Symbol: N) und Bestandteil des ▷ Mineraldüngers NPK. Wichtiger Bestandteil von ▷ Proteinen.
Stickstoff-Ernte-Index (NHI): der Anteil eines bestimmten Nährstoffs (meist Stickstoff, N) im Ernteprodukt an der gesamten Menge dieses Nährstoffes in der oberirdischen Biomasse
Stickstoffverfügbarkeit: Angabe für die chemische Form, in der ▷ Stickstoff im Boden vorliegt (als gasförmiger Stickstoff, in ▷ Ionenform oder in Molekülen gebunden). Von dieser hängt ab, ob er als Nährstoff von der Pflanze überhaupt aufgenommen sowie verwertet werden kann.
Symbiose: Enge Lebensgemeinschaft zweier (oder mehrerer) Lebewesen meist verschiedener Arten in gegenseitiger Abhängigkeit und zu wechelseitigem Nutzen. So stellen beispielsweise Flechten eine Symbiose dar, in der eine Alge und ein Pilz so eng „zusammenleben", dass dabei eine neue Lebensform entstanden ist. Andere Beispiele für Symbiose sind die Darm- und die Hautflora des Menschen oder der Wurzellebensraum der Pflanzen, das ▷ Edaphon. Unsere Biosphäre ist voll von symbiotischen Lebensformen.
Symbiont: Partner einer ▷ Symbiose
Symbioselenkung: alternativmedizinische Therapiemethode, die darauf abzielt, die richtige „Lebensgemeinschaft" der natürlichen Darmbakterien wiederherzustellen
symbio(n)tisch: siehe Symbiose

Tausendkorngewicht (TKG): auch: Tausendkornmasse (TKM), Kenngröße zur Berechnung der Saatgutmenge.

technologische Landwirtschaft: die heute übliche, auf der sogenannten ▷ Mineraltheorie basierende, mit chemischen und mechanischen Methoden betriebene Art der Landbewirtschaftung
Tiefenökologie: von dem norwegischen Philosophie *Arne Næss* (1912–2009) begründete Naturphilosophie und Ökologiebewegung, die von *Lynn Margulis* und *James Lovelock* in der ▷ Gaia-Hypothese aufgegriffen wurde
Totstoffe, totstofflich: Der von mir gewählte Ausdruck für die Grundstoffe der Materie, die chemischen Elemente, wie sie im ▷ Periodensystem der Elemente dargestellt sind. Ich nenne sie „Totstoffe", um immer wieder daran zu erinnern, dass unsere konventionelle Vorstellung von der „Alleinherrschaft", die diesen Stoffen zugeschrieben wird, nicht ausreicht, um unsere ökologischen Probleme zu lösen.

Überflutungskultur: siehe Wasserkulturen
uniform: einheitlich; von immer gleicher Form oder Gestalt
Urbakterien: siehe Archaebakterien

verfaulen: siehe Fäulnis
Verfügbarkeit: Die Form, wie ein Nährstoff vorliegt (z. B. „pur", fest oder gasförmig, oder chemisch in bestimmter Form ▷ gebunden), um von einem Lebewesen auch aufgenommen und verstoffwechselt werden zu können, bezeichnet man als Verfügbarkeit. Liegt ein Nährstoff in nichtverfügbarer Form vor, so kann er vielleicht noch aufgenommen, nicht aber verstoffwechselt werden, und er verlässt den Organismus ungenutzt wieder
vergeilen: siehe Geilwuchs
verrotten: siehe Rotte

Wartezeit: Die Zeit, die laut der jeweiligen Anwendungsvorschrift zwischen dem Ausbringen eines ▷ Pestizids und der Ernte verstreichen muss. Es wird davon ausgegangen, dass nach Ablauf dieser Zeit die Stoffe soweit abgebaut oder versickert sind, dass die gesetzlich festgelegten Grenzwerte im behandelten Gemüse, Obst oder Getreide nicht überschritten werden. Das bedeutet also nicht, dass die Nahrungsmittel dann frei von den Spritzmitteln wären.
Wasserkulturen, historische: Landbaumethoden, die betont mit dem Wasser arbeiten, z. B. durch Anbau in Überflutungszonen oder gezieltes Einleiten von Wasser in die Pflanzenkultur
Wurzelhaare: Kleinste Ausstülpungen der äußersten Zellen in den Wurzeln von Pflanzen. Die Wurzelhaare sind zahlreich und vergrößern die Oberfläche der Pflanzenwurzel enorm, was die Nährstoffaufnahme erleichtert. Nach der These vom ▷ Kreislauf der lebenden Substanzen nehmen die Wurzelhaare auch durch ▷ Endozytose große Moleküle und ganze Zellen (z. B. Mikroorganismen) als Nahrung auf.
Wurzelknöllchen: Gebilde an den Wurzeln bestimmter Pflanzen, die ▷ Knöllchenbakterien enthalten

Zellkern: abgetrennter Bereich im Inneren der Zelle, der das Erbmaterial (▷ die DNS) beherbergt
Zellorganellen: siehe Organellen
Zellulose: (auch: Cellulose) Bestandteil der pflanzlichen Zellwand; chemisch ein ▷ Polysaccharid (Vielfachzucker). Verholzende Pflanzen (Bäume und Sträucher) bauen besonders viel Zellulose auf.
Zoogloen: Verbünde von Einzellern in Form schleimiger Schichten oder Beläge
Zytoplasma: Die Grundsubstanz einer Zelle innerhalb der Zellmembran. Eingebettet ins Zytoplasma liegen der ▷ Zellkern, die ▷ Organellen und andere Zellstrukturen.

Verwendete und weiterführende Literatur

Åkersted, N. (1993): Boken om marktächning och om odling i sand. Natur och Trädgärd, S- 61621 Äby 1995 („Das Buch über Mulch als Bodendecke und über den Anbau in Sand". Nur auf Schwedisch.)

Armstrong, Karen (2007): Eine kurze Geschichte des Mythos. dtv Verlag, München

Balzer, Fritz M. (1999): Ganzheitliche standortgemäße dynamische Bodenbearbeitung. Verlag Ehrenfried Pfeiffer Ausbildungs- und Forschungsstätte, Wetter

Balzer-Graf, Ute und Balzer, Fritz (1991): Steigbild und Kupferchloridkristallisation – Spiegel der Vitalaktivität von Lebensmitteln –. In Meier-Ploeger, A. M., Vogtmann H., (Hrsg.): Lebensmittelqualität – ganzheitliche Methoden und Konzepte. Verlag C. F. Müller, Karlsruhe, 2. Aufl., S. 163–210

Batmanghelidj, F. (1997): Wasser – die gesunde Lösung. VAK Verlag, Breisgau

Bayerische Akademie der Wissenschaften (Hrsg.): Bedeutung der Mikroorganismen für die Umwelt. Rundgespräche der Kommission für Ökologie, Bd. 23. Verlag Dr. Friedrich Pfeil, München

Bechamp, Pierre Jacques Antoine: (1883): Les microzymas dans leur rapports avec l'hétérogénie, l'histogénie, la physiologie et la pathologie. Examen de la panspermie atmosphérique continue ou discontinue, morbifère ou non morbifère. Baillière, Paris. Neuauflage durch das Centre International de Recherches Antoine Béchamp (1990)

Beste, Andrea et al. (2001): Bodenschutz in der Landwirtschaft. Einfache Bodenbeurteilung für Praxis, Beratung und Forschung. Stiftung Ökologie & Landbau, Bad Dürkheim

Blech, Jörg (2000): Leben auf dem Menschen. Die Geschichte unserer Besiedler. Rohwolt Verlag, Reinbeck

Blotzheim, von Urs N. (1993): Handbuch der Vögel Mitteleuropas. Bd. 13/1, S. 791 ff. Aula Verlag, Wiebelsheim

Botsch, Walter (1975): Entwicklung zum Lebendigen. Die chemische Evolution. Franckh´sche Verlagshandlung W. Keller, Stuttgart

Brauner, Heinrich (2010): Die Grundlagen des organisch-biologischen Landbaus – wie sie von den Pionieren Dr. Hans und Maria Müller und Dr. Hans Peter Rusch erarbeitet worden sind. Herausgegeben von der Fördergemeinschaft für gesundes Bauerntum, A-4020 Linz

Brettcher, Mark S.: How animal cells move. In: Scientific American, 255, 72–90 (1987)

Buch, Walter (1986): Der Regenwurm im Garten. Ulmer Verlag, Stuttgart

Buhlert, Hans (1902): Untersuchungen über die Arteinheit der Knöllchenbakterien in den Leguminosen und über die landwirtschaftliche Bedeutung dieser Frage. Habilitationsschrift, Friedrichs-Universität Halle-Wittenberg

Capra, Fritjof (1982, 1994): Wendezeit. Bausteine für ein neues Weltbild. Scherz Verlag, Bern

Carson, Rachel (1962), (1990): Der stumme Frühling. Beck Verlag, München

Caspari, Fritz (1948).: Fruchtbarer Garten, Heering-Verlag, Seebruck

Chaboussou, Francis (1985): Pflanzengesundheit und ihre Beeinträchtigung. Verlag C.F. Müller, Karlsruhe
Cibulka, Hans (1999): Kontakt, Undervisningsorgan för
Organisk Biologisk Odlingskultur in Skandinavien. 30. Ärgäng
Claro, Elisa (1999). Genaue Quellenangabe nicht mehr recherchierbar.
Coats, Callum (1999): Naturenergien verstehen und nutzen. Viktor Schaubergers geniale Entdeckungen. Omega Verlag, Düsseldorf
Dahl, Jürgen (1989), (1996): Die Verwegenheit der Ahnungslosen.
Über Genetik, Chemie und andere Schwarze Löcher des Fortschritts. Klett Cotta Verlag, Stuttgart
Darwin, Charles (1881), (1983): Die Bildung der Ackererde durch die Thätigkeit der Würmer. März Verlag, Berlin und Schlechtenwegen
Dittmann, Jürgen und *Köster, Heinrich.* (2004): Die Becherlupenkartei mit Begleitheft: Tiere in Kompost, Boden und morschen Bäumen. Verlag an der Ruhr, Mülheim
Dixon, Bernard (1998): Der Pilz, der John F. Kennedy zum Präsidenten machte – und andere Geschichten aus der Welt der Mikroorganismen. Spektrum Akademischer Verlag, Heidelberg
Dunger, Wolfram (1983): Tiere im Boden. Westarp Wissenschaften, Hohenwarsleben
Dürr, Hans-Peter (2011): Das Lebende lebendiger werden lassen. Wie uns neues Denken aus der Krise führt. Oekom Verlag, München
Dürr, Hans-Peter (2009): Warum es ums Ganze geht. Neues Denken für eine Welt im Umbruch. Oekom Verlag, München
Dunbar, William Phillips (1907): Zur Frage der Stellung der Bakterien, Hefen und Schimmelpilze im System. 2. Aufl., erweitert mit einer Einführung von Georg Meinecke 1981. Semmelweis-Institut, Hoya.(Sehr wichtig im Verhältnis zu Günther Enderlein und Hugo Schanderl unter dem Stichwort „Pleomorphismus".)
Emoto, Masaru (2010): Die Botschaft des Wassers. Sensationelle Bilder von gefrorenen Wasserkristallen. Koha Verlag, Burgrain
Endlich, Bruno et al. (1985): Der Organismus der Erde. Grundlagen einer neuen Ökologie. Verlag Freies Geistesleben, Stuttgart
Engqvist, Magda (1977): Die Steigbildmethode. Ein Indikator für Lebensprozesse in der Pflanze. Vittorio Klostermann, Frankfurt am Main
Erven, Heinz (1981), (2014): Mein Paradies. 32jährige Erfahrungen eines Praktikers im naturgemäßen Obst- und Gartenbau. OLV Verlag, Kevelaer
Feist, Ludwig (1954): Garten, Heim und Gewinn. Verlag der Raiffeisendruckerei, Neuwied
Feist, Ludwig (1948): Der Familiengarten - Seine wirtschaftliche und soziale Bedeutung. Verlag Br. Sachse, Hamburg.
Filser, J. (1997): Der Boden lebt. In: GSF Forschungszentrum für Umwelt und Gesundheit (Hrsg.): Böden – verletzliches Fundament. In: mensch + umwelt, 11. Ausgabe, S. 43 – 49, Neuherberg
Francé, Raoul Heinrich (1911), (2012): Das Leben im Boden/Das Edaphon. Untersuchungen zur Ökologie der bodenbewohnenden Mikroorganismen. OLV Verlag, Kevelaer

Francé, Raoul Heinrich (1923): Plasmatik – Die Wissenschaft der Zukunft. Walter Seifert Verlag, Stuttgart/Heilbronn
Francé-Harrar, Annie (1964),(2014): Leben aus dem Stein. Der mikrobiologische Ursprung des Humus und seine ständige Neuschöpfung durch die Lithobionten. (Eine durch Dr. Ines Fritz, Universität für Bodenkultur (BOKU), Wien, vom Stand der gegenwärtigen wissenschaftlichen Erkenntnis kommentierte Neuausgabe 2014. eBook. Universität für Bodenkultur, Wien.)
Francé-Harrar, Annie (1959), (2011): Handbuch des Bodenlebens. BTQ e.V., Kirchberg und Blue Anathan Verlag, Haigerloch
Francé-Harrar, Annie (1950), (2007): Die letzte Chance. Für eine Zukunft ohne Not. BTQ e.V., Kirchberg und Blue Anathan Verlag, Haigerloch
Francé-Harrar, Annie (1957): Humus. Bodenleben und Fruchtbarkeit. Bayerischer Landwirtschaftsverlag, München
Frank, Albert Bernhard (1890): Über die Pilzsymbiose der Leguminosen. Sonderdruck aus den Landwirthschaftlichen Jahrbüchern. Paul Parey Verlag, Berlin
Füller, Horst (1954), (2002): Die Regenwürmer. Verlags KG Wolf, Magdeburg
Fukuoka, Masanabu (1975),(2013): Der Große Weg hat kein Tor. pala verlag, Darmstadt
Fukuoka, Masanabu (1987), (1999): Die Suche nach dem verlorenen Paradies. Natürliche Landwirtschaft als Ausweg aus der Krise. pala verlag, Schaafheim
Fukuoka, Masanabu (1998): Rückkehr zur Natur. Die Philosophie des natürlichen Anbaus. pala verlag, Schaafheim
Fukuoka, Masanabu (1988), (1998): In Harmonie mit der Natur. Die Praxis des natürlichen Anbaus. pala verlag, Schaafheim
Furst, P. T. (1978): Spirulina, a nutritious alga, once a staple of Aztec diets, could feed many of the world's hungry people. In: Human Nature, March 1978, S. 60–65
Glenk, Wilhelm und *Neu, Sven* (1990): Enzyme. Die Bausteine des Lebens – Wie sie wirken, helfen und heilen. Wilhelm Heyne Verlag, München
Görlich, J.J. (o.J., ca. 1940er):Fruchtbare Erde – Ein Wegweiser der beschleunigten Humuserzeugung und Bodenbefruchtung mit Regenwurmkulturen. Eigenverlag.
Graff, Otto (1958): Die Regenwürmer Deutschlands, M & H. Schaper Verlag, Hannover
Graff, Otto (1983): Unsere Regenwürmer. Verlag M. & H. Schaper, Hannover
Haller, Albert von (1983): Macht und Geheimnis der Nahrung. Bioverlag Gesund leben, Hopfenau
Haller, Albert von und *Haller, Wolfgang von* (1976, 1978): Die Wurzeln der gesunden Welt I und II. Verlag Boden und Gesundheit, Langenburg
Haller, Albert von (1977): Lebenswichtig aber unerkannt. Phytonzide schützen das Leben. Verlag Boden und Gesundheit, Langenburg
Hamm, Wilhelm (1872), (2002): Das Ganze der Landwirtschaft in Bildern. Arnoldische Buchhandlung Leipzig. Unveränderter Nachdruck Edition „libri rari", Verlag Th. Schäfer im Vincentz Verlag, Hannover
Hartmann, A. (1997): Verborgene Welt im Kleinen. In: GSF – Forschungszentrum

für Umwelt und Gesundheit (Hrsg.): Böden – verletzliches Fundament. In: mensch + umwelt, 11. Ausgabe: S. 50 – 56, Neuherberg.
Haye, Erich (1993): Das ist der Mann, der vieles kann: Siegfried Lange in Felbecke. (Die Sägemehltheorie.) In: ANDERS LEBEN, o. Jg., Heft 42, S. 2-5
Haye, Erich (1985): Jedes Beet eine Gesellschaft für sich. Serie über einen erfolgreichen Versuch im Hochsauerland. (Die Sägemehltheorie.) In: ANDERS LEBEN, o. Jg., Heft 4, S. 96-99
Haye, Erich (1985): Gemüse zwischen dem Getreide. Fortsetzung des Artikels „Jedes Beet eine Gesellschaft für sich". (Die Sägemehltheorie.) In: ANDERS LEBEN, o. Jg., Heft 5, S. 131-134
Heinrich-Böll-Stiftung et al. (Hrsg.), (2015): Bodenatlas. Daten und Fakten über Acker, Land und Erde. Heinrich-Böll-Stiftung, Berlin
Hellriegel, Hermann und *Wilfarth, Hermann* (1888): Untersuchungen über die Stickstoffnahrung der Gramineen und Leguminosen. In: Beilagenheft der Zeitschrift des Vereins der Rübenzuckerindustrie des Deutschen Reichs. Bd. 38, Berlin
Hemleben, Johannes (1978): Das haben wir nicht gewollt. Sinn und Tragik der Naturwissenschaft. Verlag Urachhaus & Geistesleben, Stuttgart
Hennig, Erhard (1999),(2017): Kompost in einhundertjähriger Entwicklung. Von den Anfängen der Stallmistbehandlung bis zur perfekten Kompostierung. Eine Dokumentation. OLV Verlag, Kevelaer
Hennig, Erhard (1992),(2017): Humus als Grundlage der Waldernährung – Humusbeschaffung/Humuserhaltung; Rekultivierung des Waldbodens; Ursachen und Auswirkungen des Waldsterbens. OLV Verlag, Kevelaer
Hennig, Erhard (1995), (2017): Geheimnisse der fruchtbaren Böden. Die Humuswirtschaft als Bewahrerin unserer natürlichen Lebensgrundlagen. OLV Verlag, Kevelaer
Hennig, Erhard (1988), (2017): Humustrilogie – Der Weg der deutschen Landwirtschaft; Die Neuordnung gesundes Lebens beginnt beim Humus; Verbindungen der Gesundheit des modernen Menschen mit der Gesundheit des Bodens. OLV Verlag, Kevelaer
Hensel, Julius und *Schacher, John* (1898), (1939), (2010): Brot aus Steinen (durch mineralische Düngung). Rückübersetzung von 1894 ins Deutsche. Verlag A.J. Tafel, Philadelphia, PA, USA
Heyer, von Gustav (1973): Die Revolution beginnt im Garten. Eigenverlag, Hamburg
Higa, Teruo (2000), (2002): Die wiedergewonnene Zukunft. OLV Verlag, Xanten
Higa, Teruo (1994), (2000): Eine Revolution zur Rettung der Erde. Mit Effektiven Mikroorganismen (EM) die Probleme unserer Welt lösen. OLV Verlag, Xanten
Hitschfeld, Oswald (1984),(2009): Der Kleinsthof und andere gärtnerisch-landwirtschaftliche Nebenerwerbsstellen. Ein sicherer Weg aus der Krise. OLV Verlag, Xanten, 7. Aufl.
Hoffmann, Heide (1999): Urbane Landwirtschaft am Beispiel der Organoponics in Havanna/Kuba. Deutscher Tropentag 1999 in Berlin, Humboldt-Universität zu Berlin, Landwirtschaftlich-Gärtnerische Fakultät

Hoffmann, Manfred (2007): Lebensmittelqualität und Gesundheit. Bio-Testmethoden und Produkte auf dem Prüfstand. Barens & Fuss, Schwerin

Hoffmann, Manfred (1997): Vom Lebendigen im Lebensmittel. Deukalion Verlag, Hamburg

Howard, Albert (engl. 1948), (1979), (2005): Mein landwirtschaftliches Testament. OLV Verlag, Xanten

Howard, Louise, E. (1956): Die biologische Kettenreaktion. Boden – Kompost – Pflanzengesundheit. Sir Albert Howards Forschungen und Erfahrungen in Indien. Hans-Georg Müller Verlag, Krailing

Hubendick, B. (1986): Människoekologi. Gidlunds, Stig Welinder, Department of Archaelogy, Gustavianum, Uppsala University, Sweden

Idel, Anita (2010): Die Kuh ist kein Klima-Killer – Wie die Agrarindustrie die Erde verwüstet und was wir dagegen tun können. Herausgegeben von der Schweisfurth-Stiftung, München

Jackson, Louise E. (1997): Ecology in Agriculture. Edited by Louise E. Jackson, Academic Press, San Diego. 1997. 05. Nitrogen as a Limiting Factor: Crop Acquisition of Ammonium and Nitrate, Arnold J.

Jakob, Bettina (2008): Pflanzen können mehr als angenommen http://arch.uniaktuell.unibe.ch/content/umweltnatur/2008/stickstoff/index_ger.html (aufgerufen am 4.7.2016)

Janson, Arthur (1904), (1926), (2010): Auf 300 qm Gemüseland den Bedarf eines Haushalts ziehen. Anleitung zum Gemüsebau des kleinen Mannes und zur Bewirtschaftung von Schreber- und Kleingärten aller Art.

Jedicke, Eckard (1989): Boden. Entstehung, Ökologie, Schutz. Ravensburger Buchverlag Otto Maier, Ravensburg

Jungk, Robert und *Müllert, Norbert R.* (1981), (1989): Zukunftswerkstätten. Mit Phantasie gegen Routine und Resignation. Heine Verlag, München

Jurzitza, Gerhard (1987): Anatomie der Samenpflanzen. Thieme Verlag, Stuttgart

Kas, Vaclav (1966): Mikroorganismen im Boden. Westarp Wissenschaftsverlag, Hohenwarsleben

Khan, S. et al. (1990): Bound ^{14}C residues in stored wheat treated with (^{14}C) Deltramethrin and their bioavailability in rats. In: Journal of Agricultural and Food Chemistry Nr. 38, Seite 1077-1082

Kickuth, Reinhold (Hrsg.) (1982): Die ökologische Landwirtschaft. Verlag C.F. Müller, Karlsruhe

King, Franklin Hiriam (engl. 1911), (2004): 4000 Jahre Landbau in China, Korea und Japan. OLV Verlag, Xanten

Kollath, Werner (1977), (2001): Die Ordnung unserer Nahrung. Karl F. Haug Verlag, Heidelberg

Kollath, Elisabeth (1989): Vom Wesen des Lebendigen. Biographie Werner Kollath. Eberhard Kölle Verlag, Stuttgart

Kononowa, M. M. (1958): Die Humusstoffe des Bodens. Ergebnisse und Probleme der Humusforschung. VEB Deutscher Verlag der Wissenschaften, Berlin

Könemann, Ewald (1977): Gartenbaufibel. Braumüller Verlag, Wien
Koepf, Herbert H. (1981): Was ist Biologisch-Dynamischer Landbau? Philosophisch-Anthroposophischer Verlag, Dornach
Koepf, Herbert H. et al. (1976): Biologische Landwirtschaft. Eine Einführung in die biologisch-dynamische Wirtschaftsweise. Verlag Eugen Ulmer, Stuttgart
Koschützki, Rudolf (Hrsg.) (o.J., ca. 1930): Rationelle Landwirtschaft in Wort und Bild. Wilhelm Andermann Verlag, Berlin und Leipzig
Krämer, Elke (2006): Leben und Werk von Prof. Dr. phil. Günther Enderlein (1872–1968). Medizinhistorische Dissertation Reichl Verlag, St. Goar. (S. 202 Hinweise auf Enderlein, Schanderl, Santo und Rusch.)
Krasil´inikov, N.A. (1958), (1961): Soil, Microorganisms and higher Plants. Washington. The National Science Foundation. Original publiziert von der Akademie der Wissenschaften der USSR, Moskau
Kretschmann, Kurt und *Behm, Rudolf:* (1996),(bearbeitete und erweiterte Aufl. 2017): Mulch total. Der Garten der Zukunft. OLV Verlag, Kevelaer
Kristensen, Petter (1996): Testikkelkreft og landbruksforurensing.(Testikelkrebs und Verunreinigung durch die Landwirtschaft). Cancer Epidemiology, Biomarkers & Prevention, Januar 1996, und Kunstgj0dsel kreftfarlig (Kunstdünger krebsgefährich), Stavanger Aftenblad 9/5, 1996
Kröplin, Bernd und *Henschel, Regine C.* (2016): Die Geheimnisse des Wassers. Neueste erstaunliche Ergebnisse aus der Wasserforschung. AT Verlag, Aarau
Kroymann, Jürgen (2010): Turning the Table: Plants Consume Microbes as a Source of Nutrients. In: „PLOS One. A Peer-Reviewed, Open Access Journal", 2010 (5)7: e11915, published online 201, July 30 (abgerufen am 8.6.2016)
Krusche, Per und *Althaus, Dirk* und *Gabriele, Ingo* (1982): Ökologisches Bauen. Bauverlag, Berlin
Lammert, F.-D. (Hrsg.) (1989): Tiere im Boden. – In: Unterricht Biologie, Heft 144, Seelze
Lau, Kurt Walter (Fortlaufender Jahrgang): NATÜRLICH GÄRTNERN & ANDERS LEBEN. Das Biogarten- und Permakultur-Magazin (gegr. 1958/1988)
Lau, Kurt Walter (2017): Die Methode Siegfried Lange – oder wie man aus einem einzigen Roggenkorn mindestens zehntausend Körner ernten kann. In: NATÜRLICH GÄRTNERN & ANDERS LEBEN 60. Jg., Heft 2
Lau, Kurt Walter (1990): Die Gemüse-Getreide-Mischkultur nach Siegfried Lange. Höchsternten im rauen Mittelgebirgsklima. In: GARTEN ORGANISCH 33. Jg., Heft 5, S. 10-14
Lau, Kurt Walter (1989): Kleintierhof – ökologisch, wirtschaftlich, zukunftsweisend. Pietsch Verlag, Stuttgart
Laukötter, Gerhard (2007): Bodenbilder, Bodeninhalte, Bodenlyrik. Nümbrecht-Elsenroth-Verlag: Martina Galunder Verlag, Nümbrecht
Lewis, Thomas (1976): Das Leben überlebt – Geheimnis der Zellen. Kiepenheuer & Witsch, Köln
Liebig, Justus von (1840), (1995): Die Chemie in ihrer Anwendung auf Agricultur

und Physiologie. Reprint. Agrimedia Verlag, Holm
Liebig, Justus von (1989): Boden, Ernährung, Leben. Auswahl von Texten aus vier Jahrzehnten (ausgesucht und zusammengestellt von Georg E. Siebeneicher und Wilhelm Lewicki). Pietsch Verlag, Stuttgart
Liebig, Justus von (1986): Es ist ja dies die Spitze meines Lebens. (Bearb. Von Wolfgang von Haller) Stiftung Ökologie & Landbau, Kaiserslautern
Lovelock, James (1991): Das Gaia-Prinzip. Die Biographie unseres Planeten. Artemis, Zürich und München
Lutzenberger, José (2003): Das Vermächtnis. RETAP Verlag, Bonn
Margulis, Lynn (1999): Die andere Evolution. Spektrum Akademischer Verlag, Heidelberg und Berlin
Margulis, Lynn und *Sagan, Dorian* (1999): Leben – Vom Ursprung zur Vielfalt. Spektrum Akademischer Verlag, Heidelberg und Berlin
Margulis, Lynn und *Sagan, Dorian* (1993): Garden of microbial delights: a practical guide to the subvisible world. Dubuque, Iowa; Kendall/Hunt
Margulis, Lynn und *Schwartz, Karlene V.* (1989): Die fünf Reiche der Organismen. Spektrum der Wissenschaft Verlagsgesellschaft, Heidelberg
Markl, Julia und *Hampl, Ulrich* (1996): Bodenfruchtbarkeit selbst erkennen. Bodenbeurteilung mit dem Spaten. Deukalion Verlag, Holm
Meyer, Thomas (Hrsg.) (2003): Ein Leben für den Geist: Ehrenfried Pfeiffer (1899–1961). Perseus Verlag, Basel
Meyer-Renschhausen, Elisabeth und *Holl, Anne* (Hrsg.) (2000): Die Wiederkehr der Gärten. Kleinlandwirtschaft im Zeitalter der Globalisierung. Studien Verlag, Innsbruck
(Migge, Leberecht): Autorenteam (1981): Leberecht Migge (1881–1935). Herausgegeben vom Fachbereich Stadt- und Landschaftsplanung der Gesamthochschule Kassel zur Ausstellung „Leberecht Migge – Gartenkultur des 20. Jahrhunderts" anlässlich der Bundesgartenschau Kassel 1981
Migge, Leberecht (1932): Die wachsende Siedlung nach biologischen Gesetzen. (2. Aufl.) Franckh´sche Verlagshandlung W. Keller, Stuttgart
Migge, Leberecht (1918): Jedermann Selbstversorger! Eine Lösung der Siedlungsfrage durch neuen Gartenbau. Diederichs Verlag, Jena
Minnich, Jerry (1977): The Earthworm Book. Rodale Press, Emmaus, Pennsylvania
Mollison, Bill (1989), (2016) Permakultur konkret. pala Verlag, Darmstadt
Mollison, Bill (1988), (2010): Permaculture: A Designers' Manual. Tagari Publications. Deutsche Übersetzung: Handbuch der Permakultur-Gestaltung. Permakultur-Akademie im Alpenraum
Mollison, Bill (1994): Permakultur II. Praktische Anwendungen. pala Verlag, Schaafheim
Mollison, Bill und *Holmgren, David* (1984): Permakultur I. Landwirtschaft und Siedlungen in Harmonie mit der Natur. pala verlag, Schaafheim
Mückenhausen, Eduard (1993): Bodenkunde. DLG-Verlag, Frankfurt/Main
Müller, Georg (1963): Bodenbiologie. VEB Gustav Fischer Verlag, Jena

Naumann, Regina (1997): Bioaktive Substanzen: die Gesundmacher in unserer Nahrung. Rowohlt Verlag, Reinbek

Nessenius, S. Eva (2009): Der Planetenembryo. Neu entdeckte Zusammenhänge zwischen Evolution und der Entstehung des Planeten Erde. Books on Demand GmbH, Norderstedt

Nestroy, Othmar (2013): Den Boden verstehen. Stocker Verlag, Graz

Nettelnburg (1995): 75 Jahre Siedlung Nettelnburg. In: Der Nettelnburger Siedler, Hamburg-Bergedorf

Nicol, Hugh (1956): Der Mensch und die Mikroben. Rohwohlt Verlag, Hamburg

NLVF-utredning (1980): Energibruk ved produksjon av matvarer i norsk jordbruk. Norges landbruksvitenskaplige forskningsrad, Oslo

Opitz, Christian (1995): Ernährung für Mensch und Erde. Grundlagen einer neuen Ethik des Essens. Hans-Nietsch-Verlag

Pauli, Fritz W. (1988): Lebendverbauung der Grenzfläche zwischen Boden und Pflanze. Leben und Stoffwechsel in der Wurzelzone höherer Pflanzen. In: GARTEN ORGANISCH 30. Jg: Heft 1, S. 14-16, Heft 2, S. 46-48, Heft 3, S. 82-84

Pauli, Fritz W. (1979): Bodenfruchtbarkeit – Gemeinschaftsleistung von Pflanzenwurzeln und Mikroorganismen. In: Ruperto Carola, 62/3. Heidelberg

Paungfoo-Lonhienne, Chanyarat et al. (2013). Rhizophagy - a new dimension of plant-microbe interactions. In Frans J. de Bruijn (Ed.), Molecular Microbial Ecology of the Rhizosphere (pp. 1199-1207) Hoboken, NJ United States: Wiley-Blackwell. doi:10.1002/9781118297674.ch115

Paungfoo-Lonhienne, Chanyarat et al. (2010) Turning the table: Plants consume microbes as a source of nutrients. PLoS One, 5 7: e11915-1-e11915-11. doi:10.1371/journal.pone.0011915

Peterson, Roger et al. (1973): Die Vögel Europas. Verlag Paul Parey, Hamburg und Berlin

Pfeifer, Sebastian (Hrsg.), (1973): Taschenbuch für Vogelschutz. DBV Verlag, Stuttgart

Pfeiffer, Ehrenfried (1984): Chromatography applied to quality testing. Bio-Dynamic Literature, Wyoming, Rhode Island

Pfeiffer, Ehrenfried (1958): Eine qualitative chromatographische Methode zur Bestimmung biologischer Werte. In: Lebendige Erde, o. Jg. Heft 5, Verlag Lebendige Erde, Darmstadt

Pfeiffer, Ehrenfried (1956): Die Fruchtbarkeit der Erde. Ihre Erhaltung und Erneuerung. Rudolf Geering-Verlag, Dornach

Pfeiffer, Ehrenfried (1942): Gesunde und kranke Landschaft. Alfred Metzner Verlag, Berlin

Pichler, Franz (2015): Raoul Francé und sein Werk zu Natur und Leben. Eine kommentierte und illustrierte Bibliographie. Trauner Verlag,Linz

Podolinsky, Alex (2008): Active Perception. Verlag Biodynamic Agriculture Australia Ltd., Bellingen NSW, Australia

Podolinsky, Alex und *Hatch, Trevor* (2000): Biodynamik – Landwirtschaft der Zukunft.

Frumenta Verlag, CH-Arlesheim
Pollack, Gerald H. (2015): Wasser – viel mehr als H2O. VAK Verlag, Kirchzarten
Pollmer, Udo et al. (2012): Wer hat das Rind zur Sau gemacht? Rowohlt Verlag, Reinbeck
Pollmer, Udo et al. (2001): Prost Mahlzeit – Krank durch gesunde Ernährung, Kiepenheuer & Witsch,Köln 2001
Preuschen, Gerhard (1999): Leben ist Schöpfung. Slice of Life, Erika Meyer-Borrmann & Günter Borrmann, Königslutter
Preuschen, Gerhard (1991): Ackerbaulehre nach ökologischen Gesetzen. Das Handbuch für die neue Landwirtschaft. Verlag C.F. Müller, Karlsruhe
Preuschen, Gerhard (1987): Die Kontrolle der Bodenfruchtbarkeit. Eine Anleitung zur Spatendiagnose. Stiftung Ökologie & Landbau, Kaiserslautern
Rateaver, Bargyla und *Rateaver, Gylver* (1994): The Organic Method Primer. The Basics. The Rateavers. San Diego, CA
Rateaver, Bargyla und *Rateaver, Gylver* (1993): Organic Method Primer Update. (Mit s.w. Fotodokumentation der Endocytose bei Pflanzen.) The Rateavers. 9049 Covina Street, San Diego, CA
Rohde, Gustav (1957): Lehrbuch der natürlichen Kompostierung. Deutscher Bauernverlag, Berlin
Rusch, Hans Peter (1968), (2004): Bodenfruchtbarkeit. Eine Studie biologischen Denkens. OLV Verlag, Xanten 2004
Rusch, Hans Peter (1974): Mineralisation« der lebenden Substanz. In: Kultur und Politik, 29. Jg. Heft 3, S. 12-17
Rusch, Hans Peter (1969): Über den Kreislauf der lebenden Substanz. In: Kultur und Politik, 24 Jg.,2/69, S. 7-16. Möschberg
Rusch, Hans Peter (1960): Über Erhaltung und Kreislauf lebendiger Substanz. In: Zeitschrift für Ganzheitsforschung, o. Jg. Heft 4, S. 50-63
Rusch, Hans Peter (1955): Naturwissenschaft von Morgen. Vorlesungen über Erhaltung und Kreislauf lebendiger Substanz. Verlag Emil Hartmann, Krailling
Rusch, Hans Peter (1951). Das Gesetz von der Erhaltung der lebendigen Substanz. In: Wiener Medizinische Wochenzeitschrift, 1951, Nr. 37 u.38
Rusch, Hans Peter (1950): Der Kreislauf der Bakterien als Lebensprinzip. In: Hippokrates, o. Jg.,Heft 21, S. 623-630
Rusch, Volker (2001): Mikrobiologische Therapie. K. F. Haug Verlag, Heidelberg
Rusch, Volker (1999): Bakterien – Freunde oder Feinde? Urania Verlag, Berlin
Samaj, Josef (Ed.) (2006): Endocytosis in Plants. Endocytosis is a crucial step in a multitude of signaling processes in plant cells. Serie Plant Cell Monographs. Englisch. Springer Verlag, Berlin
Sattler, Friedrich und *Wistinghausen, von Eckard* (1985): Der landwirtschaftliche Betrieb Biologisch-Dynamisch. Ulmer Verlag, Stuttgart
Sauerlandt, Walter (1958): Wir leben von der Luft! Eine historische Betrachtung über Forschungen zur biologischen Luftstickstoffbindung anlässlich der Nobelpreis-Verleihung an Prof. Dr. h.c. Artturi I. Virtanen, Institut für Biochemie, Helsinki. In: Or-

ganischer Landbau 1 Jg., Heft 1, S. 20-22

Schanderl, Hugo (1970): Bodenbakterien in neuer Sicht. Über das Entstehen von Bakterien aus pflanzlichen Zellen. In: Boden und Gesundheit. Zeitschrift für angewandte Ökologie. Nr. 68, S. 7-10

Schanderl, Hugo (1970): Wie lange noch Knöllchenbakterien? In: Boden und Gesundheit. Zeitschrift für angewandte Ökologie. Nr. 66, S. 7-10. Verlag Boden und Gesundheit, Langenburg

Schanderl, Hugo (1964): Bakterien einmal in anderer Sicht. In: Boden und Gesundheit. Zeitschrift für angewandte Ökologie. Nr. 45, S. 10-12. Verlag Boden und Gesundheit, Langenburg

Schanderl, Hugo (1950): Die Mikrobiologie des Weines. Eugen Ulmer Verlag, Stuttgart/Ludwigsburg

Schanderl, Hugo (1947): Botanische Bakteriologie und Stickstoffhaushalt der Pflanzen auf neuer Grundlage. Verlagsbuchhandlung Eugen Ulmer, Stuttgart

Schauberger, Viktor (1933), (2016): Unsere sinnlose Arbeit. Band 1 der Viktor Schauberger-Edition. J. Schauberger Verlag, Bad Ischl

Schauberger, Viktor (2006), 2012): Das Wesen des Wassers. Originaltexte, herausgegeben und kommentiert von Jörg Schauberger. AT Verlag, Aarau

Schaumann, Wolfgang (1996): Rudolf Steiner-Kurs für Landwirte. Sonderausgabe Nr. 46. Stiftung Ökologie & Landbau (SÖL), Bad Dürkheim

Scheffer, Fritz (1982): Lehrbuch der Bodenkunde – Scheffer/Schachtschabel. Ulmer Verlag, Stuttgart

Scheller, Edwin (2013): Grundzüge einer Pflanzenernährung des Ökologischen Landbaus. Verlag Lebendige Erde, Darmstadt

Scheller, Edwin (1994): Die Stickstoff-Versorgung der Pflanzen aus dem Stickstoff-Stoffwechsel des Bodens: ein Beitrag zu einer Pflanzenernährungslehre des organischen Landbaus. Margraf Verlag, Weikersheim

Scheller, Edwin (1993): Wissenschaftliche Grundlagen zum Verständnis der Düngungspraxis im Ökologischen Landbau – Aktive Nährstoffmobilisierung und ihre Rahmenbedingungen. Ges. f. goetheanistische Forschung e.V., Dipperz.

Schinner, Franz und *Sonnleitner, Renate* (1996): Bodenökologie I: Mikrobiologie und Bodenenzymatik. Springer Verlag, Berlin

Schneider, Peter (2002): G. Enderleins Forschung aus heutiger Sicht. http://www.po-schneider.com/enderlein/ (abgerufen am 16.12.2016)

Schönauer, Gerhard (1979): Zurück zum Leben auf dem Lande. Wilhelm Goldmann Verlag, München

Schomerus, Johannes (1931): Die Bodenbedeckung – ein wertvolles Kulturverfahren. Heinrich Verlag, Dresden

Schuette, Karl H. (1965): Biologie der Spurenelemente. Ihre Rolle bei der Ernährung. Bayerischer Landwirtschaftsverlag, München

Schultz-Lupitz, Albert (1895), (1927): Zwischenfruchtanbau auf leichtem Boden. Berlin 1895 und Arbeiten der Deutschen Landwirtschaftsgesellschaft, Heft 7; 4. Aufl.1927

Schuphan, Werner (1961): Zur Qualität der Nahrungspflanzen. Bayerischer Landwirtschaftsverlag, München

Schwarz, Max Karl (1974): Der Gärtnerhof - Eine Betriebsform eigener Art im Gefüge der Landschaft. Verlag Boden und Gesundheit, Langenburg

Schwarz, Max Karl (Hrsg.) (1947): Der Gärtnerhof – Eine Betriebsform eigener Art im Gefüge der Landschaft. Mit Beiträgen: „Gedanken über den künftigen Landschaftsbau im Zusammenhang mit dem Gärtnerhof (M.K. Schwarz); „Erhaltung und Steigerung der Bodenfruchtbarkeit" (W. Laatsch); „Der Gärtnerhofgedanke" (M.K. Schwarz); „Ausbildung für den Gärtnerhof" (Ernst Hagemann); „Betriebswirtschaftliche Betrachtungen über den Gärtnerhof" (Albrecht Köstlin). Verlag B. Sachse, Hamburg

Schwarz, Max Karl (1933): Ein Weg zum praktischen Siedeln. Pflugschar Verlag, Klein Vater und Sohn, Düsseldorf

Schwenk, Ernst F. (2000): Sternstunden der frühen Chemie. Verlag C. H. Beck

Seifert, Alwin (1971), (1991): Gärtnern, Ackern ohne Gift. Biederstein Verlag, München

Sekera, Margaret: (Sekera, Franz, 1943), (2012):Gesunder und kranker Boden. Ein praktischer Wegweiser zur Gesunderhaltung des Ackers. OLV Verlag, Kevelaer

Seymour, John (1980): Friedliches Land – Grünes Leben. Otto Maier Verlag, Ravensburg

Sheffield, Oliver Georg: (2016): Die Regenwurmfarm meines Großvaters; In: NATÜRLICH GÄRTNERN & ANDERS LEBEN: Jg: Heft 5, S. 52-56. Nachdruck aus: BODEN UND GESUNDHEIT 1970, Heft 67, S. 7-10

Siebeneicher, Georg E. (Hrsg.) (1993): Handbuch für den biologischen Landbau. Das Standardwerk für alle Richtungen und Gebiete. Naturbuch Verlag, Augsburg

Smil, Vaclav (1997): Global Population and the Nitrogen Cycle. Scientific American Library, W.H. Freeman and Company, July 1997

Starka, Jiri (1968): Physiologie und Biochemie der Mikroorganismen. VEB Gustav Fischer Verlag, Jena

Statistisches Landesamt Rheinland-Pfalz (2014): Statistische Bände, Band 406, 2015 UND https://www.statistik.rlp.de/fileadmin/dokumente/nach_themen/verlag/baende/band406_die_landwirtschaft_2014.pdf (abgerufen am 14.12.2016)

Steiner, Rudolf (1979): Geisteswissenschaftliche Grundlagen zum Gedeihen der Landwirtschaft. Landwirtschaftlicher Kursus 1924 Breslau und Dornach. Rudolf Steiner Verlag, Dornach

Stellwang, Karl (1967): Kraut & Rüben. Erinnerungen und Erfahrungen eines biologischen Landwirts. Waerland Verlag, Mannheim

Thaer, Albrecht Daniel (1809-1812): Grundsätze der rationellen Landwirtschaft, 4 Bd. 1809-1812 Realschulbuchhandlung, Berlin

Thaer, Albrecht Daniel (1801): Einleitung der Kenntniß der englischen Landwirtschaft, 3 Bd. 1798-1804, Verlag Hahn

Thomas, Lewis (1976): Das Leben überlebt. Geheimnis der Zellen. Kiepenheuer & Witsch, Köln

Tischler, Wolfgang (1976): Einführung in die Ökologie. Gustav Fischer Verlag, Stuttgart

TLB: TBL Syntrophic Microbial Fertilizer (1995). Production in 1995 was 532 736 tons. International TBL Research Institute. Poolesville, MD 20837, China

Tomkins, Peter und *Bird, Christopher* (1998): Die Geheimnisse der guten Erde. John D. Hamaker, 1986, zitiert S. 187. Omega-Verlag, Düsseldorf

Tomkins, Peter und *Bird, Christopher* (1989), (1992): Secrets of the Soil. S. 187-198. Arkana

Tompkins, Peter und *Bird, Christopher* (1977), (1990): Das geheime Leben der Pflanzen. Pflanzen als Lebewesen mit Charakter und Seele und ihre Reaktionen in den physischen und emotionalen Beziehungen zum Menschen. Fischer Verlag, Frankfurt/M.

Topp, Werner (1981): Biologie der Bodenorganismen. Verlag Quelle & Meyer, Wiebelsheim

Trolldenier, Günter (1971): Bodenbiologie. Die Bodenorganismen im Haushalt der Natur. Frankh´sche Verlagshandlung W. Keller, Stuttgart

Tvengsberg, P.M. (1992): 350 Jahre alter Finnroggen. Modellbrandrodung. N-2300 Hamar

Ungelehrt, Hans (1946): Die Selbstversorger-Siedlung – ein Weg zur wirksamen, raschen Bekämpfung des Hungers, des Wohnungsmangels und der Flüchtlingsnot.

Verband für unabhängige Gesundheitsvorsorge e.V. und *Stiftung Ökologie & Landbau* (2001): Vollwert-Ernährung und Öko-Landbau. Eine Einführung in die ökologische Agrar- und Esskultur. Stiftung Ökologie & Landbau, Bad Dürkheim

Vershofen, Wilhelm (1946): Hauswerk und Siedlung. Albert Nauck & Co. Verlag, Berlin

Vester, Frederik (1987): Wasser = Leben. Ein kybernetisches Milieubuch mit 5 verschiedenen Wasserkreisläufen. Ravensburger Buchverlag

Virtanen, Arrturi Ilmari (1933): Über die Stickstoffernährung der Pflanzen. Anm. Sci. Fenn. A 36, Nr.12

Vitousek, Peter, M. et al. (1997): Human Alteration of the Global Nitrogen Cycle Cources and Consequences. In: Ecological Applications, 7 (3), 1997. S. 737-750. Ecological Society of Amerika

Vitusek, Peter, M. et al. (1997), (2010): World Watch. The nitrogen cycle is out of balance. Copies of the report "Human Alteration of the Global Nitrogen Cycle" can be obtained from the Ecological Society of America, 2010 Massachusetts Avs., NW, Suite 400, Washington, DC 20036 (202) 833-8773. Sept./Oct. 1997

Vogt, Gunter (2000): Entstehung und Entwicklung des ökologischen Landbaus. Verlag Stiftung Ökologie & Landbau, Bad Dürkheim

Voisin, André (1959): Boden und Pflanze – Schicksal für Mensch und Tier. BLV Verlagsgesellschaft, München

Voisin, André (1958): Die Produktivität der Weide. BLV Verlagsgesellschaft, München

Voitl, Helmut und *Guggenberger, Elisabeth* (1986): Der Chroma-Boden-Test. Die Bodenqualität bestimmen, bewerten und verbessern. Ein unentbehrlicher Ratgeber für

Landwirte, Berufs- und Hobbygärtner. Verlag Orac, Wien
Vollbrecht, Erich (1948): Die Stadtrand-Nebenerwerbsiedung. Elbe-Rhein-Verlag Hans Schlichting, Hamburg
Wallin, L. E. (1927): Symbionticism and the origin of species. 80. XL u. 171 pp., w. 3 pl. Baltimore Williams & Wilkins, Baltimore. Zitiert bei Schanderl, 1947, S. 63
Waring, P. Alston und *Teller, Walter Magnes* (o.J. um 1940): Der Erde verwurzelt. Amerikanisches Landvolk zieht Bilanz. Siebeneicher Verlag Berlin und Frankfurt/M.
Weber, Barbara; Hirn, Gerhard; Lünzer, Immo (Hrsg.) (2000): Öko-Landbau und Gentechnik. Entwicklungen, Risiken, Handlungsbedarf. Stiftung Ökologie & Landbau, Bad Dürkheim
Weiger, Hubert und *Willer, Helga* (Hrsg.) (1997): Naturschutz durch ökologischen Landbau. Stiftung Ökologie & Landbau, Bad Dürkheim
Zerluth, Josef und *Gienger, Michael* (2004): Gutes Wasser. Das Wesen und Wirken des Wassers. Gute Erde Verlag, Saarbrücken
Zimmermann, Werner (1975): Steine geben Brot. Verlag Ernst-Otto Cohrs, Rotenburg/Wümme
Zschocke, Anne Katharina (2016): Natürlich heilen mit Bakterien. Gesund mit Leib und Seele. AT Verlag, Aarau
Zschocke, Anne Katharina (2014): Darmbakterien als Schlüssel zur Gesundheit. Neueste Erkenntnisse aus der Mikrobiom-Forschung. Knaur Verlag, München
Zschocke, Anne Katharina (2012): EM Die Effektiven Mikroorganismen. Bakterien als Ursprung und Wegweiser alles Lebendigen. AT Verlag Aarau und München
Zschocke, Anne Katharina (2011): Die erstaunlichen Kräfte der Effektiven Mikroorganismen EM. MensSana bei Knauer, München

(*Anmerkung der Redaktion:* Alle Übersetzungen der genannten fremdsprachigen Quellen stammen vom Autor.)

NATÜRLICH GÄRTNERN
& anders leben

NATÜRLICH GÄRTNERN & anders leben – Das weiterführende Biogarten- und Permakultur-Magazin. Gartenpraktiker geben in leicht verständlicher Weise ihr umfassendes Erfahrungswissen weiter. Die Themen werden nutzorientiert, lehrreich, anschaulich und unterhaltsam vermittelt.

NATÜRLICH GÄRTNERN & anders leben bietet im Wechsel der Jahreszeiten eine reich bebilderte Fülle praxisnaher Beiträge aus Biogartenpraxis, Nutzpflanzenarten und -sorten, Gehölz- und Blumengarten, Bodenpflege und -biologie, Kompostwirtschaft und Düngung, Gartengestaltung, jahreszeitliche Arbeitshinweise, viele Ideen, Tipps und Tricks ...

NATÜRLICH GÄRTNERN & anders leben erscheint 6mal jährlich.
ISSN 2196-2367. Fordern Sie einfach unverbindlich ein kostenloses Probeheft an!

Über jede Buchhandlung, Internet oder direkt vom OLV Verlag, Im Kuckucksfeld 1, 47624 Kevelaer, Tel. 02832-9727820, Fax 02832-9727869 oder www.olv-verlag.eu.

Adressen und Netzwerke

Es gibt inzwischen zahlreiche Initiativen, die sich mit Permakultur und anderen Formen des alternativen Garten- und Ackerbaus beschäftigen, und es werden stetig mehr. Die unten genannten „Ackerhelden" sind nur ein exemplarisches Beispiel. Es lohnt sich, werte Leserin und werter Leser, wenn Sie sich im Internet auf die Suche nach ähnlichen Initiativen in Ihrer Region machen.

www.ackerhelden.de
„Die Essbare Stadt": www.andernach.de/de/leben_in_andernach/es_startseite.html
www.bioforumschweiz.ch
www.france-harrar.de
www.gutneuenhof.de
www.humuseum.de
www.mikroveda.eu
www.permakultur-akademie.de
www.permakultur-koller.de
www.permakultur.no/ergagard (nur auf Norwegisch)

Disclaimer:
Diese Links werden weder vom Autor noch vom Verlag oder seinen Beauftragten kontrolliert. Sie sind nicht verantwortlich für den Inhalt dieser Websites und übernehmen keine Haftung für diese. Die Nutzung der Links geschieht auf eigene Verantwortung.

Stichwortverzeichnis A - Z

Personenregister